技術者のための高等数学
3
近藤次郎・堀 素夫 監訳

Advanced Engineering Mathematics
Eighth Edition

フーリエ解析と偏微分方程式
(原書第8版)

E. クライツィグ 著

阿部寛治 訳

培風館

ADVANCED ENGINEERING MATHEMATICS
Eighth Edition

by

Erwin Kreyszig

Copyright © 1999 by John Wiley & Sons, Inc. All Rights Reserved. Authorized translation from the English language edition published by John Wiley & Sons, Inc.

本書の無断複写は，著作権法上での例外を除き，禁じられています．
本書を複写される場合は，その都度当社の許諾を得てください．

訳者序文

本書は Erwin Kreyszig 教授の著書 "*Advanced Engineering Mathematics*" 第 8 版の全訳である．原著第 2 版についで第 5 版の旧訳が世に出たのは 1987 年のことであった．これらの旧訳は幸い読者の間で比較的好評をもって迎えられ，今日にいたるまで毎年増刷を重ねてきた．ところが，最近刊行された原著第 8 版はかなり大幅に改訂増補され，質量ともに旧版よりもはるかに充実した著作となっている．そこで，近藤次郎教授と共訳者諸氏の協力を得て全面的な改訳を行い，ふたたび本書を世に送ることになったのである．

わが国では，理工系大学の第 1 学年ないし一般教育課程向きの数学教科書は非常に多く出版されているにもかかわらず，第 2 学年以降の専門課程用の数学教科書はきわめて少ない．もちろん，各専門学科によって数学への要求が異なるため，どの学科にとっても好都合な教科書が作りにくいこともその理由であろう．実際，応用を目標とする理工科系学生が共通に修得すべき数学の内容や範囲を決定することは必ずしも容易ではない．そのうえ，応用数学教育における指導原則の問題，すなわち，理論，応用，あるいは数学的な考え方のどの面に重点をおいて教えるのかという問題もある．教授項目の点でもまた指導原則の点でもバランスのよいすぐれた教科書を作ることは至難のわざである．

Kreyszig 教授のこの著作は，同教授の長年の研究教育経験を生かして，いろいろな意味で実に見事なバランスのとれた"工科の数学"になっている．もっとも感心させられるのは，数学的な考え方を重視し，理論と応用の結びつきに対する明快な見通しと解説を与えていることである．数学者の書いた書物はとかく理論だおれとなり，具体性や直観性を欠くきらいがある．一方，実務家の著した書物は形式的な応用や計算のみに走りすぎ，その基礎にある数学的な考え方を忘れがちである．しかし，本書はこれらの欠陥を完全に克服しており，理論と応用のいずれからみてもすぐれた教科書といえよう．

原著第8版は1000ページを超える膨大な労作であって，著者序文で示されたA, B, C, D, E, F, Gの7部門から構成されている．この訳本では，便宜上A, C部門の内容を一部入れかえてつぎの7巻の分冊とした．

　　第1巻　常微分方程式 (原著A : 1–4章)
　　第2巻　線形代数とベクトル解析 (原著B : 6–9章)
　　第3巻　フーリエ解析と偏微分方程式
　　　　　　　(原著A : 5章，原著C : 10, 11章)
　　第4巻　複素関数論 (原著D : 12–16章)
　　第5巻　数値解析 (原著E : 17–19章)
　　第6巻　最適化とグラフ理論 (原著F : 20, 21章)
　　第7巻　確率と統計 (原著G : 22, 23章)

上の7分冊はそれぞれ独立な課程の教科書として活用されることを期待している．

　翻訳にあたってとくに意を用いた点をあげておこう．

　1. なるべく原文に忠実に訳出することに努めたが，日本語の文章として意味が通じやすいようにかなり意訳したところもある．

　2. 原著の注のほかにいくつかの訳注をつけた．

　3. 訳語は原則として学術用語集および岩波数学辞典 第4版によったが，中にはより適切と思われる訳語を用いた場合もある．とくに，コンピュータや情報科学関連の用語を現代化し，片仮名の慣用語を増やした．

　共訳者の分担はつぎのとおりである．

　　第1巻　北原和夫，堀　素夫
　　第2巻　堀　素夫
　　第3巻　阿部寛治
　　第4巻　丹生慶四郎
　　第5巻　田村義保
　　第6巻　田村義保
　　第7巻　田栗正章
　　監　訳　近藤次郎，堀　素夫

　終わりに，訳者らのわがままな注文を快く聞き入れて，出版までのいろいろなお世話をしてくださった培風館編集部の方々に厚く御礼申し上げたい．

訳者を代表して

堀　素夫

著者序文

本書の目的

　本書は，工学，物理学，数学，コンピュータ科学などを専攻する学生のために，実際問題との関連においてもっとも重要と思われる数学の諸領域を，現代的な見地から解説した入門書である．

　応用分野で必要とされる数学の内容と性格は現在でも急激に変化している．行列を中心とする線形代数やコンピュータのための数値方法はますます重要性を増している．統計学やグラフ理論も顕著な役割を果たしつつある．実解析(微分方程式)と複素解析はいまなお必要不可欠である．したがって，本書における主題は独立な7部門に分類され，つぎのように配列されている．

A. 常微分方程式
　　　基礎事項 (1–3 章)
　　　級数解と特殊関数 (4 章)
　　　ラプラス変換 (5 章)

B. 線形代数とベクトル解析
　　　ベクトル，行列，固有値 (6, 7 章)
　　　ベクトルの微分法 (8 章)
　　　ベクトルの積分法 (9 章)

C. フーリエ解析と偏微分方程式
　　　フーリエ解析 (10 章)
　　　偏微分方程式 (11 章)

D. 複素解析
　　　基礎事項 (12–15 章)
　　　ポテンシャル論 (16 章)

---

http://www.wiley.com/college/mat/kreyszig154962/ 参照．

E. 数値解析
　　　　数値解析一般 (17 章)
　　　　線形代数の数値的方法 (18 章)
　　　　微分方程式の数値解法 (19 章)
F. 最適化とグラフ理論
　　　　線形計画法 (20 章)
　　　　グラフと組合せ最適化 (21 章)
G. 確率と統計
　　　　確率論 (22 章)
　　　　数理統計学 (23 章)

最後につぎの付録が追加されている．

　　参考文献 (付録 1)
　　奇数番号の問題の解答 (付録 2)
　　補足事項 (付録 3)
　　追加証明 (付録 4)
　　数　　表 (付録 5)

　本書はいままでも数理工学の発展の道を拓くことにいささか貢献してきた．さらに，ここで列挙した各分野への現代的なアプローチに，根本的な変化をもたらす (とくにコンピュータ関連の) 新しいアイディアが加われば，学生たちの現在と将来への準備として役だつだろう．多くの手法はすぐ時代遅れになってしまう．実例をあげると，安定性，誤差評価，アルゴリズムの構成問題などがある．その動向は供給と需要のかね合いによって決まる．供給とは新しい強力な数学的方法，計算技法と大容量コンピュータを提供することである．また需要とは，非常に精巧なシステムや生産プロセス，(たとえば宇宙旅行などの) 極限的な物理条件，特異な物性をもつ材料 (プラスチック，合金，超伝導物質など)，あるいはコンピュータ・グラフィックス，ロボティックスなどの新分野におけるまったく新しい課題から得られる大規模で複雑な問題を解決することを意味する．
　このような一般的な傾向は明らかなようにみえるが，詳細を予見することは難しい．そのため，工学的問題を数理的に解決する 3 段階のすべてにおいて，基本原理，方法，結果に関する深い知識と，工業数学の本質に関する確かな認識を学生に与えなければならない．その 3 段階はつぎのようにまとめられる．

モデル化 与えられた物理的，工学的な情報やデータを数学的モデル (微分方程式，連立方程式など) に翻訳すること．

数学的解法 適当な数学的方法を選択適用することによって解を求め，さらにコンピュータ上で数値計算を行うこと．これが本書の主題である．

物理的解釈 数学的な解の意味をもとの問題の物理的な言葉で理解すること．

あまり使われない細かい問題で学生に過大な負担を課すのは無意味と思われる．そのかわりに，学生に数学的思考に習熟させ，工学的問題に数学的方法を適用する必要性を認識させ，数学が比較的少数の基本概念と強力な統一原理に基づく体系的科学であることを理解させ，さらに理論，計算，実験の間の相関関係を確実に把握させることが重要である．

このような急速な発展を考慮して，この新版 (第 8 版) では多くの変更と新しい試みを実施した．とくに，多数の項目をより詳細で丁寧な形に書きかえ，理解しやすいように配慮した．また，応用，アルゴリズム，実施例，理論のバランスをよくするよう努めた．

第 8 版におけるおもな改変

1 問題の変更

新しい問題は定性的な方法と応用に重点をおいている．すなわち，形式的な計算は多少減らして，数学的思考と理解を必要とする本質的な問題を選んだ．そのかわりに，単なる定量的な計算には後述の CAS (コンピュータ代数システム：Computer Algebraic System) を慣用する．

2 プロジェクト

現代の工学技術は協同作業である．これに備えた特別研究課題 "協同プロジェクト" は学生に役だつであろう．(これは比較的簡単であり，忙しい学生の時間割に向いている．) "論文プロジェクト" は研究を計画実行し，すぐれた報告や論文を書く助けとなろう．"CAS プロジェクト" および "CAS 問題" は学生がコンピュータ (とプログラム電卓) を利用するための手引きを与える．しかし，CAS プロジェクトは決して強制するものではない．本書はコンピュータを使っても使わなくても学ぶことができるからである．

3 数値解析の現代化

コンピュータ関連の数値解析の記述を現代化した．

教科課程への示唆：連続した 4 学期課程

本書の内容を順を追って講義すれば，週 3–5 時間の 4 学期課程に適したものになろう．すなわち，

第 1 学期　常微分方程式 (1–4 章または 1–5 章)
第 2 学期　線形代数とベクトル解析 (6–9 章)
第 3 学期　複素解析 (12–16 章)
第 4 学期　数値解析 (17–19 章)

ほかの章は後の 1 学期課程で扱う．もちろん講義の順序は変えてもよい．たとえば，数値解析を複素解析よりも前に講義することもできる．

教科課程への示唆：独立した 1 学期課程

本書はまた週 3 時間のいろいろな独立した 1 学期課程にも適している．たとえば，

常微分方程式入門 (1, 2 章)
ラプラス変換 (5 章)
ベクトル代数とベクトル解析 (8, 9 章)
行列と連立 1 次方程式 (6, 7 章)
フーリエ級数と偏微分方程式 (10, 11 章，19.4–19.7 節)
複素解析入門 (12–15 章)
数値解析 (17, 19 章)
数値線形代数 (18 章)
最適化 (20, 21 章)
グラフと組合せ最適化 (21 章)
確率と統計 (22, 23 章)

第 8 版の一般的特徴

この第 8 版では，題材の選択とその配列や表現は，過去から現在までの著者の教育，研究，相談経験などに基づいて注意深く行われた．本書のおもな特徴をまとめるとつぎのようになる．

本書はとくに明記されたごく少数の例外的な箇所を除いて**自己完結的**である．その例外的な場合には，証明が現在のタイプの書物のレベルを超えるため，参考文献を引用するだけにとどめた．困難を隠したり極端に単純化したりすることは学生にとって真の助けにはならないからである．

著者序文

　本書の記述は**詳細**であり，ほかの本をたびたび参照して読者をいらいらさせないよう配慮している．

　例題は教えやすいように**単純**なものを選んだ．単純な例題のほうがわかりやすくてためになるのに複雑な例題を選ぶ必要はないからである．

　学生が学術雑誌の論文や専門書を読みほかの数学関連課程を学ぶのを助けるために，記号も**現代的**で**標準的**なものを用いた．

　各章の内容はかなり**独立**であって，それぞれ別の課目として教えやすいようになっている．

コンピュータの利用とコンピュータ代数システム (CAS)

　コンピュータ (パソコン) およびプログラム電卓の利用は，推奨はされるが強制はされない．

　コンピュータ代数システム (CAS : Computer Algebraic System) は，本書の約 4000 の問題の多くを解くのに役だつ．このすばらしく強力で万能のシステムを賢明に活用すれば，学生に新たな刺激と見識を与え，授業，個別指導，実習，家庭などにおける勉学，ひいては卒業後の将来の職務への準備を助けることになろう．

　これが問題集の補強のために CAS プロジェクトを加えた理由である．ただし，CAS プロジェクトを除外しても完全な問題集として通用することに変わりはない．

　同様に，本書はコンピュータを用いずに学ぶこともできる．

　ソフトウェアのリストは数値解析の章の前に記載されている．

謝　　辞

　いままで教えてくださった諸先生，同僚諸氏，学生諸君には，本書とくにこの第 8 版の執筆にあたって，直接的または間接的に多くの助言と助力をいただいた．原稿のコピーが私の担当するクラスに配布され，改訂のための示唆つきで返されてきた．工学者や数学者との討論 (および紙上でのコメント交換) は私にとって大きな助けとなった．とくに，S. L. Campbell, J. T. Cargo, R. Carr, P. L. Chambré, V. F. Connolly, J. Delany, J. W. Dettman, D. Dicker, L. D. Drager, D. Ellis, W. Fox, R. B. Guenther, J. L. Handley, V. W. Howe, W. N. Huff, J. Keener, V. Komkow, H. Kuhn, G. Lamb, H. B. Mann, I. Marx, K. Millet, J. D. Moore, W. D. Munroe, A. Nadim, J. N. Ong, Jr., P. J. Pritchard, W. O. Ray, J. T. Scheick, L. F. Shampine, H. A. Smith, J. Todd, H. Unz, A.

L. Villone, H. J. Weiss, A. Wilansky, C. H. Wilcox, H. Ya Fan, L. Zia, A. D. Ziebur のアメリカにおける教授の方々，カナダの H. S. M. Coxeter, E. J. Norminton, R. Vaillancourt 各教授と H. Kreyszig 氏 (コンピュータの専門技術で 17–19 章に貢献)，さらにヨーロッパにおける H. Florian, H. Unger, H. Wielandt の諸教授があげられる．ここで私の謝意を適切に表すことはできないほどである．

　原稿を細部にわたってチェックし数多い訂正を行われた M. Kracht 博士のご尽力に深く感謝する．

　原稿の準備から刊行にいたるまでたえず助けていただいた編集者 Barbara Holland さんに心からお礼を申し上げる．

　終わりに，John Wiley & Sons 社と GGS 情報サービスの皆さんにも，この版の刊行にあたっての効果的協力とお世話に感謝したい．

　多くの読者の方々からの示唆は本版を書くのに大変役だった．さらによくしていくためのご意見やご批判をいただければ幸いである．

Erwin Kreyszig

目　　次

1. **ラプラス変換** ………………………………………………… 3
   - 1.1　ラプラス変換，逆変換，線形性，移動　　4
   - 1.2　導関数と積分のラプラス変換，微分方程式　　11
   - 1.3　単位階段関数，第2移動定理，ディラックのデルタ関数　　19
   - 1.4　変換の微分と積分　　29
   - 1.5　たたみ込み，積分方程式　　34
   - 1.6　部分分数，微分方程式　　39
   - 1.7　連立微分方程式　　46
   - 1.8　ラプラス変換：一般公式　　52
   - 1.9　ラプラス変換の表　　53
     - 1章の復習　　55
     - 1章のまとめ　　58

2. **フーリエ級数，フーリエ積分，フーリエ変換** ………………… 59
   - 2.1　周期関数，3角級数　　60
   - 2.2　フーリエ級数　　63
   - 2.3　任意の周期 $p = 2L$ をもつ関数　　72
   - 2.4　偶関数および奇関数，半区間展開　　75
   - 2.5　複素フーリエ級数［選択］　　82
   - 2.6　強制振動　　86
   - 2.7　3角多項式による近似　　89
   - 2.8　フーリエ積分　　93
   - 2.9　フーリエ余弦変換およびフーリエ正弦変換　　102
   - 2.10　フーリエ変換　　107
   - 2.11　変換表　　116
     - 2章の復習　　119
     - 2章のまとめ　　120

3. 偏微分方程式 ……… 123

- 3.1 基本概念　124
- 3.2 モデル化：振動する弦，波動方程式　127
- 3.3 変数分離：フーリエ級数の利用　129
- 3.4 波動方程式のダランベールの解　138
- 3.5 熱方程式：フーリエ級数解　143
- 3.6 熱方程式：フーリエ積分とフーリエ変換による解　153
- 3.7 モデル化：膜，2次元波動方程式　161
- 3.8 長方形膜：2重フーリエ級数の利用　163
- 3.9 極座標でのラプラシアン　171
- 3.10 円形膜：フーリエ・ベッセル級数の利用　174
- 3.11 円筒座標および球座標でのラプラスの方程式．ポテンシャル　181
- 3.12 ラプラス変換による解法　190
  - 3章の復習　194
  - 3章のまとめ　196

付録1　参考文献 ……… 199

付録2　奇数番号の問題の解答 ……… 201

付録3　補足事項 ……… 209
- A3.1 基本的な関数の公式　209
- A3.2 偏導関数　215
- A3.3 数列と級数　218

付録4　数表 ……… 221

索引 ……… 223

ラプラス変換，フーリエ解析，偏微分方程式

Laplace Transform,
Fourier Analysis,
Partial Differential Equation

- 1章　ラプラス変換
- 2章　フーリエ級数，フーリエ積分，フーリエ変換
- 3章　偏微分方程式

　モーターなどの回転する機械，音波，地球の運動，正常な心臓などに見られるように周期現象は頻繁に現れる．これら周期現象を簡単な周期関数，すなわち正弦関数と余弦関数で表すことは実用上有用である．このように表されたものをフーリエ級数という．この級数はフーリエ (オイラーとベルヌーイの仕事を引き継いだ) により考え出されたが，フーリエ級数の出現は応用数学でもっとも画期的な出来事の 1 つであった．

　2 章はおもにフーリエ級数についてである．この考え方と手法は非周期現象についても適用できる．これが**フーリエ積分**と**フーリエ変換**である (2.8–2.10 節)．これらをすべて含んだ用語が**フーリエ解析**である．

　3 章は，物理学や工学でもっとも重要な**偏微分方程式**についてである．この分野でフーリエ解析を有効に使うことができる．すなわち，力学，熱流，静電気学，その他の分野で現れる境界値問題と初期値問題にフーリエ解析が適用される．

1 ラプラス変換

　ラプラス変換により，微分方程式とその初期値問題，境界値問題を解くことができる．解法の手順はおもに3つのステップからなる．
　ステップ1： 与えられた問題を簡単な方程式 (**補助方程式**) に変換する．
　ステップ2： 補助方程式を単なる代数的操作で解く．
　ステップ3： 補助方程式の解を逆変換して，与えられた問題の解を得る．
　このようにラプラス変換は，微分方程式の解法を代数の問題に帰着するのである．この手順は，関数表とそれらの変換を用いて簡単に行うことができる．表を用いることは，積分で積分表を用いることと似ている．このような表を本章の終わりに与える．
　積分演算を代数演算にするこの方法は**演算子法**といわれている．演算子法は応用数学で非常に重要な分野で，技術者にとってラプラス変換は実用上もっとも重要な演算子法である．機械的または電気的外力が不連続的に変わるとき，または短時間のみ外力が働くとか，外力は周期的であるが，単なる正弦関数でなくて複雑な周期関数のとき，ラプラス変換法はとくに有用である．よく似た演算法としてフーリエ変換があるが，これについては2.10節参照．
　ラプラス変換のもう1つの利点は，問題を直接に解いてしまうことである．実際，一般解を求めなくても初期値問題を直接解くことができる．同様に，非同次方程式を解くときに，対応する同次方程式を最初に解く必要がない．
　本章ではラプラス変換を実用的観点から考え，重要な工学上の問題でそれがどのように使われるか説明する．問題の多くは，常微分方程式に関係がある．
　本章では常微分方程式にラプラス変換を適用することを考える．
　偏微分方程式もまたラプラス変換で解ける．このことを3.12節で示すことにする．
　1.8節で一般公式を示し，1.9節で変換 $F(s)$ とそれに対応する関数 $f(t)$ の表を与える．
　　本章を学ぶための予備知識：第1巻2章．
　　短縮コースでは省略してもよい節：1.4–1.6節．
　　参考書：付録1, A.
　　問題の解答：付録2.

1.1 ラプラス変換，逆変換，線形性，移動

$f(t)$ を $t \geqq 0$ で定義された与えられた関数としよう．$f(t)$ に e^{-st} を掛けて，t について 0 から ∞ まで積分する．もしその積分が存在するときは (すなわち有限の値をもつときは)，積分は s の関数になる．たとえば，それを $F(s)$ とすると，

$$F(s) = \int_0^\infty e^{-st} f(t)\, dt$$

となる．関数 $F(s)$ をもとの関数 $f(t)$ の**ラプラス**[1)]**変換**とよび，$\mathscr{L}(f)$ と書く．すなわち，

$$F(s) = \mathscr{L}(f) = \int_0^\infty e^{-st} f(t)\, dt \qquad (\mathbf{1})$$

となる．もとの関数 f は t に依存して，新しい関数 F (f の変換) は s に依存することを覚えておこう．

$f(t)$ から $F(s)$ をつくる操作も**ラプラス変換**という．

さらに，式 (1) のもとの関数 $f(t)$ を $F(s)$ の**ラプラス逆変換**とよび，$\mathscr{L}^{-1}(F)$ と書く．すなわち，

$$f(t) = \mathscr{L}^{-1}(F)$$

となる．

記　号　　もとの関数を小文字で書き，その変換を大文字で書くことにする．たとえば，$F(s)$ は $f(t)$ の変換で，$Y(s)$ は $y(t)$ の変換である．

例 1　ラプラス変換　　$t \geqq 0$ で $f(t) = 1$ とする．$F(s)$ を求めよ．
［解］　式 (1) から積分により，

$$\mathscr{L}(f) = \mathscr{L}(1) = \int_0^\infty e^{-st}\, dt = -\frac{1}{s} e^{-st} \Big|_0^\infty = \frac{1}{s} \quad (s > 0)$$

となる．本章の記号は便利であるが，一言だけ注意しておきたい．式 (1) の積分範囲は無限である．このような積分は**特異積分** (広義積分) とよび，定義によりつぎの手順で計算される．

---

1) Pierre Simon Marquis de Laplace (1749–1827)．偉大なフランスの数学者で，パリ大学の教授であった．彼はポテンシャル理論の基礎をつくり，天体力学，天文学一般，特殊関数，確率論の発展に大きく寄与した．Napoléon Bonaparte は 1 年間だけであるが，彼の学生であった．ラプラスの興味ある政治活動については，付録 1 の [2] 参照．
　強力で実用的なラプラス変換の手法は，1 世紀後イギリスの電気技術者 Oliver Heaviside (1850–1925) により発展したので，よくヘビサイド法という．
　式を簡潔に書くため変数を省略するが，混乱はしないであろう．たとえば，式 (1) を $\mathscr{L}(f)(s)$ のかわりに $\mathscr{L}(f)$ と書く．

1.1 ラプラス変換，逆変換，線形性，移動

$$\int_0^\infty e^{-st}f(t)\,dt = \lim_{T\to\infty}\int_0^T e^{-st}f(t)\,dt.$$

したがって，例 1 の積分の記号はつぎのことを意味する．

$$\int_0^\infty e^{-st}dt = \lim_{T\to\infty}\left[-\frac{1}{s}e^{-st}\right]_0^T = \lim_{T\to\infty}\left[-\frac{1}{s}e^{-sT}+\frac{1}{s}e^0\right] = \frac{1}{s} \quad (s>0).$$

本章ではこの記号法を用いる． ◀

例 2　指数関数のラプラス変換　$t \geqq 0$ で $f(t) = e^{at}$ とする．ただし，a は定数である．$\mathscr{L}(f)$ を求めよ．

［解］　ふたたび式 (1) により，

$$\mathscr{L}(e^{at}) = \int_0^\infty e^{-st}e^{at}dt = \frac{-1}{a-s}e^{-(s-a)t}\bigg|_0^\infty$$

となる．したがって，$s - a > 0$ のとき，

$$\mathscr{L}(e^{at}) = \frac{1}{s-a}$$

である． ◀

このようにして関数のラプラス変換を，定義式から 1 つずつ直接計算しなければならないのであろうか．答えは否である．その理由は，ラプラス変換には計算に有用な一般的性質が備わっているからである．その中でもっとも重要な性質は，ラプラス変換が微分や積分と同じように線形演算であるということである．これはつぎのことを意味する．

定理 1（ラプラス変換の線形性）　ラプラス変換は線形演算である．すなわち，$f(t)$ と $g(t)$ のラプラス変換が存在すると，任意の定数 a,b に対して，

$$\boxed{\mathscr{L}\{af(t)+bg(t)\} = a\mathscr{L}\{f(t)\}+b\mathscr{L}\{g(t)\}}$$

が成立する．

［証明］　定義より，

$$\begin{aligned}\mathscr{L}\{af(t)+bg(t)\} &= \int_0^\infty e^{-st}[af(t)+bg(t)]\,dt \\ &= a\int_0^\infty e^{-st}f(t)\,dt + b\int_0^\infty e^{-st}g(t)\,dt \\ &= a\mathscr{L}\{f(t)\}+b\mathscr{L}\{g(t)\}\end{aligned}$$

となる． ◀

例 3　定理 1 の応用：双曲線関数　$f(t) = \cosh at = (e^{at}+e^{-at})/2$ とする．$\mathscr{L}(f)$ を求めよ．

[解] 定理 1 と例 2 から，
$$\mathscr{L}(\cosh at) = \frac{1}{2}\mathscr{L}(e^{at}) + \frac{1}{2}\mathscr{L}(e^{-at}) = \frac{1}{2}\left(\frac{1}{s-a} + \frac{1}{s+a}\right)$$
となる．通分することによって，$s > a (\geqq 0)$ のとき，
$$\mathscr{L}(\cosh at) = \frac{s}{s^2 - a^2}$$
である．同様に双曲線正弦関数の変換は，
$$\mathscr{L}(\sinh at) = \frac{1}{2}\mathscr{L}(e^{at}) - \frac{1}{2}\mathscr{L}(e^{-at}) = \frac{1}{2}\left(\frac{1}{s-a} - \frac{1}{s+a}\right) = \frac{a}{s^2 - a^2} \qquad (s > a \geqq 0)$$
となる． ◀

例 4 **余弦と正弦** 例 2 で $a = i\omega$ ($i = \sqrt{-1}$) とすると，
$$\mathscr{L}(e^{i\omega t}) = \frac{1}{s - i\omega} = \frac{s + i\omega}{(s - i\omega)(s + i\omega)} = \frac{s + i\omega}{s^2 + \omega^2} = \frac{s}{s^2 + \omega^2} + i\frac{\omega}{s^2 + \omega^2}$$
となる．他方，定理 1 と $e^{i\omega t} = \cos \omega t + i \sin \omega t$ (第 1 巻 2.3 節) から，
$$\mathscr{L}(e^{i\omega t}) = \mathscr{L}(\cos \omega t + i \sin \omega t) = \mathscr{L}(\cos \omega t) + i\mathscr{L}(\sin \omega t)$$
となる．上の 2 つの式の実部と虚部を等置すると，余弦と正弦の変換は，
$$\mathscr{L}(\cos \omega t) = \frac{s}{s^2 + \omega^2}, \qquad \mathscr{L}(\sin \omega t) = \frac{\omega}{s^2 + \omega^2}$$
となる．これらの公式はあとで頻繁に使われる．複素数を使わずに，式 (1) の定義と部分積分を使って上の公式を導いてみよう．次節でほかの方法によって導出する． ◀

第 1 移動定理：変換において s を $s - a$ におきかえること

ラプラス変換には，非常に有用な一般的特性がある．

定理 2 (第 1 移動定理) $f(t)$ が変換 $F(s)$ (ただし $s > k$ とする) をもつならば，$e^{at}f(t)$ は変換 $F(s - a)$ をもつ (ただし $s - a > k$ である)．式で書くと，

$$\boxed{\mathscr{L}\{e^{at}f(t)\} = F(s - a)}$$

もし両辺の逆をとると，

$$\boxed{e^{at}f(t) = \mathscr{L}^{-1}\{F(s - a)\}}$$

となる．

[証明] 式 (1) の積分で，s を $s - a$ でおきかえると $F(s - a)$ は，
$$F(s - a) = \int_0^\infty e^{-(s-a)t} f(t)\, dt = \int_0^\infty e^{-st}[e^{at}f(t)]\, dt = \mathscr{L}\{e^{at}f(t)\}$$
となる．仮に，ある k より大きい s に対して $F(s)$ が存在すると (すなわち有限ならば)，$s - a > k$ に対して上式の左の積分が存在する．上式の両辺の逆をとると，定理 2 の 2 番目の公式が得られる． ◀

1.1 ラプラス変換, 逆変換, 線形性, 移動

例 5　減衰振動　例 4 と第 1 移動定理からつぎの有用な公式が得られる.

$$\mathscr{L}(e^{at}\cos\omega t) = \frac{s-a}{(s-a)^2+\omega^2},$$

$$\mathscr{L}(e^{at}\sin\omega t) = \frac{\omega}{(s-a)^2+\omega^2}.$$

a が負のとき, これらに対応する $f(t)$ は減衰振動である.　◀

重要な変換の簡単な表

表 1.1 は基本的な変換の簡単な表である. これらの変換から, 次節で必要になるほとんどすべての変換を得ることができる. この場合, 次節で考える簡単ないくつかの一般的な定理を使うことになる.

関数と変換のより広範囲な表は 1.9 節で述べられる (付録 1 の [A4] と [A6]).

[証明]　表 1.1 の公式 1, 2, 3 は公式 4 の特別な場合である. 公式 4 を帰納法によって導こう. $n=0$ のとき, 公式 4 は例 1 と $0!=1$ から成立する. 正の n に対して, 公式 4 が成立すると仮定しよう. 式 (1) から部分積分により,

$$\mathscr{L}(t^{n+1}) = \int_0^\infty e^{-st}t^{n+1}dt = -\frac{1}{s}e^{-st}t^{n+1}\bigg|_0^\infty + \frac{(n+1)}{s}\int_0^\infty e^{-st}t^n dt$$

となる. $t=0$ と $t\to\infty$ のとき, 上式の右辺第 1 項は 0 である. 右辺は $(n+1)\mathscr{L}(t^n)/s$ に等しい. したがって,

$$\mathscr{L}(t^{n+1}) = \frac{n+1}{s}\mathscr{L}(t^n) = \frac{(n+1)n!}{s\cdot s^{n+1}} = \frac{(n+1)!}{s^{n+2}}$$

となる. このように公式 4 が n のとき成立すると仮定すると, $n+1$ のときも成立する. $n=0$ のとき公式 4 は明らかに成立するので, 公式 4 が証明できた.

表 1.1　いくつかの関数 $f(t)$ とそれらのラプラス変換 $\mathscr{L}(f)$

	$f(t)$	$\mathscr{L}(f)$		$f(t)$	$\mathscr{L}(f)$
1	1	$\dfrac{1}{s}$	7	$\cos\omega t$	$\dfrac{s}{s^2+\omega^2}$
2	t	$\dfrac{1}{s^2}$	8	$\sin\omega t$	$\dfrac{\omega}{s^2+\omega^2}$
3	t^2	$\dfrac{2!}{s^3}$	9	$\cosh at$	$\dfrac{s}{s^2-a^2}$
4	t^n $(n=0,1,\cdots)$	$\dfrac{n!}{s^{n+1}}$	10	$\sinh at$	$\dfrac{a}{s^2-a^2}$
5	t^a $(a>0)$	$\dfrac{\Gamma(a+1)}{s^{a+1}}$	11	$e^{at}\cos\omega t$	$\dfrac{s-a}{(s-a)^2+\omega^2}$
6	e^{at}	$\dfrac{1}{s-a}$	12	$e^{at}\sin\omega t$	$\dfrac{\omega}{(s-a)^2+\omega^2}$

公式 5 の $\Gamma(a+1)$ は，いわゆる**ガンマ関数**である (第 1 巻 4.5 節の式 (15) または付録 A3.1 の式 (24) 参照)．式 (1) から公式 5 が得られる．$st = x$ とすると，

$$\mathscr{L}(t^a) = \int_0^\infty e^{-st} t^a dt = \int_0^\infty e^{-x} \left(\frac{x}{s}\right)^a \frac{dx}{s} = \frac{1}{s^{a+1}} \int_0^\infty e^{-x} x^a dx$$

となる．ただし $s > 0$ である．最後の積分はまさに $\Gamma(a+1)$ であるので，右辺は $\Gamma(a+1)/s^{a+1}$ である．

非負の整数 n に対しては $\Gamma(n+1) = n!$ であるので，公式 4 が公式 5 から得られることに注意しよう．

公式 6–12 は，例 2–5 で導かれた． ◀

例 6　**第 1 移動定理**　表 1.1 と第 1 移動定理からつぎの有用な公式が得られる．

$$\mathscr{L}(t^n e^{at}) = \frac{n!}{(s-a)^{n+1}}.$$

たとえば，$\mathscr{L}(te^{at}) = 1/(s-a)^2$ である． ◀

ラプラス変換の存在

この問題は実用的には大きい問題ではない．なぜならば，大きい困難なしに微分方程式の解を方程式に代入することによって検証できるからである．もちろん，式 (1) で無限区間にわたり積分しているので，変換の存在が常に保証されているのではない．決まった s に対して，$t \to \infty$ で，被積分関数 $e^{-st}f(t)$ が十分に速く 0 になるとき，たとえば，少なくとも負の指数をもった指数関数のように振る舞うとき，式 (1) の積分が存在する．これは，$f(t)$ 自身が，たとえば e^{kt} より速く大きくならないことを意味する．つまり，$f(t)$ は e^{t^2} のようにはならない．このことから以下の式 (2) が導かれる．

$f(t)$ が連続である必要はない．いわゆる区分的に連続であれば十分である．このことは実用上重要である．なぜならば，不連続な外力 (駆動力，電気的外力) に対して，ラプラス変換法がとくに有用であるからである．

有限区間 $a \leqq t \leqq b$ で関数 $f(t)$ が**区分的に連続**であるとは，つぎの意味である．すなわち，$f(t)$ が区間 $a \leqq t \leqq b$ で定義されていて，その区間を有限個の部分区間に分割すると，各部分区間で $f(t)$ が連続で，かつ t を部分空間の内部から両端点に近づけたとき，$f(t)$ が有限な極限をもつことである．

この定義から，区分的に連続な関数に許される不連続は有限の跳びだけである．これらは**第 1 種不連続点**とよばれる．図 1.1 は 1 つの例である．明らかに，区分的に連続な関数のクラスはすべての連続関数を含む．

図 1.1 区分的に連続な関数 $f(t)$ の例 (黒丸は跳びでの関数値を示す.)

定理 3 (ラプラス変換の存在定理) $t \geqq 0$ のすべての有限区間で $f(t)$ が区分的に連続としよう. そして, ある定数 k と M に対して $f(t)$ が,

$$|f(t)| \leqq Me^{kt} \qquad \text{(すべての } t \geqq 0 \text{ に対して)} \qquad (2)$$

を満たすとする. このとき, $s > k$ となるすべての s に対して $f(t)$ のラプラス変換が存在する.

[証明] $f(t)$ が区分的に連続であるので, t 軸上のいかなる区間に対しても $e^{-st}f(t)$ が積分可能である. 式 (2) を用い, また $s > k$ と仮定すると,

$$|\mathscr{L}(f)| = \left| \int_0^\infty e^{-st}f(t)\,dt \right| \leqq \int_0^\infty |f(t)|e^{-st}dt \leqq \int_0^\infty Me^{kt}e^{-st}dt = \frac{M}{s-k}$$

となる. 最後の積分が存在するためには, 条件 $s > k$ が必要である. これで証明が完了した. ◀

定理 3 の条件は, ほとんどすべての応用例に対して十分である. 与えられた関数が不等式 (2) を満たすかどうかを判定するのはやさしい. たとえば, すべての $t > 0$ に対して,

$$\cosh t < e^t, \quad t^n < n!\, e^t \qquad (n = 0, 1, \cdots) \qquad (3)$$

である. また, すべての $t \geqq 0$ に対して絶対値が有界な任意の関数, たとえば, 実変数の正弦関数とか余弦関数は不等式 (2) を満たす. 不等式 (2) を満たさない関数の例は, 指数関数 e^{t^2} である. なぜならば, 不等式 (2) の M と k をいかに大きくしても

$$e^{t^2} > Me^{kt} \qquad \text{(すべての } t > t_0 \text{ に対して)}$$

となる. ただし, t_0 は M と k に依存する十分大きい数である.

定理 3 の条件は, 必要条件ではなく十分条件である. この点は注意すべきであろう. たとえば, 関数 $1/\sqrt{t}$ は $t = 0$ で無限大である. しかし, そのラプラス変換は存在する. 事実, 定義式 (1) と $\Gamma(\frac{1}{2}) = \sqrt{\pi}$ (付録 A3.1 の式 (30)) から $st = x$ とおくと,

$$\mathscr{L}(t^{-1/2}) = \int_0^\infty e^{-st}t^{-1/2}dt = \frac{1}{\sqrt{s}}\int_0^\infty e^{-x}x^{-1/2}dx = \frac{1}{\sqrt{s}}\Gamma\left(\frac{1}{2}\right) = \sqrt{\frac{\pi}{s}}$$

となる.

一意性　ある関数のラプラス変換が存在すると，それは一意的に決まる．逆にいうと，2つの関数(両方とも正の実軸上で定義されている)が同一の変換をもつならば，それら2つの関数は正の区間で異なることはありえない．ただし，いくつかの孤立点で異なることはありうる(付録1の[A8]参照)．このことは実用上重要でないので，ある変換の逆変換は本質的には一意的に決まるといえる．とくに，もし2つの連続関数が同じ変換をもつときは，それらは完全に同じものである．このことは実用上重要である．

❖❖❖❖❖❖　**問題 1.1**　❖❖❖❖❖❖

ラプラス変換　つぎの関数のラプラス変換を求めよ．計算の詳細も示せ．(a, b, c, ω, δ は定数．)

1. $2t + 6$
2. $a + bt + ct^2$
3. $\sin \pi t$
4. $\cos^2 \omega t$
5. e^{a-bt}
6. $e^t \cosh 3t$
7. $\sin(\omega t + \delta)$
8. $\sin 2t \cos 2t$

9.
10.
11.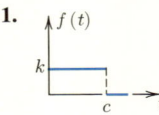
12.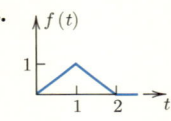

13.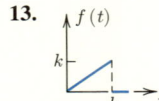
14.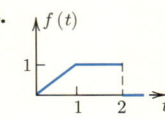
15.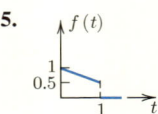
16.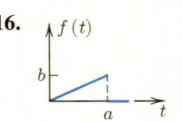

ラプラス逆変換　$F(s) = \mathscr{L}(f)$ が与えられているとする．$f(t)$ を求めよ．計算の詳細も示せ．(L, n などは定数．)

17. $\dfrac{0.1s + 0.9}{s^2 + 3.24}$
18. $\dfrac{5s}{s^2 - 25}$
19. $\dfrac{-s - 10}{s^2 - s - 2}$
20. $\dfrac{s - 4}{s^2 - 4}$
21. $\dfrac{2.4}{s^4} - \dfrac{228}{s^6}$
22. $\dfrac{60 + 6s^2 + s^4}{s^7}$
23. $\dfrac{s}{L^2 s^2 + n^2 \pi^2}$
24. $\dfrac{1 - 7s}{(s-3)(s-1)(s+2)}$
25. $\displaystyle\sum_{k=1}^{5} \dfrac{a_k}{s + k^2}$
26. $\dfrac{s^4 + 6s - 18}{s^5 - 3s^4}$
27. $\dfrac{1}{(s+\sqrt{2})(s-\sqrt{3})}$
28. $\dfrac{2s^3}{s^4 - 1}$

第1移動定理の応用

ラプラス変換を求めよ．(計算の詳細も示せ．)

29. $t^2 e^{-3t}$
30. $e^{-\alpha t} \cos \beta t$
31. $5e^{2t} \sinh 2t$
32. $2e^{-t} \cos^2 \frac{1}{2} t$
33. $\sinh t \cos t$
34. $(t+1)^2 e^t$

逆変換を求めよ．(計算の詳細も示せ．)

35. $\dfrac{1}{(s+1)^2}$
36. $\dfrac{12}{(s-3)^4}$
37. $\dfrac{3}{s^2 + 6s + 18}$

38. $\dfrac{4}{s^2 - 2s - 3}$ **39.** $\dfrac{s}{\left(s + \frac{1}{2}\right)^2 + 1}$ **40.** $\dfrac{2}{s^2 + s + \frac{1}{2}}$

41. (**大きくなり方**) 式 (3) を証明せよ．
42. (**逆変換**) $\mathscr{L}^{-1}$ が線形であることを証明せよ．
　　［ヒント］ $\mathscr{L}$ が線形であることを使え．
43. (**逆変換**) $\mathscr{L}^{-1}$ を使って表 1.1 を書きかえよ (例：$\mathscr{L}^{-1}(1/s^3) = t^2/2$)．
44. (t を ct で**置換**) $\mathscr{L}\{f(t)\} = F(s)$ で, c がある正の定数のとき，$\mathscr{L}\{f(ct)\} = F(s/c)/c$ であることを示せ (［ヒント］式 (1) を使え). このことを利用して, $\mathscr{L}(\cos t)$ から $\mathscr{L}(\cos\omega t)$ を求めよ．
45. (**非存在**) ラプラス変換をもたない関数のうち簡単なものを示せ. 理由も書け．

1.2　導関数と積分のラプラス変換，微分方程式

　ラプラス変換は，微分方程式を解く 1 つの方法である．重要なことは，ラプラス変換は，変換により積分演算を代数演算におきかえることである．大まかにいうと，$f(t)$ の導関数は，$\mathscr{L}(s)$ に s を掛けたものにおきかえられる (定理 1 と定理 2). $f(t)$ の積分は，$\mathscr{L}(f)$ を s で割ったものにおきかえられる (定理 3).

定理 1　($f(t)$ **の微分のラプラス変換**)　すべての $t \geqq 0$ で $f(t)$ は連続で，ある k と M に対して 1.1 節の不等式 (2) を満たし，導関数 $f'(t)$ をもつとする．$t \geqq 0$ のすべての有限区間で導関数 $f'(t)$ が区分的に連続とする．$s > k$ のとき導関数 $f'(t)$ の変換が存在して，

$$\mathscr{L}(f') = s\mathscr{L}(f) - f(0) \qquad (s > k) \qquad (\mathbf{1})$$

である．

　［証明］　すべての $t \geqq 0$ に対して，$f'(t)$ が連続の場合を最初に考える．定義と部分積分から，

$$\mathscr{L}(f') = \int_0^\infty e^{-st} f'(t)\, dt = \left[e^{-st} f(t) \right]_0^\infty + s \int_0^\infty e^{-st} f(t)\, dt$$

となる．f は 1.1 節の式 (2) を満たすので，右辺第 1 項で上限 ∞ を代入すると $s > k$ のとき 0 になる．下限 0 を代入すると $-f(0)$ になる．最後の積分は $\mathscr{L}(f)$ である．$s > k$ のとき，その積分が存在することは 1.1 節の定理 3 から結論される．このことから，$s > k$ のとき上式の右辺が存在して，$-f(0) + s\mathscr{L}(f)$ に等しいことがわかる．したがって，$s > k$ のとき $\mathscr{L}(f')$ が存在して，式 (1) が成立する．
　$f'(t)$ が区分的に連続ならば，上式の証明はまったく同様に成立する．その場合，もとの積分の範囲を分割して，それぞれの範囲で f' が連続であるようにすればよい．◀

[注意] 区分的に連続な関数 $f(t)$ にもこの定理は適用できる．しかし，そのときには，式 (1) のかわりに本節の問題 10 の公式 (1*) を得る．

2 階導関数 $f''(t)$ に式 (1) を適用すると，
$$\mathscr{L}(f'') = s\mathscr{L}(f') - f'(0) = s[s\mathscr{L}(f) - f(0)] - f'(0)$$
となる．すなわち，
$$\boxed{\mathscr{L}(f'') = s^2 \mathscr{L}(f) - sf(0) - f'(0)} \qquad (2)$$
である．同様に，
$$\mathscr{L}(f''') = s^3 \mathscr{L}(f) - s^2 f(0) - sf'(0) - f''(0) \qquad (3)$$
となる．以下同様である．このようにして帰納法により，定理 1 の拡張としてつぎの定理を得る．

定理 2 (**任意の階数 n の導関数のラプラス変換**)　すべての $t \geq 0$ に対して，$f(t)$ とその導関数 $f'(t), f''(t), \cdots, f^{(n-1)}(t)$ が連続関数とする．ある k と M に対して，これらの関数は 1.1 節の不等式 (2) を満たし，$t \geq 0$ のすべての有限区間で導関数 $f^{(n)}(t)$ が区分的に連続とする．このとき，$s > k$ に対して $f^{(n)}(t)$ のラプラス変換が存在して，公式
$$\boxed{\mathscr{L}(f^{(n)}) = s^n \mathscr{L}(f) - s^{n-1} f(0) - s^{n-2} f'(0) - \cdots - f^{(n-1)}(0)} \qquad (4)$$
で与えられる．

例 1　$f(t) = t^2$ とする．$\mathscr{L}(1)$ から $\mathscr{L}(f)$ を求めよ．
[解]　$f(0) = 0$，$f'(0) = 0$，$f''(t) = 2$，$\mathscr{L}(2) = 2\mathscr{L}(1) = 2/s$ であるので，式 (2) から，
$$\mathscr{L}(f'') = \mathscr{L}(2) = \frac{2}{s} = s^2 \mathscr{L}(f), \text{ゆえに } \mathscr{L}(t^2) = \frac{2}{s^3}$$
となる．これは表 1.1 の公式 3 と一致する．これは典型的な例であって，一般に，ある関数の変換を得る方法が複数個存在することを示す．◀

例 2　$\cos \omega t$ のラプラス変換を求めよ．
[解]　$f(t) = \cos \omega t$ とすると，$f''(t) = -\omega^2 \cos \omega t = -\omega^2 f(t)$ である．また，$f(0) = 1$，$f'(0) = 0$ である．変換すると $\mathscr{L}(f'') = -\omega^2 \mathscr{L}(f)$ である．これと式 (2) から，
$$-\omega^2 \mathscr{L}(f) = \mathscr{L}(f'') = s^2 \mathscr{L}(f) - s, \text{ したがって } \mathscr{L}(f) = \mathscr{L}(\cos \omega t) = \frac{s}{s^2 + \omega^2}$$
である．この方法で $\mathscr{L}(\sin \omega t)$ を求めよ．◀

例 3 $f(t) = \sin^2 t$ とする．$\mathscr{L}(f)$ を求めよ．

[解] $f(0) = 0$, $f'(t) = 2\sin t \cos t = \sin 2t$ である．式 (1) と表 1.1 の公式 8 から,
$$\mathscr{L}(\sin 2t) = \frac{2}{s^2+4} = s\mathscr{L}(f), \quad \text{すなわち} \quad \mathscr{L}(\sin^2 t) = \frac{2}{s(s^2+4)}$$
となる． ◀

例 4 $f(t) = t\sin\omega t$ とする．$\mathscr{L}(f)$ を求めよ．

[解] $f(0) = 0$ である．また，
$$f'(t) = \sin\omega t + \omega t\cos\omega t, \quad f'(0) = 0,$$
$$f''(t) = 2\omega\cos\omega t - \omega^2 t\sin\omega t = 2\omega\cos\omega t - \omega^2 f(t)$$
であるので，式 (2) から，
$$\mathscr{L}(f'') = 2\omega\mathscr{L}(\cos\omega t) - \omega^2\mathscr{L}(f) = s^2\mathscr{L}(f)$$
となる．$\cos\omega t$ についてのラプラス変換公式を用いると,
$$(s^2+\omega^2)\mathscr{L}(f) = 2\omega\mathscr{L}(\cos\omega t) = \frac{2\omega s}{s^2+\omega^2}$$
となる．したがって，結果は，
$$\mathscr{L}(t\sin\omega t) = \frac{2\omega s}{(s^2+\omega^2)^2}$$
である． ◀

微分方程式，初期値問題

ここで，ラプラス変換によりどのようにして微分方程式が解かれるか述べよう．つぎの初期値問題からはじめることにする．

$$y'' + ay' + by = r(t), \quad y(0) = K_0, \; y'(0) = K_1 \qquad (5)$$

ただし，a と b は定数である．$r(t)$ は力学系に加えられた入力 (駆動力) で，$y(t)$ は出力 (系の応答) である．ラプラス法では，つぎの 3 つのステップをふむことになる．

ステップ 1 式 (1) と式 (2) により式 (5) を変換する．$Y = \mathscr{L}(y)$, $R = \mathscr{L}(r)$ と書くと，
$$[s^2Y - sy(0) - y'(0)] + a[sY - y(0)] + bY = R(s)$$
となる．上式を**補助方程式**とよぶ．Y の係数をまとめると，
$$(s^2 + as + b)Y = (s+a)y(0) + y'(0) + R(s)$$
となる．

ステップ2　補助方程式を Y について代数的に解く．s^2+as+b で割り，伝達関数[2]

$$Q(s) = \frac{1}{s^2+as+b} \qquad (6)$$

を使うと，

$$Y(s) = [(s+a)y(0)+y'(0)]Q(s) + R(s)Q(s) \qquad (7)$$

となる．$y(0)=y'(0)=0$ であるならば，式(7)は単に $Y=RQ$ となる．よって，Q はつぎの商で表される．

$$Q = \frac{Y}{R} = \frac{\mathscr{L}(\text{出力})}{\mathscr{L}(\text{入力})}.$$

これにより Q の名前の意味がわかるであろう．つまり，Q は a と b だけに依存して，$r(t)$ や初期条件には依存しない．

ステップ3　式(7)をいくつかの項の和に変形する(ふつうは部分分数を使う)．それぞれの項の逆は表にあり，式(5)の解が $y(t)=\mathscr{L}^{-1}(Y)$ から得られるようにする．

例5　初期値問題：各ステップの説明

$$y'' - y = t, \quad y(0)=1,\ y'(0)=1$$

を解け．

[解]　**ステップ1**　式(2)と表1.1から，補助方程式

$$s^2 Y - sy(0) - y'(0) - Y = \frac{1}{s^2}, \quad \text{したがって} \quad (s^2-1)Y = s+1+\frac{1}{s^2}.$$

ステップ2　伝達関数は $Q=1/(s^2-1)$ である．式(7)から，

$$Y = (s+1)Q + \frac{1}{s^2}Q = \frac{s+1}{s^2-1} + \frac{1}{s^2(s^2-1)} = \frac{1}{s-1} + \left(\frac{1}{s^2-1} - \frac{1}{s^2}\right).$$

ステップ3　上式と表1.1から，

$$y(t) = \mathscr{L}^{-1}(Y)$$
$$= \mathscr{L}^{-1}\left(\frac{1}{s-1}\right) + \mathscr{L}^{-1}\left(\frac{1}{s^2-1}\right) - \mathscr{L}^{-1}\left(\frac{1}{s^2}\right)$$
$$= e^t + \sinh t - t$$

となる．この方法を図1.2の流れ図にまとめた．　◀

---

[2] Q はよく H で表される．しかし，本書では H はほかの目的のために使われているので，本書では Q の文字を使用する．

1.2 導関数と積分のラプラス変換，微分方程式

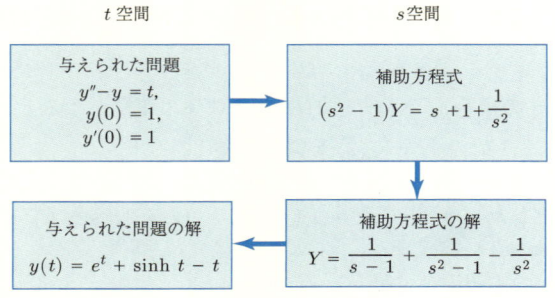

図 1.2 ラプラス変換法

例 6　通常の方法との比較　つぎの初期値問題を解け．
$$y'' + 2y' + y = e^{-t}, \quad y(0) = -1, \ y'(0) = 1.$$

[解]　導関数の変換に対する公式 (1) と (2) と初期条件から補助方程式

$$(s^2 Y + s - 1) + 2(sY + 1) + Y = \frac{1}{s+1}$$

を得る．Y の係数をまとめると，

$$(s^2 + 2s + 1)Y = (s+1)^2 Y = -s - 1 + \frac{1}{s+1}$$

となる．$(s+1)^2$ で割り，Y について代数的に解くと，単に

$$Y = \frac{-s-1}{(s+1)^2} + \frac{1}{(s+1)^3} = -\frac{1}{s+1} + \frac{1}{(s+1)^3}$$

となる．右辺の第 1 項の逆変換は $-e^{-t}$ である．右辺の第 2 項に対して第 1 移動定理を適用すると，逆変換は $t^2 e^{-t}/2$ となる．したがって，初期値問題の解は，

$$y = \left(\frac{1}{2} t^2 - 1 \right) e^{-t}$$

となる．これは，第 1 巻 2.9 節の例 3 の結果と一致する．2 つの方法を比較すると，上の方法が計算量が少なくてすむ．　◀

実用上では，公式と定理の使用の妥当性を検討するかわりに，解 $y(t)$ が与えられた方程式と初期条件を満たすかどうか最後に調べればよい．

例 6 により，ラプラス変換法が第 1 巻 2 章のものと比較して有利であることがわかる．すなわち，

1. 同次方程式の一般解を求める必要がない．

2. 一般解が含む任意定数を決める必要がない．

関数の積分のラプラス変換

微分と積分は逆の操作である．そこで，大ざっぱにいうと，ラプラス変換法では関数の微分が変換に s を掛けることになるので，関数の積分は変換を s で

定理 3 ($f(t)$ の積分)　$F(s)$ を $f(t)$ のラプラス変換とする．もし $f(t)$ が区分的に連続で，1.1 節の不等式 (2) を満足すると，

$$\mathscr{L}\left\{\int_0^t f(\tau)\,d\tau\right\} = \frac{1}{s}\,F(s) \qquad (s>0,\ s>k) \tag{8}$$

である．式 (8) の両辺の逆変換をとると，

$$\int_0^t f(\tau)\,d\tau = \mathscr{L}^{-1}\left\{\frac{1}{s}\,F(s)\right\} \tag{9}$$

となる．

[証明]　$f(t)$ が区分的に連続で，ある k と M に対して 1.1 節の不等式 (2) を満たすとする．もしある負の k に対して不等式 (2) が成立すると，明らかに，正の k に対しても不等式 (2) が成立する．そこで，k を正とする．その結果，つぎの積分は連続である．

$$g(t) = \int_0^t f(\tau)\,d\tau$$

1.1 節の不等式 (2) から，任意の正の t に対して，

$$|g(t)| \leq \int_0^t |f(\tau)|\,d\tau \leq M\int_0^t e^{k\tau}d\tau = \frac{M}{k}(e^{kt}-1) \leq \frac{M}{k}e^{kt} \qquad (k>0)$$

となる．このように，$g(t)$ も 1.1 節の不等式 (2) を満たすことになる．$f(t)$ が不連続である点を除けば，$g'(t) = f(t)$ である．したがって，各有限区間で $g'(t)$ は区分的に連続である．定理 1 から，

$$\mathscr{L}\{f(t)\} = \mathscr{L}\{g'(t)\} = s\mathscr{L}\{g(t)\} - g(0) \qquad (s>k)$$

となる．明らかに $g(0) = 0$ であるので，$\mathscr{L}(f) = s\mathscr{L}(g)$ である．これは式 (8) を意味する．式 (9) は式 (8) から得られる．◀

例 7 定理 3 の応用　$f(t)$ のラプラス変換を

$$\mathscr{L}(f) = \frac{1}{s(s^2+\omega^2)}$$

とする．$f(t)$ を求めよ．

[解]　表 1.1 から，

$$\mathscr{L}^{-1}\left(\frac{1}{s^2+\omega^2}\right) = \frac{1}{\omega}\sin\omega t$$

である．これと定理 3 から，

$$\mathscr{L}^{-1}\left\{\frac{1}{s}\left(\frac{1}{s^2+\omega^2}\right)\right\} = \frac{1}{\omega}\int_0^t \sin\omega\tau\,d\tau = \frac{1}{\omega^2}(1-\cos\omega t)$$

となる．よって 1.9 節の表の公式 19 が証明できた．◀

1.2 導関数と積分のラプラス変換，微分方程式

例 8 定理 3 のもう 1 つの応用 1.9 節の表の公式 20 を導け．

[解] 定理 3 を例 7 の解に適用すると，

$$\mathscr{L}^{-1}\left\{\frac{1}{s^2}\left(\frac{1}{s^2+\omega^2}\right)\right\} = \frac{1}{\omega^2}\int_0^t (1-\cos\omega\tau)\,d\tau = \frac{1}{\omega^2}\left(t - \frac{\sin\omega t}{\omega}\right)$$

となる．よって 1.9 節の表の公式 20 が証明できた． ◀

例 9 データ移動問題 初期値 $t=0$ で与えるかわりに，後の時間 $t=t_0$ で与える初期値問題を考えよう．この問題をデータ移動問題とよぶことにする．この場合ラプラス変換法で使われる $y(0)$ と $y'(0)$ は直接には使えない．ここでは，2 つの方法を考える．

解法 1 ラプラス変換により一般解を求めて，つぎに通常の方法に従って解を求める．

解法 2 $t = \widetilde{t} + t_0$ とすると，$t = t_0$ は $\widetilde{t} = 0$ を与える．よって，ラプラス変換が利用できる．この方法をつぎの問題で説明する．

$$y'' + y = 2t, \quad y\left(\frac{1}{4}\pi\right) = \frac{1}{2}\pi, \ y'\left(\frac{1}{4}\pi\right) = 2 - \sqrt{2}.$$

[解] $t_0 = \frac{1}{4}\pi$，$t = \widetilde{t} + \frac{1}{4}\pi$ とおくと問題は，

$$\widetilde{y}'' + \widetilde{y} = 2\left(\widetilde{t} + \frac{1}{4}\pi\right), \quad \widetilde{y}(0) = \frac{1}{2}\pi, \ \widetilde{y}'(0) = 2 - \sqrt{2}$$

となる．ただし，$\widetilde{y}(\widetilde{t}) = y(t)$ とした．

ステップ 1：補助方程式の導出 式 (2) と表 1.1 から，

$$s^2\widetilde{Y} - s\widetilde{y}(0) - \widetilde{y}'(0) + \widetilde{Y} = \frac{2}{s^2} + \frac{\pi/2}{s}.$$

となる．ただし，$\widetilde{Y}$ は $\widetilde{y}$ の変換である．

ステップ 2：補助方程式の解 上の方程式を代数的に解くと，

$$\widetilde{Y} = \frac{2}{(s^2+1)s^2} + \frac{\pi/2}{s(s^2+1)} + \widetilde{y}(0)\frac{s}{s^2+1} + \widetilde{y}'(0)\frac{1}{s^2+1}$$

となる．右辺の最初の 2 つの項は例 7 と例 8 で現れた．したがって，

$$\widetilde{y} = 2(\widetilde{t} - \sin\widetilde{t}) + \frac{1}{2}\pi(1 - \cos\widetilde{t}) + \frac{1}{2}\pi\cos\widetilde{t} + (2 - \sqrt{2})\sin\widetilde{t}$$

となる．相殺できる項は消し，$\widetilde{t} = t - \frac{1}{4}\pi$ を代入して，$\cos\frac{1}{4}\pi = \sin\frac{1}{4}\pi = 1/\sqrt{2}$ を使うと，

$$y = 2t - \sin t + \cos t$$

を得る． ◀

❖❖❖❖❖ **問題 1.2** ❖❖❖❖❖

初期値問題 ラプラス変換によりつぎの初期値問題を解け．（計算の詳細を示せ．）

1. $y' + 3y = 10\sin t, \quad y(0) = 0$
2. $y' - 5y = 1.5e^{-4t}, \quad y(0) = 1$
3. $y' + 0.2y = 0.01t, \quad y(0) = -0.25$

4. $y'' - y' - 2y = 0, \quad y(0) = 8, \ y'(0) = 7$
5. $y'' + ay' - 2a^2 y = 0, \quad y(0) = 6, \ y'(0) = 0$
6. $y'' + y = 2\cos t, \quad y(0) = 3, \ y'(0) = 4$
7. $y'' - 4y' + 3y = 6t - 8, \quad y(0) = 0, \ y'(0) = 0$
8. $y'' + 0.04y = 0.02t^2, \quad y(0) = -25, \ y'(0) = 0$
9. $y'' + 2y' - 3y = 6e^{-2t}, \quad y(0) = 2, \ y'(0) = -14$

10. ［プロジェクト］ **1.2 節のまとめ**　(a) 微分方程式を解くとき，ラプラス変換を通常の方法と比較せよ．ラプラス変換の利点を説明せよ．具体例を示しながら比較せよ．

(b) **定理 1 と定理 2** は，定理 3 とは異なる役割をする．この差を説明せよ．

(c) **定理 1 の拡張**　$f(t)$ は，$t = a (> 0)$ での第 1 種の不連続 (有限の跳び) を除けば，連続であるとする．その他の条件は定理 1 と同じである．このとき，

$$\mathscr{L}(f') = s\mathscr{L}(f) - f(0) - [f(a+0) - f(a-0)]e^{-as} \quad (1^*)$$

であることを証明せよ．

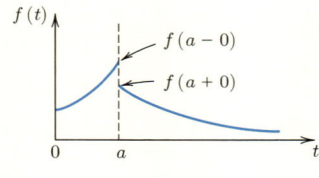

図 1.3　公式 (1^*)

(d) 公式 (1^*) を使って，つぎの $f(t)$ のラプラス変換を求めよ．$f(t) = t \ (0 < t < 1)$, $f(t) = 1 \ (1 < t < 2)$, $f(t) = 0$ (それ以外の t に対して).

11. **異なる方法による導出**　いろいろな公式が異なる方法によって導出されるのがラプラス変換での特徴である．$\mathscr{L}(\cos^2 t)$ をつぎの方法で求めよ．(a) 例 3 の結果を使う．(b) 例 3 の方法を使う．(c) $\cos^2 t$ を $\cos 2t$ で表す方法を使う．

12. ［プロジェクト］ **例 4 の拡張**　例 4 の微分を使う方法を拡張して次式を示せ．

(a) $\mathscr{L}(t \cos \omega t) = \dfrac{s^2 - \omega^2}{(s^2 + \omega^2)^2}$.

上式と例 4 から次式を示せ．

(b) $\mathscr{L}^{-1} \left\{ \dfrac{1}{(s^2 + \omega^2)^2} \right\} = \dfrac{1}{2\omega^3}(\sin \omega t - \omega t \cos \omega t),$

(c) $\mathscr{L}^{-1} \left\{ \dfrac{s}{(s^2 + \omega^2)^2} \right\} = \dfrac{1}{2\omega} t \sin \omega t,$

(d) $\mathscr{L}^{-1} \left\{ \dfrac{s^2}{(s^2 + \omega^2)^2} \right\} = \dfrac{1}{2\omega}(\sin \omega t + \omega t \cos \omega t).$

双曲線関数に対するつぎの公式を導け．

(e) $\mathscr{L}(t \cosh at) = \dfrac{s^2 + a^2}{(s^2 - a^2)^2},$

(f) $\mathscr{L}(t\sinh at) = \dfrac{2as}{(s^2-a^2)^2}$.

積分による新しい逆変換 (定理 3) $\mathscr{L}(f)$ が与えられている. $f(t)$ を求めよ. (計算の詳細も示せ.)

13. $\dfrac{1}{s^2+4s}$ 14. $\dfrac{4}{s^3-2s^2}$ 15. $\dfrac{1}{s(s^2+\omega^2)}$ 16. $\dfrac{1}{s^5+s^3}$

17. $\dfrac{1}{s^3-s}$ 18. $\dfrac{1}{s^2}\left(\dfrac{s-1}{s+1}\right)$ 19. $\dfrac{9}{s^2}\left(\dfrac{s+1}{s^2+9}\right)$ 20. $\dfrac{\pi^5}{s^4(s^2+\pi^2)}$

1.3 単位階段関数, 第 2 移動定理, ディラックのデルタ関数

今までにわかったことをまとめて, つぎの目標を考えよう. 大まかにいって, $f(t)$ の微分は $\mathscr{L}(f)$ に s を掛けることに対応する (1.2 節の定理 1 と定理 2). この性質は微分方程式を解くときに大切である. 1.2 節の例 5 では, ラプラス変換の 3 つのステップを説明した. しかし, この方程式は通常の方法でも簡単に解ける. ここでの目的は, ラプラス変換の別の特徴を導いて, この方法の応用上での真の威力を示すことである. 単位段階関数とディラックのデルタ関数という 2 つの重要な関数を定義して, これを行うことにする.

単位階段関数 $u(t-a)$

定義により, $t<a$ のとき $u(t-a)$ は 0 である. また, $u(t-a)$ は $t=a$ で大きさ 1 の跳びをもち ($t=a$ での $u(t-a)$ の値は定義しないことにする), $t>a$ では 1 である. すなわち,

$$u(t-a) = \begin{cases} 0 & (t<a) \\ 1 & (t>a) \end{cases} \qquad (a \geqq 0) \qquad (1)$$

である. 図 1.4 では, $t=0$ で跳びがある $u(t)$ の特別なものを示す. 図 1.5 では, 任意の正の a に対する一般的な $u(t-a)$ を示す. この単位階段関数は, **ヘビサイド関数**[3]ともいう.

単位階段関数は工学的応用のためにつくられた典型的な工学的関数である. "オフ" か "オン" である関数 (力学的または電気的駆動力を表す関数) が単位階段関数の 1 つである. $f(t)$ に $u(t-a)$ を掛けると, あらゆる種類の効果を示すことができる. 簡単で基本的なアイデアを図 1.6 と図 1.7 に示す. 図 1.6 では,

---

[3] 1.1 節の脚注 1) 参照.

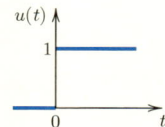
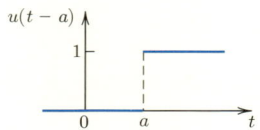

図 1.4　単位階段関数 $u(t)$　　　　　図 1.5　単位階段関数 $u(t-a)$

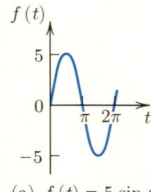
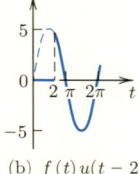
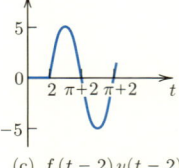

(a) $f(t) = 5\sin t$　　(b) $f(t)u(t-2)$　　(c) $f(t-2)u(t-2)$

図 1.6　単位階段関数の効果 (a) 与えられた関数, (b) スイッチのオンとオフ, (c) 移動

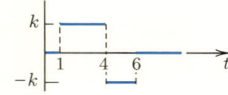
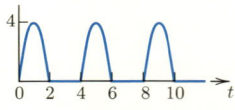

(a) $k[u(t-1) - 2u(t-4) + u(t-6)]$　　(b) $4\sin(\frac{1}{2}\pi t)[u(t) - u(t-2) + u(t-4) - + \cdots]$

図 1.7　複数の単位階段関数の利用

(a) で関数が与えられる．(b) では $t=0$ と $t=2$ の間で 0 になり (なぜならば，$t<2$ のとき $u(t-2)=0$)，$t=2$ ではじめてスイッチがオンになる．(c) では曲線は右に 2 秒だけ移動して，2 秒後にスイッチがオンになる．図 1.7 では，複数の単位階段関数を示す．(a) は 3 個，(b) は無限個である．(b) は，正弦波電圧の負の部分を消す整流器である．先に進む前に，これらの図を完全に理解してほしい．とくに，図 1.6 の (b) と (c) の違いを理解してほしい．(c) は以下で応用される．

t 移動：$f(t)$ で t を $t-a$ におきかえる

$f(t)$ の変換が $F(s)$ ならば，$e^{at}f(t)$ の変換は $F(s-a)$ である．これは s 移動である (1.1 節)．ここでは t 移動を説明する．

1.3 単位階段関数，第 2 移動定理，ディラックのデルタ関数

定理 1 (**第 2 移動定理, t 移動**)　$f(t)$ の変換が $F(s)$ とすると，"移動関数"

$$\widetilde{f}(t) = f(t-a)u(t-a) = \begin{cases} 0 & (t<a), \\ f(t-a) & (t>a) \end{cases} \tag{2}$$

の変換は $e^{-as}F(s)$ である．すなわち，

$$\boxed{\mathscr{L}\{f(t-a)u(t-a)\} = e^{-as}F(s)} \tag{3}$$

である．または式 (3) の両辺の逆をとると，

$$\boxed{f(t-a)u(t-a) = \mathscr{L}^{-1}\{e^{-as}F(s)\}} \tag{3*}$$

となる．

実用的には，もし $F(s)$ を知ることができると，$F(s)$ に e^{-as} を掛けることにより，式 (2) の変換を得ることができる．図 1.6 で，$5\sin t$ の変換が $F(s) = 5/(s^2+1)$ であるので，図 1.6 (c) の $5\sin(t-2)u(t-2)$ の変換は $e^{-2s}F(s) = 5e^{-2s}/(s^2+1)$ である．

[証明]　ラプラス変換の定義から，

$$e^{-as}F(s) = e^{-as}\int_0^\infty e^{-s\tau}f(\tau)\,d\tau = \int_0^\infty e^{-s(\tau+a)}f(\tau)\,d\tau$$

となる．積分で $\tau + a = t$ を代入すると，

$$e^{-as}F(s) = \int_a^\infty e^{-st}f(t-a)\,dt$$

となる (積分の下限に注意しよう)．つぎのようにすれば，積分範囲を 0 から ∞ にすることができる (このことはラプラス変換の定義上必要である)．すなわち，t が 0 から a の間で被積分関数を 0 にすればよいのだが，これはやさしい．被積分関数に単位階段関数 $u(t-a)$ を掛ければよい．これで $u(t-a)$ の役割がわかったであろう．このようにして式 (3) が与えられて，証明が終わる．すなわち

$$e^{-as}F(s) = \int_0^\infty e^{-st}f(t-a)u(t-a)\,dt = \mathscr{L}\{f(t-a)u(t-a)\}$$

となる．　◀

ラプラス変換のほうが通常の方法より有利なことがある．次節で例として示すが，このことを示す段階に達しつつあるといってよいであろう．このために，単位階段関数 $u(t-a)$ の変換

$$\boxed{\mathscr{L}\{u(t-a)\} = \frac{e^{-as}}{s}} \qquad (s>0) \tag{4}$$

が必要である．式 (4) は，ラプラス変換の定義から，つぎのように直接得られる．

$$\mathscr{L}\{u(t-a)\} = \int_0^\infty e^{-st} u(t-a)\,dt$$
$$= \int_0^a e^{-st} 0\,dt + \int_a^\infty e^{-st} 1\,dt$$
$$= -\frac{1}{s} e^{-st}\Big|_a^\infty = \frac{1}{s} e^{-as}.$$

さらに 2 つの例を考えよう．次節でも多くの応用を与える．

例 1 定理 1 の応用：単位階段関数の利用　つぎの関数の変換を求めよ (図 1.8).

$$f(t) = \begin{cases} 2 & (0 < t < \pi), \\ 0 & (\pi < t < 2\pi), \\ \sin t & (t > 2\pi). \end{cases}$$

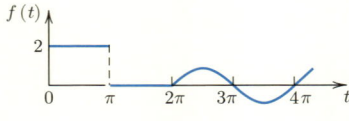

図 1.8　例 1

[解]　**ステップ 1**　単位階段関数を使って $f(t)$ を表す．$0 < t < \pi$ のとき $2u(t)$ とする．$t > \pi$ のときは 0 にしたいので，$t = \pi$ で階段のある階段関数 $2u(t-\pi)$ で引くことにする．すなわち，$t > \pi$ で $2u(t) - 2u(t-\pi) = 0$ である．$t < 2\pi$ までは以上でよいが，$t > 2\pi$ になると $u(t-2\pi)\sin t$ にならなくてはいけない．これらをまとめると，

$$f(t) = 2u(t) - 2u(t-\pi) + u(t-2\pi)\sin t$$

となる．

ステップ 2　$\sin t$ は周期関数であるので，最後の項は $u(t-2\pi)\sin(t-2\pi)$ に等しい．式 (4)，式 (3)，表 1.1 から，

$$\mathscr{L}(f) = \frac{2}{s} - \frac{2e^{-\pi s}}{s} + \frac{e^{-2\pi s}}{s^2+1}$$

となる． ◀

例 2 定理 1 の応用：逆変換　つぎの $F(s)$ の逆変換 $f(t)$ を求めよ．

$$F(s) = \frac{2}{s^2} - \frac{2e^{-2s}}{s^2} - \frac{4e^{-2s}}{s} + \frac{se^{-\pi s}}{s^2+1}.$$

[解]　$F(s)$ から指数関数を省くと，4 個の項の逆は，$2t, -2t, -4, \cos t$ である (表 1.1)．したがって，定理 1 から，

$$f(t) = 2t - 2(t-2)u(t-2) - 4u(t-2) + \cos(t-\pi)u(t-\pi)$$
$$= 2t - 2tu(t-2) - u(t-\pi)\cos t$$

となる．最後の等号では $4u(t-2)$ と $-4u(t-2)$ が相殺された．$0<t<2$ のとき $f(t) = 2t$, $2<t<\pi$ のとき $f(t) = 2t - 2t = 0$, $t>\pi$ のとき $f(t) = 2t - 2t - \cos t = -\cos t$ である． ◀

例 3 単一方形波に対する RC 回路の応答　図 1.9 の回路に電圧 V_0 の単一方形波が印加されたとき，電流 $i(t)$ を求めよ．方形波が印加される以前では電流を 0 とする．

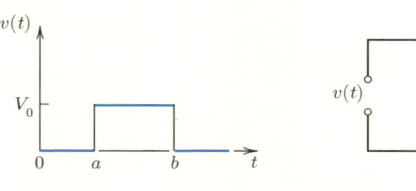

図 1.9　例 3

[解]　回路の方程式は (第 1 巻 1.7 節),
$$Ri(t) + \frac{q(t)}{C} = Ri(t) + \frac{1}{C}\int_0^t i(\tau)\,d\tau = v(t)$$
である．ただし，$v(t)$ は 2 つの単位階段関数で表されて，
$$v(t) = V_0[u(t-a) - u(t-b)]$$
である．1.2 節の定理 3 と本節の式 (4) を用いると，補助方程式
$$RI(s) + \frac{I(s)}{sC} = \frac{V_0}{s}(e^{-as} - e^{-bs})$$
を得る．この方程式の解は代数的に得られて，
$$I(s) = F(s)(e^{-as} - e^{-bs}), \quad \text{ただし} \quad F(s) = \frac{V_0/R}{s + 1/(RC)}$$
である．表 1.1 から，
$$\mathscr{L}^{-1}(F) = \frac{V_0}{R}e^{-t/(RC)}$$
である．したがって，定理 1 からつぎの解を得る．
$$i(t) = \mathscr{L}^{-1}(I) = \mathscr{L}^{-1}\{e^{-as}F(s)\} - \mathscr{L}^{-1}\{e^{-bs}F(s)\}$$
$$= \frac{V_0}{R}[e^{-(t-a)/(RC)}u(t-a) - e^{-(t-b)/(RC)}u(t-b)].$$

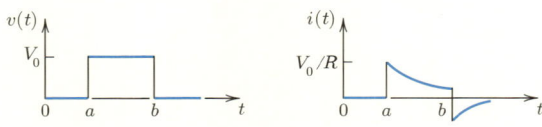

図 1.10　例 3 の電圧と電流

すなわち，$t < a$ で $i = 0$ で，

$$i(t) = \begin{cases} K_1 e^{-t/(RC)} & (a < t < b), \\ (K_1 - K_2) e^{-t/(RC)} & (t > b) \end{cases}$$

である．ただし，$K_1 = V_0 e^{a/(RC)}/R$，$K_2 = V_0 e^{b/(RC)}/R$ である（図 1.10）． ◀

短いインパルス：ディラックのデルタ関数

瞬間的な現象，たとえば非常に短い時間に非常に大きい力（または電圧）が加えられるような現象は，実用上とても興味深い．この瞬間的な現象は，多くの分野で現れる．たとえばテニスボールが打たれるとき，ある力学システムがハンマーで強打されるとき，航空機が急着陸するとき，船が高い孤立波によって衝撃を受けたときなどにこの状態になる．ここでは，ラプラス変換を使って，短時間のインパルスを含む問題がどのように解けるか示すことにする．

力学では，ある時間間隔，たとえば $a \leqq t \leqq a + k$ での力 $f(t)$ の撃力は，a から $a + k$ での $f(t)$ の積分として定義される．電気回路での類似は，回路に a から $a + k$ の間に加えられる起電力を積分したものである．とくに興味あることは，k が非常に短いとき（つまり $k \to 0$ の極限），すなわち，ある瞬間だけに加えられる力のインパルスである．この場合を扱うために，つぎの関数を考える．

$$f_k(t - a) = \begin{cases} 1/k & (a \leqq t \leqq a + k), \\ 0 & (\text{それ以外}). \end{cases} \tag{5}$$

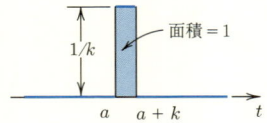

図 1.11 式 (5) の関数 $f_k(t - a)$

図 1.11 で，積分は長方形の面積であるので，つぎのインパルス I_k は 1 である．すなわち，

$$I_k = \int_0^\infty f_k(t - a) \, dt = \int_a^{a+k} \frac{1}{k} \, dt = 1 \tag{6}$$

である．$f_k(t - a)$ は，つぎのように 2 つの単位階段関数

$$f_k(t - a) = \frac{1}{k}[u(t - a) - u(t - (a + k))]$$

1.3 単位階段関数，第2移動定理，ディラックのデルタ関数

で表せる．式 (4) からラプラス変換

$$\mathscr{L}\{f_k(t-a)\} = \frac{1}{ks}[e^{-as} - e^{-(a+k)s}] = e^{-as}\frac{1-e^{-ks}}{ks} \quad (7)$$

を得る．$k \to 0$ ($k > 0$) としたとき，$f_k(t-a)$ の極限を $\delta(t-a)$ と書く．すなわち，

$$\delta(t-a) = \lim_{k \to 0} f_k(t-a).$$

$\delta(t-a)$ を**ディラック**[4)]**のデルタ関数** (ときには**単位インパルス関数**) という．$k \to 0$ とすると，式 (7) の商 (分数) は極限 1 をもつ．このことは，ロピタルの法則 (k で分母と分子を微分する) からわかる．したがって，式 (7) の右辺は極限 e^{-as} をもつ．このことから $\delta(t-a)$ のラプラス変換は，式 (7) で極限をとれば定義できるであろう．すなわち，

$$\boxed{\mathscr{L}\{\delta(t-a)\} = e^{-as}} \quad (\mathbf{8})$$

である．$\delta(t-a)$ はふつうの意味での関数ではなく，いわゆる**一般関数**[5)]である．なぜならば，式 (5) と式 (6) で $k \to 0$ とすると，

$$\delta(t-a) = \begin{cases} \infty & (t=a), \\ 0 & (\text{それ以外}), \end{cases} \quad \text{そして} \quad \int_0^\infty \delta(t-a)\,dt = 1$$

となるからである．ある孤立点以外で値が 0 である通常の関数を積分すると 0 である．インパルスを含む問題では，$\delta(t-a)$ をあたかも通常の関数のように扱うと都合がよい．

例 4　単一方形波と単位インパルスに対する減衰振動系の応答　次式の減衰する質点－ばね系 (第 1 巻 2.11 節) の応答を求めよ．

$$y'' + 3y' + 2y = r(t), \quad y(0) = 0,\ y'(0) = 0.$$

ただし，$r(t)$ は，(A) 方形波

$$r(t) = u(t-1) - u(t-2) \quad (\text{図 1.12})$$

と (B) $t=1$ における単位インパルス

$$r(t) = \delta(t-1)$$

で与えられる．

[4)] Paul Dirac (1902–1984)，イギリスの物理学者．1933 年に量子力学での仕事に対してノーベル賞を受賞した (Erwin Schrödinger (1887–1961) と共同受賞)．

[5)] または "超関数" である．一般関数についての統一的な理論は，1936 年にロシアの数学者 Sergei L'vovich Sobolev (1908–1989) によって考えだされ，1945 年にフランスの数学者 Laurent Schwartz (1915 年に生まれた) により広範囲なものがつくられた．

[**解 (A)**]　1.2 節の式 (1) と式 (2)，本節の式 (1) と式 (4) から補助方程式
$$s^2 Y + 3sY + 2Y = \frac{1}{s}(e^{-s} - e^{-2s})$$
を得る．Y について代数的に解くと，
$$Y(s) = F(s)(e^{-s} - e^{-2s}), \quad \text{ただし} \quad F(s) = \frac{1}{s(s+1)(s+2)}$$
となる．部分分数で書くと，
$$F(s) = \frac{1/2}{s} - \frac{1}{s+1} + \frac{1/2}{s+2}$$
となる．したがって，表 1.1 から，
$$f(t) = \mathscr{L}^{-1}(F) = \frac{1}{2} - e^{-t} + \frac{1}{2}e^{-2t}$$
となる．そこで定理 1 から，
$$\begin{aligned}
y &= \mathscr{L}^{-1}\{F(s)e^{-s} - F(s)e^{-2s}\} \\
&= f(t-1)u(t-1) - f(t-2)u(t-2) \\
&= \begin{cases} 0 & (0 < t < 1), \\ \dfrac{1}{2} - e^{-(t-1)} + \dfrac{1}{2}e^{-2(t-1)} & (1 < t < 2), \\ -e^{-(t-1)} + e^{-(t-2)} + \dfrac{1}{2}e^{-2(t-1)} - \dfrac{1}{2}e^{-2(t-2)} & (t > 2) \end{cases}
\end{aligned}$$
(3 行目を得るとき $\frac{1}{2} - \frac{1}{2} = 0$ を使った)．上の解を図 1.12 に示す．

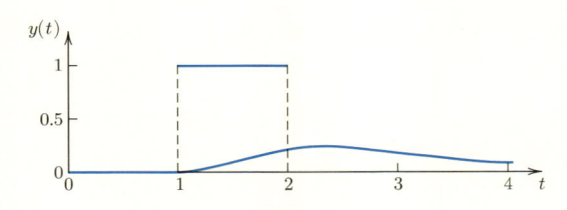

図 1.12　例 4 の方形波と応答

[**解 (B)**]　(B) で与えられた $r(t)$ を使うと，つぎの補助方程式を得る (式 (8) 参照)
$$s^2 Y + 3sY + 2Y = e^{-s}.$$
Y について解くと，
$$Y = F(s)e^{-s}, \quad \text{ただし} \quad F(s) = \frac{1}{(s+1)(s+2)} = \frac{1}{s+1} - \frac{1}{s+2}$$
となる．F の逆をとると，
$$f(t) = \mathscr{L}^{-1}(F) = e^{-t} - e^{-2t}$$

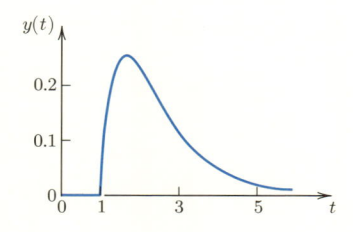

1.3 単位階段関数，第 2 移動定理，ディラックのデルタ関数　　　　27

図 1.13　例 4 の $t=1$ でのハンマーによる強打の応答

となる．したがって，定理 1 から，

$$y(t) = \mathscr{L}^{-1}\{e^{-s}F(s)\} = f(t-1)u(t-1) = \begin{cases} 0 & (0 \leqq t < 1), \\ e^{-(t-1)} - e^{-2(t-1)} & (t > 1) \end{cases}$$

となる．図 1.13 は解 $y(t)$ を示す．図 1.13 の $t=1$ 付近の曲線の傾きは図 1.12 のものより大きいが，この理由を説明せよ．　◀

❖❖❖❖❖　**問題 1.3**　❖❖❖❖❖

1.［論文プロジェクト］**移動定理**　2 つの移動定理の役割の違いを互いに比較しながら説明せよ．読者自身が式と例を使って説明せよ．本書の文章をコピーしてはいけない．

第 2 移動定理の応用

ラプラス変換　つぎの関数を図示して，ラプラス変換を求めよ．（計算の詳細も示せ．）

2. $tu(t-1)$　　　　**3.** $(t-1)u(t-1)$　　　　**4.** $(t-1)^2 u(t-1)$
5. $t^2 u(t-1)$　　　**6.** $e^{-2t}u(t-3)$　　　　**7.** $4u(t-\pi)\cos t$

ラプラス変換　与えられた関数を図示せよ．ただし，与えられた区間以外では関数の値は 0 とする．ラプラス変換を求めよ．（計算の詳細も示せ．）

8. $t^2 \ (0 < t < 1)$　　**9.** $\sin \omega t \ (0 < t < \pi/\omega)$　　**10.** $1-e^{-t} \ (0 < t < 2)$
11. $e^t \ (0 < t < 1)$　　**12.** $\sin t \ (2\pi < t < 4\pi)$　　**13.** $10\cos \pi t \ (1 < t < 2)$

逆変換　逆変換を求めて図示せよ．（計算の詳細も示せ．）

14. $4(e^{-2s} - 2e^{-5s})/s$　　**15.** e^{-3s}/s^3　　　　　**16.** $e^{-3s}/(s-1)^3$
17. $3(1-e^{-\pi s})/(s^2+9)$　　**18.** $e^{-2\pi s}/(s^2+2s+2)$　**19.** $se^{-2s}/(s^2+\pi^2)$

初期値問題：いくつかには不連続かインパルス入力が含まれている　ラプラス変換を使ってつぎの問題を解け．（計算の詳細も示せ．）

20. $4y'' - 4y' + 37y = 0, \quad y(0) = 3, \ y'(0) = 10.5$
21. $y'' + 6y' + 8y = e^{-3t} - e^{-5t}, \quad y(0) = 0, \ y'(0) = 0$
22. $y'' + 3y' + 2y = r(t), \ r(t) = 4t \ (0 < t < 1), \ r(t) = 8 \ (t > 1);$
　　　$y(0) = 0, \ y'(0) = 0$

23. $y'' + 9y = r(t)$, $r(t) = 8\sin t \ (0 < t < \pi)$, $r(t) = 0 \ (t > \pi)$,
    $y(0) = 0$, $y'(0) = 4$
24. $y'' - 5y' + 6y = r(t)$, $r(t) = 4e^t \ (0 < t < 2)$, $r(t) = 0 \ (t > 2)$;
    $y(0) = 1$, $y'(0) = -2$
25. $y'' + y' - 2y = r(t)$,
    $r(t) = 3\sin t - \cos t \ (0 < t < 2\pi)$, $r(t) = 3\sin 2t - \cos 2t \ (t > 2\pi)$;
    $y(0) = 1$, $y'(0) = 0$
26. $y'' + 16y = 4\delta(t - \pi)$, $y(0) = 2$, $y'(0) = 0$
27. $y'' + y = \delta(t - \pi) - \delta(t - 2\pi)$, $y(0) = 0$, $y'(0) = 1$
28. $y'' + 4y' + 5y = \delta(t - 1)$, $y(0) = 0$, $y'(0) = 3$
29. $y'' + 2y' - 3y = 8e^{-t} + \delta(t - \frac{1}{2})$, $y(0) = 3$, $y'(0) = -5$
30. $y'' + 5y' + 6y = u(t - 1) + \delta(t - 2)$, $y(0) = 0$, $y'(0) = 1$

電気回路のモデル

RL 回路 ラプラス変換を使って，図 1.14 の回路の電流 $i(t)$ を求めよ．$i(0) = 0$ とする．電圧は以下である．(計算の詳細も示せ．)

31. $v(t) = t \ (0 < t < 4\pi)$, $v(t) = 0 \ (t > 4\pi)$
32. $v(t) = \sin t \ (0 < t < 2\pi)$, $v(t) = 0$ (それ以外)

LC 回路 ラプラス変換を使って，図 1.15 の回路の電流 $i(t)$ を求めよ．$L = 1$ [H]，$C = 1$ [F]，$t = 0$ で電流とコンデンサの電荷は 0 とする．電圧は以下である．(計算の詳細も示せ．)

33. $v(t) = t \ (0 < t < 1)$, $v(t) = 1 \ (t > 1)$
34. $v(t) = 1 \ (0 < t < a)$, $v(t) = 0$ (それ以外)
35. $v(t) = 1 - e^{-t} \ (0 < t < \pi)$, $v(t) = 0$ (それ以外)

RC 回路 ラプラス変換を使って，図 1.16 の回路の電流 $i(t)$ を求めよ．$R = 100$ [Ω]，$C = 0.1$ [F]．電圧 $v(t)$ は以下のように与えられる．$t = 0$ で電流と電荷は 0 とする．(計算の詳細も示せ．)

36. $v(t) = 10000 \ (1 < t < 1.01)$, $v(t) = 0$ (それ以外)
37. $v(t) = 100 \ (1 < t < 2)$, $v(t) = 0$ (それ以外); 問題 36 と比較せよ．
38. $v(t) = 0 \ (t < 3)$, $v(t) = 50(t - 3) \ (t > 3)$
39. $v(t) = 0 \ (t < 2)$, $v(t) = e^{-t} \ (t > 2)$

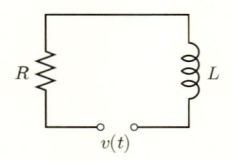

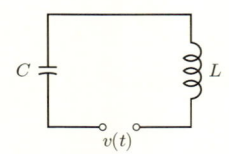

図 1.14　問題 31, 32　　　　図 1.15　問題 33–35　　　　図 1.16　問題 36–39

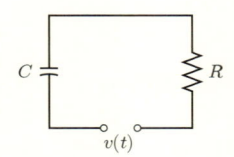

40. [**CAS プロジェクト**]　**方形波の極限．インパルスの効果**
    (a) 例 4 の $r(t)$ は，面積が 1 で，$t = 1 \sim 1 + k$ の間に値がある方形波とする．k の

値が 0 に近づくときその応答を図示せよ．k がしだいに小さくなるとき，これらの図は図 1.13 に近づくことを示せ．

[ヒント] 任意の k を含んだ微分方程式の解を得られないときは，最初に k の値を決めてよい．

(b) いろいろな系統的方法で選ばれた $a\,(>0)$ をもつインパルス $\delta(t-a)$ に対する例 4 の方程式の応答を調べよ．方程式は例 4 のもの以外で読者が選んでもよい．ただし，初期条件として $y(0)\neq 0$, $y'(0)=0$ とせよ．また，インパルスが加えられない場合の解も求めよ．応答は a によって変わるか．$b\delta(t-a)$ とすると応答は b によって変わるか．$-\delta(t-\tilde{a})$ は，$\delta(t-a)$ の効果を打ち消すか ($\tilde{a}>a$ とする)．以上で得られた図を見て，読者自身も問題をつくってみよ．

1.4 変換の微分と積分

ラプラス変換では，変換や逆変換を行うために便利な性質，および微分方程式を解く方法が驚くほど多い．事実，それらの性質に基づく方法は，直接積分 (1.1 節)，線形性の利用 (1.1 節)，移動 (1.1, 1.3 節)，もとの関数 $f(t)$ の微分と積分 (1.2 節) である．しかし，これですべてではない．本節では変換 $F(s)$ の微分と積分を考えて，それらがもとの関数 $f(t)$ のどの操作に対応するかを調べる．次節では変換の積を考えて，それがもとの関数 $f(t)$ のどの操作に対応するかも調べる．

変換の微分

1.1 節の存在定理の条件を $f(t)$ が満足するとき，

$$F(s) = \mathscr{L}(f) = \int_0^\infty e^{-st} f(t)\,dt$$

となる．この式を s で微分する．このとき被積分関数を s で微分すればよい (証明は付録 1 の [5] 参照)．すなわち，

$$F'(s) = -\int_0^\infty e^{-st}[tf(t)]\,dt$$

である．したがって，もし $\mathscr{L}(f) = F(s)$ ならば，

$$\boxed{\mathscr{L}\{tf(t)\} = -F'(s)} \tag{1}$$

である．ある関数の変換を微分することは，その関数に $-t$ を掛けることに対応する．式 (1) と同じことであるが，

$$\boxed{\mathscr{L}^{-1}\{F'(s)\} = -tf(t)} \tag{1*}$$

となる．

ラプラス変換のこの性質から，既知の変換から新しい変換を得ることができる．このことを以下で示そう．

例 1　**変換の微分**　つぎの 3 つの公式を導け (1.9 節の表の公式 21–23)．

$\mathscr{L}(f)$	$f(t)$	
$\dfrac{1}{(s^2+\beta^2)^2}$	$\dfrac{1}{2\beta^3}(\sin\beta t - \beta t\cos\beta t)$	(2)
$\dfrac{s}{(s^2+\beta^2)^2}$	$\dfrac{t}{2\beta}\sin\beta t$	(3)
$\dfrac{s^2}{(s^2+\beta^2)^2}$	$\dfrac{1}{2\beta}(\sin\beta t + \beta t\cos\beta t)$	(4)

[解]　表 1.1 の公式 8 ($\omega=\beta$ とする) と式 (1) から，微分することによって (連鎖法則を使え)

$$\mathscr{L}(t\sin\beta t) = \frac{2\beta s}{(s^2+\beta^2)^2}$$

となる．2β で割ると式 (3) を得る．

公式 (2) と (4) はつぎのようにすれば得られる．表 1.1 の公式 7 ($\omega=\beta$ とする) と式 (1) から，

$$\mathscr{L}(t\cos\beta t) = -\frac{(s^2+\beta^2)-2s^2}{(s^2+\beta^2)^2} = \frac{s^2-\beta^2}{(s^2+\beta^2)^2} \tag{5}$$

となる．表 1.1 の公式 8 ($\omega=\beta$ とする) と上式から，

$$\mathscr{L}\left(t\cos\beta t \pm \frac{1}{\beta}\sin\beta t\right) = \frac{s^2-\beta^2}{(s^2+\beta^2)^2} \pm \frac{1}{s^2+\beta^2}$$

となる．右辺を通分する．$\pm$ のうち $+$ を採用すると分子は $s^2-\beta^2+s^2+\beta^2 2s^2$ となり，両辺を 2 で割ると式 (4) になり，$-$ を採用すると分子は $s^2-\beta^2-s^2-\beta^2 = -2\beta^2$ となり，式 (2) になる．　◀

変換の積分

同様に，もし $f(t)$ が 1.1 節の存在定理の条件を満たし，t が右から 0 に近づくとき $f(t)/t$ の極限が存在するならば，

$$\boxed{\mathscr{L}\left\{\frac{f(t)}{t}\right\} = \int_s^\infty F(\tilde{s})\,d\tilde{s} \qquad (s>k)} \tag{6}$$

となる．このように，関数 $f(t)$ の変換の積分は，$f(t)$ を t で割ることに対応する．式 (6) と同じことであるが，

$$\boxed{\mathscr{L}^{-1}\left\{\int_s^\infty F(\tilde{s})\,d\tilde{s}\right\} = \frac{f(t)}{t}} \tag{6*}$$

1.4 変換の微分と積分

となる.

事実，定義から，

$$\int_s^\infty F(\tilde{s})\,d\tilde{s} = \int_s^\infty \left[\int_0^\infty e^{-\tilde{s}t}f(t)\,dt\right]d\tilde{s}$$

となる．上の仮定のもとでは積分の順序を交換することができて (付録1の[5]参照)，

$$\int_s^\infty F(\tilde{s})\,d\tilde{s} = \int_0^\infty \left[\int_s^\infty e^{-\tilde{s}t}f(t)\,d\tilde{s}\right]dt = \int_0^\infty f(t)\left[\int_s^\infty e^{-\tilde{s}t}d\tilde{s}\right]dt$$

となる．$\tilde{s}$ についての不定積分は $e^{-\tilde{s}t}/(-t)$ に等しい．したがって，右辺の $\tilde{s}$ についての積分は e^{-st}/t に等しい．したがって，

$$\int_s^\infty F(\tilde{s})\,d\tilde{s} = \int_0^\infty e^{-st}\frac{f(t)}{t}dt = \mathscr{L}\left\{\frac{f(t)}{t}\right\} \qquad (s > k)$$

である.

例 2　変換の積分　関数 $\ln(1+\omega^2/s^2)$ の逆変換を求めよ.

［解］微分により，

$$-\frac{d}{ds}\ln\left(1+\frac{\omega^2}{s^2}\right) = -\frac{1}{1+\frac{\omega^2}{s^2}}\cdot(-2)\frac{\omega^2}{s^3} = \frac{2\omega^2}{s(s^2+\omega^2)} = \frac{2}{s} - 2\frac{s}{s^2+\omega^2}$$

である．最後の等式は直接計算により簡単に確かめられる．上式の右辺を $F(s)$ とする．上式の右辺は問題となっている関数の微分に -1 を掛けたものである．したがって，問題の関数は $F(s)$ を s から ∞ まで積分したものである．表1.1から，

$$f(t) = \mathscr{L}^{-1}(F) = \mathscr{L}^{-1}\left(\frac{2}{s} - 2\frac{s}{s^2+\omega^2}\right) = 2 - 2\cos\omega t$$

となる．右辺の関数は式 (6) が成立するための条件を満足する．したがって，

$$\mathscr{L}^{-1}\left\{\ln\left(1+\frac{\omega^2}{s^2}\right)\right\} = \mathscr{L}^{-1}\left\{\int_s^\infty F(\tilde{s})\,d\tilde{s}\right\} = \frac{f(t)}{t}$$

である．結果は，

$$\mathscr{L}^{-1}\left\{\ln\left(1+\frac{\omega^2}{s^2}\right)\right\} = \frac{2}{t}(1-\cos\omega t)$$

となる．したがって，1.9節の表の公式42が証明できた．　　◀

例 3　変換の積分　例2と同じようにすると，次式を得る (1.9節の表の公式43).

$$\mathscr{L}^{-1}\left\{\ln\left(1-\frac{a^2}{s^2}\right)\right\} = \frac{2}{t}(1-\cosh at).$$　　◀

係数が変化する微分方程式

式 (1) で $f = y' (= dy/dt)$ とする．$\mathscr{L}(y') = sY - y(0)$ であるので (1.2 節)，

$$\mathscr{L}(ty') = -\frac{d}{ds}[sY - y(0)] = -Y - s\frac{dY}{ds} \qquad (7)$$

となる．式 (7) の右辺は積 sY を微分したものである．同様に，式 (1) で $f = y''$ として，1.2 節の式 (2) を使うと，

$$\mathscr{L}(ty'') = -\frac{d}{ds}[s^2 Y - sy(0) - y'(0)] = -2sY - s^2\frac{dY}{ds} + y(0) \qquad (8)$$

となる．したがって，ある微分方程式が $at + b$ の型の係数をもっていると，Y についての 1 階微分方程式を得る．Y についての微分方程式はもとの方程式より簡単であろう．しかし，微分方程式が $at^2 + bt + c$ の型の係数をもっていると，式 (1) を 2 回適用して Y について 2 階微分方程式を得る．このことから，方程式の係数が変化するとき，ラプラス変換は特別な方程式に対してのみ有効であることがわかる．重要な方程式を例にして，このことを示そう．

例 4　ラゲールの微分方程式，ラゲールの多項式　　ラゲールの微分方程式は，

$$ty'' + (1-t)y' + ny = 0 \qquad (9)$$

である．$n = 0, 1, 2 \cdots$ のときの式 (9) の解を求めよう．式 (7), (8), (9) により，

$$\left[-2sY - s^2\frac{dY}{ds} + y(0)\right] + sY - y(0) - \left(-Y - s\frac{dY}{ds}\right) + nY = 0$$

となる．簡単にすると，

$$(s - s^2)\frac{dY}{ds} + (n + 1 - s)Y = 0$$

となる．上式で変数を分離して，部分分数を使って積分して (積分定数は 0 にする)，指数をとると，

$$\frac{dY}{Y} = -\frac{n+1-s}{s-s^2}ds = \left(\frac{n}{s-1} - \frac{n+1}{s}\right)ds, \quad \text{そして} \quad Y = \frac{(s-1)^n}{s^{n+1}} \qquad (10^*)$$

となる．$l_n = \mathscr{L}^{-1}(Y)$ と書くと，

$$l_0 = 1, \qquad l_n(t) = \frac{e^t}{n!}\frac{d^n}{dt^n}(t^n e^{-t}) \qquad (n = 1, 2, \cdots) \qquad (10)$$

となる (あとで証明する)．式 (10) の右辺は多項式である．なぜならば，式 (10) の右辺の微分を実際に行うと，2 個の指数関数 e^t と e^{-t} が相殺するからである．式 (10) は**ラゲールの多項式**といい，ふつうは L_n と書く (第 1 巻 4.7 節の問題を参照せよ．本章では，大文字は変換に使うという約束があるので l_n のように小文字にした)．式 (10) を証明しよう．表 1.1 と第 1 移動定理から，

$$\mathscr{L}(t^n e^{-t}) = \frac{n!}{(s+1)^{n+1}}$$

1.4 変換の微分と積分

となる．1.2 節の式 (4) を使う．$t \simeq 0$ では $t^n e^{-t} \simeq t^n$ であるので，$t = 0$ では
$$(t^n e^{-t})^{(1)} = (t^n e^{-t})^{(2)} = \cdots = (t^n e^{-t})^{(n-1)} = 0$$
である．そこで
$$\mathscr{L}\{(t^n e^{-t})^{(n)}\} = \frac{n!\, s^n}{(s+1)^{n+1}}$$
となる．s の移動を行って，$n!$ で割ると (式 (10) と式 (10*) を参照)．
$$\mathscr{L}(l_n) = \frac{(s-1)^n}{s^{n+1}} = Y$$
となる． ◀

✼✼✼✼✼ 問題 1.4 ✼✼✼✼✼

微分による変換 ラプラス変換を求めよ．(計算の詳細も示せ.)

1. te^t 2. $3t\sinh 4t$ 3. $t^2 \cosh \pi t$ 4. $te^{-t}\cos t$
5. $t\cos\omega t$ 6. $t^2 \sin 2t$ 7. $te^{-t}\sin t$ 8. $t^2 \cos\omega t$

微分か積分による逆変換 式 (6) か式 (1) をとして逆変換を求めよ．(計算も示せ.)

9. $\dfrac{1}{(s-3)^3}$ 10. $\dfrac{s}{(s^2-9)^2}$ 11. $\dfrac{s^2-\pi^2}{(s^2+\pi^2)^2}$ 12. $\dfrac{2s+6}{(s^2+6s+10)^2}$

13. $\ln\dfrac{s^2+1}{(s-1)^2}$ 14. $\ln\dfrac{s+a}{s+b}$ 15. $\dfrac{s}{(s^2+4)^2}$ 16. $\operatorname{arccot}\dfrac{s}{\pi}$

17. (**移動**) 第 1 移動定理を使って問題 1 と 3 を解くことができるか．

18. (**微分**) 式 (1) を繰り返し適用し，$f(t) = e^{at}$ として $\mathscr{L}(t^n e^{at})$ を求めよ．

19. [**論文プロジェクト**] **関数と変換の微分と積分** 本書を見ないで，関数，変換，微分，積分について短く説明せよ．つぎに，その説明を本書と比較して，これらの操作と応用上の重要さについて数頁の感想文を書け．

20. [**CAS プロジェクト**] **ラゲールの多項式** (a) 式 (10) から l_n の具体的な形を求めるプログラムをかけ．それを使って $l_0, \cdots, l_{10}$ を求めよ．$l_0, \cdots, l_{10}$ がラゲールの方程式 (9) を満たすことを示せ．

(b) 次式を示し，$l_0, \cdots, l_{10}$ を求めよ．
$$l_n(t) = \sum_{m=0}^{n} \frac{(-1)^m}{m!} \binom{n}{m} t^m.$$
ただし
$$\binom{n}{m} = \frac{n!}{m!\,(n-m)!}$$
である．

(c) $l_0 = 1$，$l_1 = 1 - t$ とつぎの漸化式を使って $l_2, \cdots, l_{10}$ を求めよ．
$$(n+1)l_{n+1} = (2n+1-t)l_n - n l_{n-1}.$$

［注意］　時には，関数 $\tilde{l}_n = n!\, l_n$ がラゲールの多項式とよばれることがある．$\tilde{l}_n$ の漸化式は上式とは異なる．（このように，規格化が異なることはいくつかの関数でみられて，誤りの原因になることがある．）

1.5　たたみ込み，積分方程式

ラプラス変換のほかの重要な一般的性質は，変換の積に関するものである．2 つの変換 $F(s)$ と $G(s)$ があって，その逆の $f(t)$ と $g(t)$ がわかっているとする．積 $H(s) = F(s)G(s)$ の逆 $h(t)$ を，これらの $f(t)$ と $g(t)$ から計算したいことがしばしばある．$h(t)$ を通常の記号で表すと $(f * g)(t)$ である．これを f と g のたたみ込みとよぶ．f と g から h をどのようにして求めるかを，つぎの定理で述べる．以上のことは応用上たびたび現れるので，この定理は実用上かなり重要である．

定理 1　(たたみ込みの定理)　$f(t)$ と $g(t)$ が存在定理 (1.1 節) を満たすとする．$F(s) = \mathscr{L}(f)$, $G(s) = \mathscr{L}(g)$, $h(t)$ を $f(t)$ と $g(t)$ のたたみ込みとすると，積 $H(s) = F(s)G(s)$ は $h(t)$ の変換である．たたみ込みは $(f * g)(t)$ と書かれて，

$$h(t) = (f * g)(t) = \int_0^t f(\tau) g(t - \tau)\, d\tau \tag{1}$$

で定義される．（証明は例 3 の後にある．）

例 1　たたみ込み　たたみ込みを使って，
$$H(s) = \frac{1}{(s^2 + 1)^2} = \frac{1}{s^2 + 1} \cdot \frac{1}{s^2 + 1}$$
の逆 $h(t)$ を求めよ．

［解］　右辺の因子の逆は $\sin t$ である．したがって，たたみ込みの定理と付録 A3.1 の式 (11) から，

$$h(t) = \mathscr{L}^{-1}(H) = \sin t * \sin t = \int_0^t \sin \tau \sin(t - \tau)\, d\tau$$
$$= \frac{1}{2} \int_0^t (-\cos t)\, d\tau + \frac{1}{2} \int_0^t \cos(2\tau - t)\, d\tau = -\frac{1}{2} t \cos t + \frac{1}{2} \sin t$$

となる．◀

例 2　たたみ込み　$1/s^2$ の逆は t, $1/s$ の逆は 1 である．そこで，たたみ込みの定理から，$1/s^3 = (1/s^2)(1/s)$ の逆は，

$$t * 1 = \int_0^t \tau \cdot 1\, d\tau = \frac{t^2}{2}$$

となる．◀

1.5 たたみ込み，積分方程式

例 3　たたみ込み　$H(s) = 1/[s^2(s-a)]$ とする．$h(t)$ を求めよ．

[解]　表 1.1 から，
$$\mathscr{L}^{-1}\left(\frac{1}{s^2}\right) = t, \quad \mathscr{L}^{-1}\left(\frac{1}{s-a}\right) = e^{at}$$

である．たたみ込みの定理を用いて部分積分すると，
$$h(t) = t * e^{at} = \int_0^t \tau e^{a(t-\tau)} d\tau = e^{at}\int_0^t \tau e^{-a\tau} d\tau = \frac{1}{a^2}(e^{at} - at - 1)$$

となる．◀

[定理 1 の証明]　$G(s)$ の定義と第 2 移動定理から，固定された $\tau(\geqq 0)$ に対して，
$$e^{-s\tau}G(s) = \mathscr{L}\{g(t-\tau)u(t-\tau)\} = \int_0^\infty e^{-st}g(t-\tau)u(t-\tau)\,dt$$
$$= \int_\tau^\infty e^{-st}g(t-\tau)\,dt$$

となる．ただし $s > k$ である．これと $F(s)$ の定義から，
$$F(s)G(s) = \int_0^\infty e^{-s\tau}f(\tau)G(s)\,d\tau = \int_0^\infty f(\tau)\int_\tau^\infty e^{-st}g(t-\tau)\,dt d\tau$$

となる．ただし $s > k$ である．ここで，まず t について τ から ∞ まで積分して，つぎに τ について 0 から ∞ まで積分する．これは，図 1.17 のくさび形の影の部分に対応していて，$t\tau$ 平面で無限遠まで広がっている．f と g についての仮定から積分の順序が交換できる．（付録 1 の [A2] には，一様収束の知識に基づいた証明が述べられている．）そこで，はじめに τ について 0 から t まで積分して，つぎに t について 0 から ∞ まで積分する．その結果
$$F(s)G(s) = \int_0^\infty e^{-st}\int_0^t f(\tau)g(t-\tau)\,d\tau dt = \int_0^\infty e^{-st}h(t)\,dt = \mathscr{L}(h)$$

となる．ただし，h は式 (1) で与えた．これで証明が完了した．◀

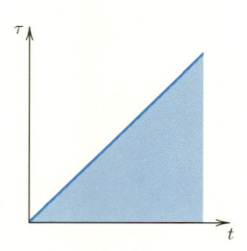

図 1.17　定理 1 の証明における $t\tau$ 平面上の積分領域

たたみ込み $f*g$ のつぎの性質を，読者は定義から証明してみるとよい．

$$f*g = g*f, \qquad \text{(可換法則)}$$
$$f*(g_1+g_2) = f*g_1 + f*g_2, \qquad \text{(分配法則)}$$
$$(f*g)*v = f*(g*v), \qquad \text{(結合法則)}$$
$$f*0 = 0*f = 0.$$

これらは数の乗法と同じである．しかし数の乗法と異なる点は，例2が示すように，一般に $f*1 \neq f$ である．ふつうと異なるもう1つの性質は，例1で示したように，$(f*f)(t) \geqq 0$ が成立しないことである．

微分方程式を解くとき，たたみ込みが有用であることを以下で示す．

微分方程式

1.2節から微分方程式

$$y'' + ay' + by = r(t) \qquad (2)$$

が補助方程式 $(s^2+as+b)Y = (s+a)y(0) + y'(0) + \mathscr{L}(r)$ をもつことを思い出そう．この解は，

$$Y(s) = [(s+a)y(0) + y'(0)]Q(s) + R(s)Q(s) \qquad (3)$$

である．ただし，

$$R(s) = \mathscr{L}(r), \qquad Q(s) = \frac{1}{s^2+as+b}$$

である．$Q(s)$ は伝達関数である．したがって，$y(0) = y'(0) = 0$ を満たす式(2)の解 $y(t)$ の変換は，式(3)から $Y = RQ$ となる．そして，たたみ込みの定理から解 $y(t)$ は，積分

$$y(t) = \int_0^t q(t-\tau)r(\tau)\,d\tau \qquad (q(t) = \mathscr{L}^{-1}(Q)) \qquad (4)$$

で与えられる．

例 4 単一方形波に対する減衰系の応答 1.3節の例4(図1.12)のモデルをもう一度考えよう．すなわち，

$$y'' + 3y' + 2y = r(t),$$
$$r(t) = 1 \ (1 < t < 2), \ r(t) = 0 \ (\text{それ以外});$$
$$y(0) = y'(0) = 0.$$

たたみ込み手法がどのように使われるかをみるために，上式をたたみ込みを使って解く．また，ある時間だけにはたらく入力の効果もみることにする．

[解] $Q(s)$ と $q(t)$ は，
$$Q(s) = \frac{1}{s^2+3s+2} = \frac{1}{s+1} - \frac{1}{s+2}, \quad \text{したがって} \quad q(t) = e^{-t} - e^{-2t}$$
となる．したがって，式 (4) は，
$$y(t) = \int_0^t [e^{-(t-\tau)} - e^{-2(t-\tau)}] r(\tau)\, d\tau$$
となる．積分の上限の t が，$t<1$ のとき $r(\tau)=0$ であるので $y(t)=0$ である．$1<t<2$ のときは $r(\tau)=1$ であるので，
$$y(t) = \int_1^t [e^{-(t-\tau)} - e^{-2(t-\tau)}]\, d\tau = \frac{1}{2} - e^{-(t-1)} + \frac{1}{2}e^{-2(t-1)}$$
となる．$t>2$ のときは，
$$y(t) = \int_1^2 [e^{-(t-\tau)} - e^{-2(t-\tau)}]\, d\tau = e^{-(t-2)} - e^{-(t-1)} - \frac{1}{2}[e^{-2(t-2)} - e^{-2(t-1)}]$$
となる．これらの結果は，1.3 節の例 4(A) の結果と一致する． ◀

積分方程式

積分方程式で，未知関数 $y(t)$ が積分記号の中にある (または外にあることもある) 場合，たたみ込みは，積分方程式を解くときに役立つ．解ける積分方程式は非常に限られている (積分がたたみ込みの型をしているときのみ)．したがって，典型的な例のみ考え，少数の問題を解けば十分である．このようなことを行うのは，積分方程式は実用上重要であるにもかかわらず，解くのが難しいからである．

例 5 **積分方程式** つぎの積分方程式を解け．
$$y(t) = t + \int_0^t y(\tau)\sin(t-\tau)\, d\tau.$$

[解] **ステップ 1**：たたみ込みで表した方程式 与えられた方程式は，
$$y = t + y*\sin t$$
と書ける．

ステップ 2：たたみ込みの定理の応用 $Y = \mathscr{L}(y)$ と書く．たたみ込みの定理から，
$$Y(s) = \frac{1}{s^2} + Y(s)\frac{1}{s^2+1}$$
となる．$Y(s)$ について解くと，
$$Y(s) = \frac{s^2+1}{s^4} = \frac{1}{s^2} + \frac{1}{s^4}$$
となる．

ステップ 3：逆変換を行う　上式から解
$$y(t) = t + \frac{1}{6}t^3$$
が得られる．読者は，上の解を積分方程式に代入して，部分積分を繰り返し行うことにより解を確かめよ (部分積分をすべて行うには多くの計算が必要である)．◀

❖❖❖❖❖ 問題 1.5 ❖❖❖❖❖

積分 (1) によるたたみ込みの計算　つぎのたたみ込みの計算を行え．(計算の詳細も示せ．)

1. $1 * 1$
2. $1 * \sin \omega t$
3. $e^t * e^{-t}$
4. $\cos \omega t * \cos \omega t$
5. $\sin \omega t * \cos \omega t$
6. $e^{at} * e^{bt} \quad (a \neq b)$
7. $t * e^t$
8. $u(t-1) * t^2$
9. $u(t-3) * e^{-2t}$

たたみ込みによる逆変換　つぎのように与えられた $H(s) = \mathscr{L}(h)$ から，たたみ込みの定理を使って $h(t)$ を求めよ．(計算の詳細も示せ．)

10. $\dfrac{6}{s(s+3)}$
11. $\dfrac{1}{s^2(s-1)}$
12. $\dfrac{1}{(s-a)^2}$
13. $\dfrac{1}{s(s^2+4)}$
14. $\dfrac{s^2}{(s^2+\omega^2)^2}$
15. $\dfrac{s}{(s^2+\pi^2)^2}$
16. $\dfrac{e^{-as}}{s(s-2)}$
17. $\dfrac{\omega}{s^2(s^2+\omega^2)}$
18. $\dfrac{1}{(s+3)(s-2)}$

初期値問題　たたみ込みを応用して解を求めて，図示せよ．解がどのようになるか，最初に推測せよ．(解法の詳細を示せ．)

19. $y'' + y = 3\cos 2t, \quad y(0) = 0, \ y'(0) = 0$
20. $y'' + y = t, \quad y(0) = 0, \ y'(0) = 0$
21. $y'' + 4y = r(t), \ r(t) = 1 \ (0 < t < 1), \ r(t) = 0 \ (t > 1); \quad y(0) = 1, \ y'(0) = 0$
22. $y'' + 3y' + 2y = r(t), \ r(t) = 1 \ (0 < t < 1), \ r(t) = 0 \ (t > 1);$
    $y(0) = 0, \ y'(0) = 1$
23. $y'' + 2y' + 2y = r(t), \ r(t) = 5u(t-2\pi)\sin t; \quad y(0) = 1, \ y'(0) = 0$
24. $y'' - 5y' + 6y = r(t), \ r(t) = 4e^t \ (0 < t < 2), \ r(t) = 0 \ (t > 2);$
    $y(0) = 1, \ y'(0) = -2$
25. $y'' + y = r(t), \ r(t) = t \ (1 < t < 2), \ r(t) = 0 \ (それ以外)$
    $y(0) = 0, \ y'(0) = 0$
26. $y'' + 3y' + 2y = r(t), \ r(t) = 4t \ (0 < t < 1), \ r(t) = 8 \ (t > 1);$
    $y(0) = 0, \ y'(0) = 0$

積分方程式　つぎの積分方程式をラプラス変換を用いて解け．(計算の詳細も示せ．)

27. $y(t) = 1 + \displaystyle\int_0^t y(\tau)\, d\tau$
28. $y = 2t - 4\displaystyle\int_0^t y(\tau)(t-\tau)\, d\tau$
29. $y(t) = 1 - \displaystyle\int_0^t (t-\tau)y(\tau)\, d\tau$
30. $y(t) = \sin 2t + \displaystyle\int_0^t y(\tau)\sin 2(t-\tau)\, d\tau$

31. $y(t) = te^t - 2e^t \int_0^t e^{-\tau} y(\tau)\, d\tau$ **32.** $y(t) = \sin t + \int_0^t y(\tau) \sin(t-\tau)\, d\tau$

33. $y(t) = 1 - \sinh t + \int_0^t (1+\tau) y(t-\tau)\, d\tau$

34. ［協同プロジェクト］　**たたみ込みの性質**　以下を証明せよ．
(a) 可換法則：$f * g = g * f$．
(b) 結合法則：$(f * g) * v = f * (g * v)$．
(c) 分配法則：$f * (g_1 + g_2) = f * g_1 + f * g_2$．
(d) **ディラックのデルタ関数**　たたみ込みの定理と $\delta(t)$ (1.3 節) を用いると，$(\delta * f)(t)$ はあたかも通常の関数のようである．次式を証明せよ．
$$(\delta * f)(t) = f(t).$$
(e) $a = 0$ とした f_k (1.3 節) と積分における平均値の定理を用いて，(d) の公式を導け．
(f) **任意の外力**　次式で支配される強制振動がある．
$$y'' + \omega^2 y = r(t), \quad y(0) = K_1,\ y'(0) = K_2.$$
駆動力 $r(t)$ は任意である．上式の解は，
$$y = \frac{1}{\omega} \sin \omega t * r(t) + K_1 \cos \omega t + \frac{K_2}{\omega} \sin \omega t \quad (\omega \neq 0)$$
であることを証明せよ．

1.6　部分分数，微分方程式

　微分方程式 (1.2 節) の補助方程式の解 $Y(s)$ は，一般につぎのような 2 つの多項式の商になる．

$$Y(s) = \frac{F(s)}{G(s)}.$$

したがって，$Y(s)$ を部分分数の和で表して，表 1.1 と第 1 移動定理 (1.1 節) から，部分分数の逆を求めることができる．これは簡単である．ラプラス変換を念頭において典型的な例を説明する．これらの逆変換は，**ヘビサイド展開**ともいう．部分分数の形は，$G(s)$ の積の中の因子の種類によって変わる．とくに重要なのは以下の場合である．

　（場合 1）　非重複因子 $s - a$，
　（場合 2）　重複因子 $(s-a)^m$，
　（場合 3）　非重複複素因子 $(s-a)(s-\bar{a})$，
　（場合 4）　重複複素因子 $[(s-a)(s-\bar{a})]^2$．

ただし，場合 3 と 4 で，a は複素数で，$\bar{a}$ は a の共役複素数である．

係数を決めるためには，各自が好みの方法を用いてもよいし，もしあるならば簡便な方法を用いてよい．

場合 1：非重複因子 $s-a$

例 1　非重複因子：ある初期値問題　つぎの初期値問題を解け．
$$y'' + y' - 6y = 1, \quad y(0) = 0, \; y'(0) = 1.$$

[解]　$\mathscr{L}(1) = 1/s$ と 1.2 節の導関数に対する公式 (1), (2) から，補助方程式
$$(s^2 + s - 6)Y = 1 + \frac{1}{s} = \frac{s+1}{s}$$

を得る．$s^2 + s - 6 = (s-2)(s+3)$ である．これらは非重複因子である．$Y(s)$ とこの部分分数表示は，
$$Y(s) = \frac{s+1}{s(s-2)(s+3)} = \frac{A_1}{s} + \frac{A_2}{s-2} + \frac{A_3}{s+3}$$

となる．A_1, A_2, A_3 を決める．中辺と右辺に共通の分母 $s(s-2)(s-3)$ を掛けると，
$$s+1 = (s-2)(s+3)A_1 + s(s+3)A_2 + s(s-2)A_3$$

となる．$s = 0, \; s = 2, \; s = -3$ とすると，
$$1 = -2\cdot 3 A_1, \quad 3 = 2\cdot 5 A_2, \quad -2 = -3(-5)A_3$$

となる．したがって，$A_1 = -\frac{1}{6}, \; A_2 = \frac{3}{10}, \; A_3 = -\frac{2}{15}$ である．解は，
$$\mathscr{L}^{-1}(Y) = -\frac{1}{6} + \frac{3}{10}e^{2t} - \frac{2}{15}e^{-3t}$$

である． ◀

場合 2：重複因子 $(s-a)^m$

重複因子 $(s-a)^2, \; (s-3)^3$ などは，それぞれつぎの形の部分分数になる．
$$\frac{A_2}{(s-a)^2} + \frac{A_1}{s-a}, \quad \frac{A_3}{(s-a)^3} + \frac{A_2}{(s-a)^2} + \frac{A_1}{s-a}, \quad \text{など} \tag{1}$$

例 2　重複因子：ある初期値問題　つぎの初期値問題を解け．
$$y'' - 3y' + 2y = 4t, \quad y(0) = 1, \; y'(0) = -1.$$

[解]　表 1.1, 1.2 節の公式 (1) と (2) から，補助方程式
$$s^2 Y - s + 1 - 3(sY - 1) + 2Y = \frac{4}{s^2}$$

を得る．左辺に Y の項を集めて，残りを右辺に集めると，
$$(s^2 - 3s + 2)Y = \frac{4}{s^2} + s - 4 = \frac{4 + s^3 - 4s^2}{s^2}$$

となる．s^2 は重複因子，$s^2 - 3s + 2 = (s-2)(s-1)$ は非重複因子である．上式の部分分数表示は，
$$Y(s) = \frac{s^3 - 4s^2 + 4}{s^2(s-2)(s-1)} = \frac{A_2}{s^2} + \frac{A_1}{s} + \frac{B}{s-2} + \frac{C}{s-1} \tag{2*}$$

1.6 部分分数，微分方程式

となる．中辺と右辺に $s^2(s-2)(s-1)$ を掛けると，

$$s^3 - 4s^2 + 4$$
$$= A_2(s-2)(s-1) + A_1 s(s-2)(s-1) + Bs^2(s-1) + Cs^2(s-2) \quad (2)$$

となる．$s=1$ とすると $1 = C(-1)$，すなわち $C = -1$ となる．$s = 2$ とすると $-4 = 4B$，すなわち $B = -1$ となる．$s = 0$ とすると $4 = 2A_2$，すなわち $A_2 = 2$ となる．以上の方法は目新しくない．A_1 を求める方法は新しく考えなければならない．式 (2) を微分すると，

$$3s^2 - 8s = A_2(2s - 3) + A_1(s-2)(s-1) + (因子 s を含む項)$$

となる．$s=0$ とすると $0 = -3A_2 + 2A_1$，したがって $A_1 = 3A_2/2 = 3$ となる．これらの定数を式 (2*) に代入して，表 1.1 を用いると，解は，

$$y(t) = \mathscr{L}^{-1}(Y) = \mathscr{L}^{-1}\left(\frac{2}{s^2} + \frac{3}{s} - \frac{1}{s-2} - \frac{1}{s-1}\right)$$
$$= 2t + 3 - e^{2t} - e^t$$

となる．右辺の最初の 2 個の項が "駆動力" $4t$ の結果で，残り 2 個の指数関数は同次方程式の一般解から得られる． ◀

式 (1) の 3 重重複因子の A_1, A_2, A_3 を決めるのも同じように行えばよい．式 (2) のような式を得て，1 階の導関数と 2 階の導関数を用いる．

場合 3：非重複複素因子 $(s-a)(s-\bar{a})$

このような因子は，たとえば，振動問題で現れる．$s - a$ が $G(s)$ の因子で複素数 a が $a = \alpha + i\beta$ のとき，$s - \bar{a}$ も $G(s)$ の因子で，$\bar{a} = \alpha - i\beta$ である．したがって，$(s-a)(s-\bar{a}) = (s-\alpha)^2 + \beta^2$ となる．部分分数は，

$$\frac{As+B}{(s-a)(s-\bar{a})} \quad \text{または} \quad \frac{As+B}{(s-\alpha)^2 + \beta^2} \quad (3)$$

の形になる．

例 3　非重複複素因子：減衰強制振動　つぎの初期値問題を解け．
$$y'' + 2y' + 2y = r(t),$$
$$r(t) = 10\sin 2t \ (0 < t < \pi), \ r(t) = 0 \ (t > \pi);$$
$$y(0) = 1, \ y'(0) = -5.$$

これは減衰する質量-ばね系 (図 1.18) で，$0 < t < \pi$ のときだけ正弦的な駆動力がはたらく．

[解]　表 1.1，1.2 節の公式 (1) と (2)，1.3 節の第 2 移動定理から，

$$(s^2 Y - s + 5) + 2(sY - 1) + 2Y = 10\frac{2}{s^2 + 4}(1 - e^{-\pi s})$$

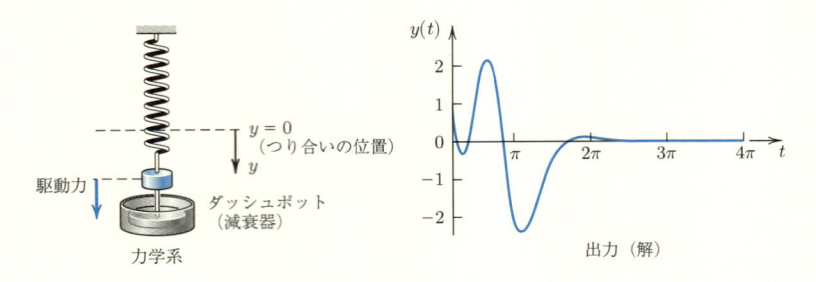

図 1.18 例 3

となる．$-s+5-2 = -s+3$ を右辺に移項する．Y の項は $(s^2+2s+2)Y$ である．Y について解くと，

$$Y = \frac{20}{(s^2+4)(s^2+2s+2)} - \frac{20e^{-\pi s}}{(s^2+4)(s^2+2s+2)} + \frac{s-3}{s^2+2s+2} \quad (4)$$

となる．最後の項に対しては，表 1.1 と第 1 移動定理から，

$$\mathscr{L}^{-1}\left\{\frac{s+1-4}{(s+1)^2+1}\right\} = e^{-t}(\cos t - 4\sin t) \quad (5)$$

となる．式 (4) の右辺の第 1 項は非重複素因子である．部分分数表示は，

$$\frac{20}{(s^2+4)(s^2+2s+2)} = \frac{As+B}{s^2+4} + \frac{Ms+N}{s^2+2s+2}$$

となる．左辺の分母を両辺に掛けると，

$$20 = (As+B)(s^2+2s+2) + (Ms+N)(s^2+4)$$

となる．A, B, M, N を決める．s のベキ乗の係数を両辺で等置すると，

(a) $[s^3]:\quad 0 = A + M,$
(b) $[s^2]:\quad 0 = 2A + B + N,$
(c) $[s]:\quad 0 = 2A + 2B + 4M,$
(d) $[s^0]:\quad 20 = 2B + 4N$

となる．(a) から (d) を解く．たとえば，(a) から $M = -A$ となるので，(c) から $A = B$ となり，(b) から $N = -3A$ となり，(d) から最終的に $A = -2$ となる．ゆえに，$A = -2, B = -2, M = 2, N = 6$ となる．したがって，式 (4) の右辺の第 1 項は，

$$\frac{-2s-2}{s^2+4} + \frac{2(s+1)+6-2}{(s+1)^2+1}$$

となる．表 1.1 と第 1 移動定理 (1.1 節) から，上式の逆変換は，

$$-2\cos 2t - \sin 2t + e^{-t}(2\cos t + 4\sin t) \quad (6)$$

である．式 (5) と式 (6) を加えたものが，$0 < t < \pi$ での解である ($\sin$ の項が相殺される)．すなわち，

$$y(t) = 3e^{-t}\cos t - 2\cos 2t - \sin 2t \quad (0 < t < \pi) \quad (7)$$

1.6 部分分数，微分方程式

となる．式 (4) の右辺の第 2 項には $e^{-\pi s}$ の因子がある．式 (6) と第 2 移動定理 (1.3 節) から，逆変換は以下の式に単位階段関数 $u(t-\pi)$ を掛けたものである．

$$2\cos(2t-2\pi) + \sin(2t-2\pi) - e^{-(t-\pi)}[2\cos(t-\pi) + 4\sin(t-\pi)]$$
$$= 2\cos 2t + \sin 2t + e^{-(t-\pi)}(2\cos t + 4\sin t).$$

この式と式 (7) の和が，$t > \pi$ のときの解である．すなわち，

$$y(t) = e^{-t}[(3+2e^\pi)\cos t + 4e^\pi \sin t] \qquad (t > \pi) \qquad (8)$$

である．図 1.18 は，式 (7) ($0 < t < \pi$ のとき) と式 (8) ($t > \pi$ のとき) を示す．駆動力は $t = \pi$ 以降はない．したがって，減衰のため振動はすみやかに 0 になる． ◀

場合 4：重複複素因子 $[(s-a)(s-\bar{a})]^2$

この場合，部分分数は，

$$\frac{As+B}{[(s-a)(s-\bar{a})]^2} + \frac{Ms+N}{(s-a)(s-\bar{a})} \qquad (9)$$

の形になる．この式は，たとえば，共振との関連において重要である．

例 4　重複複素因子：共振　　減衰しない質量–ばね系で，駆動力の振動数が系の固有振動数と等しいとき，共振が起きる．モデルは，

$$y'' + \omega_0^2 y = K\sin\omega_0 t$$

である (第 1 巻 2.11 節)．ただし，$\omega_0^2 = k/m$ で，k はばね定数，m はばねに取りつけられた物体の質量である．簡単にするために，$y(0) = 0$, $y'(0) = 0$ とする．補助方程式は，

$$s^2 Y + \omega_0^2 Y = \frac{K\omega_0}{s^2 + \omega_0^2}$$

となる．したがって，

$$Y = \frac{K\omega_0}{(s^2 + \omega_0^2)^2}$$

となる．分母は重複複素因子である．$s = i\omega_0$ と $-i\omega_0$ が重根である．上の Y は単一の部分分数である．この逆はたたみ込みから得られる．これは 1.5 節の例 1 に似ている．たたみ込みの定理と付録 A3.1 の式 (11) を用いると，

$$\begin{aligned}
y(t) = \mathscr{L}^{-1}(Y) &= \frac{K}{\omega_0}\sin\omega_0 t * \sin\omega_0 t \\
&= \frac{K}{\omega_0}\int_0^t \sin\omega_0\tau \sin(\omega_0 t - \omega_0\tau)\,d\tau \\
&= \frac{K}{2\omega_0}\left[\int_0^t (-\cos\omega_0 t)\,d\tau + \int_0^t \cos(2\omega_0\tau - \omega_0 t)\,d\tau\right] \\
&= \frac{K}{2\omega_0^2}(-\omega_0 t\cos\omega_0 t + \sin\omega_0 t)
\end{aligned}$$

となる．これが例 4 の解である．右辺の第 1 項は際限なく大きくなる．共振では，このような項が現れる (第 1 巻 2.11 節)．　◀

❖❖❖❖❖ 問題 1.6 ❖❖❖❖❖

逆変換 与えられた $\mathscr{L}(f)$ から部分分数を用いて関数 $f(t)$ を求めよ．部分分数のかわりに，読者が考えた簡単なまたは迅速な方法を用いてもよい．用いた方法を説明して，計算の詳細も示せ．

1. $\dfrac{6}{(s+2)(s-4)}$
2. $\dfrac{s^3 + 2s^2 + 2}{s^3(s^2 + 1)}$
3. $\dfrac{s^2 + 9s - 9}{s^3 - 9s}$
4. $\dfrac{s}{(s+1)^2}$
5. $\dfrac{2s^3}{s^4 - 81}$
6. $\dfrac{s^3 - 3s^2 + 6s - 4}{(s^2 - 2s + 2)^2}$
7. $\dfrac{s^4 + 3(s+1)^3}{s^4(s+1)^3}$
8. $\dfrac{s^3 - 7s^2 + 14s - 9}{(s-1)^2(s-2)^3}$
9. $\dfrac{s^3 + 6s^2 + 14s}{(s+2)^4}$

逆変換 次式を導け．計算の詳細も示せ．

10. $\mathscr{L}^{-1}\left(\dfrac{1}{s^4 + 4a^4}\right) = \dfrac{1}{4a^3}(\cosh at \sin at - \sinh at \cos at)$

11. $\mathscr{L}^{-1}\left(\dfrac{s}{s^4 + 4a^4}\right) = \dfrac{1}{2a^2}\sinh at \sin at$

12. $\mathscr{L}^{-1}\left(\dfrac{s^2}{s^4 + 4a^4}\right) = \dfrac{1}{2a}(\cosh at \sin at + \sinh at \cos at)$

13. $\mathscr{L}^{-1}\left(\dfrac{s^3}{s^4 + 4a^4}\right) = \cosh at \cos at$

14. (**非減衰系，共振なし**) もし例 4 の駆動力が，$K \sin pt$ $(p^2 \neq \omega_0{}^2)$ とするとどうなるか．ラプラス変換を用いて解を求めよ．(計算の詳細も示せ．)

15. [**プロジェクト**] ヘビサイドの公式　(a) $F(s)/G(s)$ に部分分数 $A/(s-a)$ があるとすると，つぎのヘビサイドの公式が成立することを示せ．

$$A = \lim_{s \to a} \dfrac{(s-a)F(s)}{G(s)}.$$

(b) 同様に，次数 m の $(s-a)^m$ をもつ部分分数を

$$\dfrac{F(s)}{G(s)} = \dfrac{A_m}{(s-a)^m} + \dfrac{A_{m-1}}{(s-a)^{m-1}} + \cdots + \dfrac{A_1}{s-a} + (ほかの関数)$$

とおくと，A_m に対しては，ヘビサイドの公式

$$A_m = \lim_{s \to a} \dfrac{(s-a)^m F(s)}{G(s)}$$

また，ほかの係数に対しては，

$$A_k = \dfrac{1}{(m-k)!}\lim_{s \to a}\dfrac{d^{m-k}}{ds^{m-k}}\left[\dfrac{(s-a)^m F(s)}{G(s)}\right] \quad (k = 1, \cdots, m-1)$$

1.6 部分分数，微分方程式

が成立することを示せ．

16. ［協同プロジェクト］　周期関数のラプラス変換

(a) **定理**　周期 p の区分的に連続な関数 $f(t)$ のラプラス変換は，

$$\mathscr{L}(f) = \frac{1}{1-e^{-ps}} \int_0^p e^{-st} f(t)\,dt \qquad (s>0) \qquad (10)$$

である．この定理を証明せよ．

［ヒント］
$$\int_0^\infty = \int_0^p + \int_p^{2p} + \cdots + \int_{(n-1)p}^{np} + \cdots$$

と書いて，$(n-1)p \sim np$ の積分で，t を $(n-1)p+t$ とせよ．積分の外へ $e^{-(n-1)p}$ を出せ．幾何級数の和の公式を用いよ．

(b) **半波整流器**　式 (10) を用いて，図 1.19 の半波整流された $\sin\omega t$ が，つぎのラプラス変換をもつことを示せ．

$$\mathscr{L}(f) = \frac{\omega(1+e^{-\pi s/\omega})}{(s^2+\omega^2)(1-e^{-2\pi s/\omega})} = \frac{\omega}{(s^2+\omega^2)(1-e^{-\pi s/\omega})}.$$

(半波整流器では，曲線の負の部分をとりのぞく．全波整流器では，図 1.20 のように負の部分を正の領域に折り返す．)

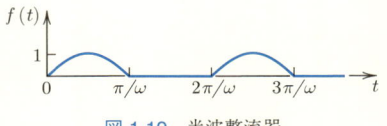

図 1.19　半波整流器

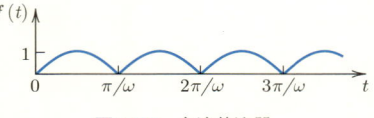

図 1.20　全波整流器

(c) **全波整流器**　全波整流された $\sin\omega t$ のラプラス変換が，

$$\frac{\omega}{s^2+\omega^2} \coth \frac{\pi s}{2\omega}$$

であることを示せ．

(d) **鋸歯状波**　図 1.21 の鋸歯状波のラプラス変換を求めよ．

(e) **階段状関数**　図 1.22 の階段状関数のラプラス変換を求めよ．t の関数 kt/p から (d) の関数を引いたものが図 1.22 の関数であることに注意せよ．

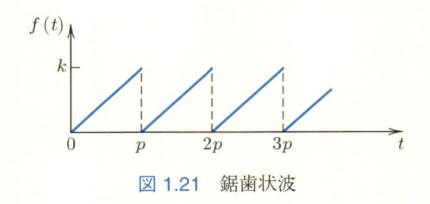

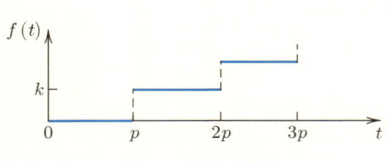

図 1.21　鋸歯状波

図 1.22　階段状関数

1.7 連立微分方程式

ラプラス変換法は，連立微分方程式を解くのにも用いられる．このことを典型的な応用例をとって説明する．

1次線形連立微分方程式 (第1巻3.1節)

$$\begin{aligned} y_1' &= a_{11}y_1 + a_{12}y_2 + g_1(t), \\ y_2' &= a_{21}y_1 + a_{22}y_2 + g_2(t) \end{aligned} \quad (1)$$

に対して，$Y_1 = \mathscr{L}(y_1)$，$Y_2 = \mathscr{L}(y_2)$，$G_1 = \mathscr{L}(g_1)$，$G_2 = \mathscr{L}(g_2)$ と書く．1.2節の式 (1) を用いると，補助方程式

$$\begin{aligned} sY_1 - y_1(0) &= a_{11}Y_1 + a_{12}Y_2 + G_1(s), \\ sY_2 - y_2(0) &= a_{21}Y_1 + a_{22}Y_2 + G_2(s) \end{aligned}$$

を得る．Y_1 と Y_2 について整理すると，

$$\begin{aligned} (a_{11} - s)Y_1 + \quad a_{12}Y_2 &= -y_1(0) - G_1(s), \\ a_{21}Y_1 + (a_{22} - s)Y_2 &= -y_2(0) - G_2(s) \end{aligned} \quad (2)$$

となる．Y_1 と Y_2 について代数的に解かなければならない．得られた Y_1 と Y_2 の逆をとって $y_1 = \mathscr{L}^{-1}(Y_1)$，$y_2 = \mathscr{L}^{-1}(Y_2)$ とすれば，与えられた問題の解が得られる．

例 1　2個の水槽を含む混合問題　図 1.23 の水槽 T_1 には初期に純水が 100 ガロン入っている．水槽 T_2 には初期に 100 ガロンの水が入っていて，その中に 150 ポンドの塩が溶けている．T_2 から T_1 に 2 ガロン/分の水が流入する．T_1 には，6 ポンドの塩が溶けている 6 ガロン/分の水が外から流入する．T_1 から T_2 に 8 ガロン/分の水が流入する．図に示されたように，T_2 からの流出は $2 + 6 = 8$ [ガロン/分] である．水槽中での塩分濃度は攪拌により一様である．T_1 と T_2 の中の塩の量をそれぞれ $y_1(t)$，$y_2(t)$ としたとき，$y_1(t)$ と $y_2(t)$ を求めて，図示せよ．

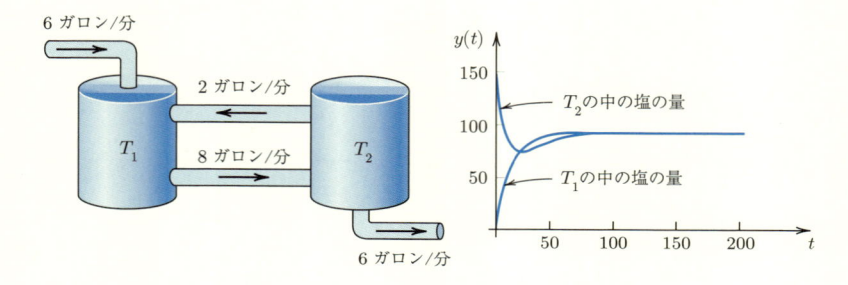

図 1.23　例 1 の混合問題

1.7 連立微分方程式

[解] 水槽中の塩分量の変化率 =(流入量/分)−(流出量/分)
である．モデルはつぎの 2 つの方程式で表される．2 個の水槽に対して，

$$y_1' = -\frac{8}{100}y_1 + \frac{2}{100}y_2 + 6, \qquad y_2' = \frac{8}{100}y_1 - \frac{8}{100}y_2$$

となる (第 1 巻 3.1 節)．初期条件は $y_1(0) = 0$, $y_2(0) = 150$ である．これから式 (2) の形の補助方程式は，

$$(-0.08 - s)Y_1 + \qquad 0.02Y_2 = -\frac{6}{s},$$

$$0.08Y_1 + (-0.08 - s)Y_2 = -150$$

となる．上式をクラメールの法則か消去法を用いて解く．解を部分分数の形で書くと，

$$Y_1 = \frac{9s + 0.48}{s(s + 0.12)(s + 0.04)} = \frac{100}{s} - \frac{62.5}{s + 0.12} - \frac{37.5}{s + 0.04},$$

$$Y_2 = \frac{150s^2 + 12s + 0.48}{s(s + 0.12)(s + 0.04)} = \frac{100}{s} + \frac{125}{s + 0.12} - \frac{75}{s + 0.04}$$

となる．逆変換すると，

$$y_1 = 100 - 62.5\,e^{-0.12t} - 37.5\,e^{-0.04t},$$
$$y_2 = 100 + 125\quad e^{-0.12t} - 75\quad e^{-0.04t}$$

が得られる．図 1.23 に上の関数を図示したが，曲線は興味ある振舞いをする．つぎの曲線の振舞いを説明できるか．なぜ最後に 100 に近づくか．なぜ y_2 は単調でないか．なぜ y_1 が y_2 よりある時間に大きくなるか． ◀

実用上重要なほかの連立方程式も同じように，ラプラス変換法で解くことができる．

例 2　電気回路　図 1.24 の回路の電流 $i_1(t)$ と $i_2(t)$ を求めよ．L と R の単位は標準のものである (第 1 巻 1.7 節)．$v(t) = 100$ ($0 \leqq t \leqq 0.5$)，$v(t) = 0$ (それ以外)，$i_{1,2}(0) = 0$, $i'_{1,2}(0) = 0$ である．

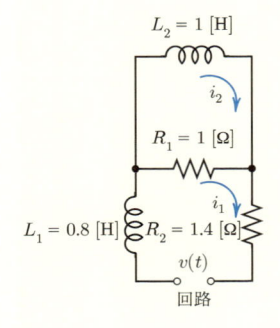

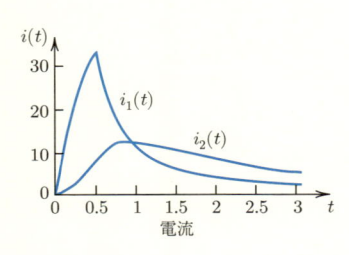

図 1.24　例 2 の電気回路

[解] 回路のモデルはキルヒホッフの電圧の法則から得られて,

$$0.8i_1' + 1(i_1 - i_2) + 1.4i_1 = 100\left[1 - u\left(t - \frac{1}{2}\right)\right],$$
$$1 \cdot i_2' + 1(i_2 - i_1) \qquad = 0$$

となる. 最初の式を 0.8 で割り, 整理すると,

$$i_1' + 3i_1 - 1.25i_2 = 125\left[1 - u\left(t - \frac{1}{2}\right)\right],$$
$$i_2' - i_1 + i_2 = 0$$

となる. $i_1(0) = 0$, $i_2(0) = 0$ とすると, 1.2 節の式 (1) と第 2 移動定理から, 補助方程式は,

$$(s+3)I_1 - 1.25I_2 = 125\left(\frac{1}{s} - \frac{e^{-s/2}}{s}\right),$$
$$-I_1 + (s+1)I_2 = 0$$

となる. I_1 と I_2 について解くと,

$$I_1 = \frac{125(s+1)}{s(s+\frac{1}{2})(s+\frac{7}{2})}(1 - e^{-s/2}),$$
$$I_2 = \frac{125}{s(s+\frac{1}{2})(s+\frac{7}{2})}(1 - e^{-s/2})$$

となる. 右辺で $1 - e^{-s/2}$ を無視すると, つぎのようにそれぞれ部分分数で展開できる.

$$\frac{500}{7s} - \frac{125}{3(s+\frac{1}{2})} - \frac{625}{21(s+\frac{7}{2})}, \quad \frac{500}{7s} - \frac{250}{3(s+\frac{1}{2})} + \frac{250}{21(s+\frac{7}{2})}.$$

これらの逆変換から, $0 \leqq t \leqq \frac{1}{2}$ に対して,

$$i_1(t) = -\frac{125}{3}e^{-t/2} - \frac{625}{21}e^{-7t/2} + \frac{500}{7},$$
$$i_2(t) = -\frac{250}{3}e^{-t/2} + \frac{250}{21}e^{-7t/2} + \frac{500}{7} \qquad \left(0 \leqq t \leqq \frac{1}{2}\right)$$

となる. 第 2 移動定理に従うと, $t > \frac{1}{2}$ に対して, 上式からそれぞれ $i_1(t - \frac{1}{2})$ と $i_2(t - \frac{1}{2})$ を引けば得られる. すなわち,

$$i_1(t) = -\frac{125}{3}(1 - e^{1/4})e^{-t/2} - \frac{625}{21}(1 - e^{7/4})e^{-7t/2},$$
$$i_2(t) = -\frac{250}{3}(1 - e^{1/4})e^{-t/2} + \frac{250}{21}(1 - e^{7/4})e^{-7t/2} \qquad \left(t > \frac{1}{2}\right)$$

である. 電流が最後には 0 になるが, この理由を物理的に説明できるか. また $t = \frac{1}{2}$ のとき $i_1(t)$ が鋭く変化して, $i_2(t)$ は連続的な傾きをもっているがどうしてか. ◂

より高階の連立微分方程式も同様にして, ラプラス変換法で解ける. 重要な 1 つの応用として, よく似た多くの力学系の中から典型的な例を選んで, ばねに結ばれた振動物体を考えよう.

1.7 連立微分方程式

例 3　ばねで結ばれた 2 つの物体のモデル　図 1.25 の力学系は，3 つのばねと質量 1 の 2 つの物体からできていて，つぎの微分方程式で記述される．

$$y_1'' = -ky_1 + k(y_2 - y_1),$$
$$y_2'' = -k(y_2 - y_1) - ky_2. \qquad (3)$$

ただし，k は 3 つのばねのばね定数で，y_1 と y_2 は物体のつり合いの位置からの変位である．ばねの質量と減衰は無視した．方程式は，物体に対する**ニュートンの第 2 法則**(質量 × 加速度 = 力) から得られる．最初の方程式で，$-ky_1$ は上の物体にかかる上のばねの力である．$k(y_2 - y_1)$ は上の物体にかかる中央のばねの力である．$y_2 - y_1$ は中央のばねの伸びである．2 番目の方程式で，$-k(y_2 - y_1)$ は下の物体にかかる中央のばねの力である．$-ky_2$ は下の物体にかかる下のばねの力である．

初期条件 $y_1(0) = 1$, $y_2(0) = 1$, $y_1'(0) = \sqrt{3k}$, $y_2'(0) = -\sqrt{3k}$ に対応する解を求める．$Y_1 = \mathscr{L}(y_1)$, $Y_2 = \mathscr{L}(y_2)$ としよう．1.2 節の式 (2) と初期条件からつぎの補助方程式を得る．

$$s^2 Y_1 - s - \sqrt{3k} = -kY_1 + k(Y_2 - Y_1),$$
$$s^2 Y_2 - s + \sqrt{3k} = -k(Y_2 - Y_1) - kY_2.$$

未知数 Y_1, Y_2 に関する上の連立 1 次方程式は，

$$(s^2 + 2k)Y_1 - kY_2 = s + \sqrt{3k},$$
$$-kY_1 + (s^2 + 2k)Y_2 = s - \sqrt{3k}$$

と書ける．クラメールの公式 (第 2 巻 1.6 節) か消去法を用いて，解を求めて，部分分数で書くと，

$$Y_1 = \frac{(s + \sqrt{3k})(s^2 + 2k) + k(s - \sqrt{3k})}{(s^2 + 2k)^2 - k^2} = \frac{s}{s^2 + k} + \frac{\sqrt{3k}}{s^2 + 3k},$$
$$Y_2 = \frac{(s^2 + 2k)(s - \sqrt{3k}) + k(s + \sqrt{3k})}{(s^2 + 2k)^2 - k^2} = \frac{s}{s^2 + k} - \frac{\sqrt{3k}}{s^2 + 3k}$$

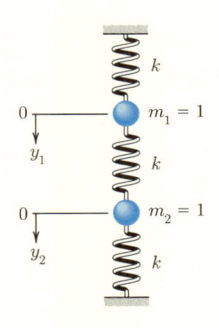

図 1.25　例 3

となる．したがって，この初期値問題の解は，
$$y_1(t) = \mathscr{L}^{-1}(Y_1) = \cos\sqrt{k}\,t + \sin\sqrt{3k}\,t,$$
$$y_2(t) = \mathscr{L}^{-1}(Y_2) = \cos\sqrt{k}\,t - \sin\sqrt{3k}\,t$$
である．それぞれの物体の振動は調和振動である (振動は非減衰である)．振動は遅い振動と速い振動の重ね合わせである． ◀

❖❖❖❖❖ **問題 1.7** ❖❖❖❖❖

連立微分方程式 問題 1–14 の初期値問題をラプラス変換で解け．(計算の詳細も示せ.)

1. $y_1' = -y_1 + y_2,\ y_2' = -y_1 - y_2,\quad y_1(0) = 1,\ y_2(0) = 0$
2. $y_1' = 6y_1 + 9y_2,\ y_2' = y_1 + 6y_2,\quad y_1(0) = -3,\ y_2(0) = -3$
3. $y_1' = -y_1 + 4y_2,\ y_2' = 3y_1 - 2y_2,\quad y_1(0) = 3,\ y_2(0) = 4$
4. $y_1' = 5y_1 + y_2,\ y_2' = y_1 + 5y_2,\quad y_1(0) = -3,\ y_2(0) = 7$
5. $y_1' + y_2 = 2\cos t,\ y_1 + y_2' = 0,\quad y_1(0) = 0,\ y_2(0) = 1$
6. $y_1'' + y_2 = -5\cos 2t,\ y_2'' + y_1 = 5\cos 2t,$
   $y_1(0) = 1,\ y_1'(0) = 1,\ y_2(0) = -1,\ y_2'(0) = 1$
7. $y_1'' = y_1 + 3y_2,\ y_2'' = 4y_1 - 4e^t,$
   $y_1(0) = 2,\ y_1'(0) = 3,\ y_2(0) = 1,\ y_2'(0) = 2$
8. $y_1'' = -5y_1 + 2y_2,\ y_2'' = 2y_1 - 2y_2,$
   $y_1(0) = 3,\ y_1'(0) = 0,\ y_2(0) = 1,\ y_2'(0) = 0$
9. $y_1' + y_2' = 2\sinh t,\ y_2' + y_3' = e^t,\ y_3' + y_1' = 2e^t + e^{-t},$
   $y_1(0) = 1,\ y_2(0) = 1,\ y_3(0) = 0$
10. $2y_1' - y_2' - y_3' = 0,\ y_1' + y_2' = 4t + 2,\ y_2' + y_3 = t^2 + 2,$
    $y_1(0) = y_2(0) = y_3(0) = 0$
11. $y_1' = -y_2 + 1 - u(t-1),\ y_2' = y_1 + 1 - u(t-1),\quad y_1(0) = 0,\ y_2(0) = 0$
12. $y_1' + y_2 = 2[1 - u(t - 2\pi)]\cos t,\ y_1 + y_2' = 0,\quad y_1(0) = 0,\ y_2(0) = 1$
13. $y_1' = 2y_1 - 4y_2 + u(t-1)e^t,\ y_2' = y_1 - 3y_2 + u(t-1)e^t,$
    $y_1(0) = 3,\ y_2(0) = 0$
14. $y_1' = 2y_1 + 4y_2 + 64tu(t-1),\ y_2' = y_1 + 2y_2,\quad y_1(0) = -4,\ y_2(0) = -4$
15. [協同プロジェクト]　**1 次線形連立微分方程式**
(a) モデル　次の 2 組の連立微分方程式を解け．
$$\boldsymbol{y}' = \boldsymbol{A}\boldsymbol{y},$$
$$\boldsymbol{y} = \begin{bmatrix} y_1(t) \\ y_2(t) \end{bmatrix},\quad \boldsymbol{A} = 0.02\begin{bmatrix} -1 & 1 \\ 1 & -1 \end{bmatrix},\quad \boldsymbol{y}(0) = \begin{bmatrix} 0 \\ 150 \end{bmatrix}$$

$$\boldsymbol{J}' = \boldsymbol{A}\boldsymbol{J} + \boldsymbol{g},$$
$$\boldsymbol{J} = \begin{bmatrix} j_1(t) \\ j_2(t) \end{bmatrix},\quad \boldsymbol{A} = 0.4\begin{bmatrix} -10 & 10 \\ -4 & 3 \end{bmatrix},\quad \boldsymbol{g} = 2.4\begin{bmatrix} 5 \\ 2 \end{bmatrix},\quad \boldsymbol{J}(0) = \begin{bmatrix} 0 \\ 0 \end{bmatrix}$$

1.7 連立微分方程式

(b) **同次連立** 次の 4 組の同次連立微分方程式を解け.

$$y' = Ay, \quad y = \begin{bmatrix} y_1(t) \\ y_2(t) \end{bmatrix}$$

ただし，A は次の 4 つのうちのどれか 1 つである.

$$A = \begin{bmatrix} -3 & 1 \\ 1 & -3 \end{bmatrix}, \quad \begin{bmatrix} 1 & 0 \\ 0 & -1 \end{bmatrix}, \quad \begin{bmatrix} 0 & 1 \\ -4 & 0 \end{bmatrix}, \quad \begin{bmatrix} -1 & 1 \\ -1 & -1 \end{bmatrix}$$

(c) **非同次連立** 次の 2 組の非同次連立微分方程式を解け.

$$y' = \begin{bmatrix} 2 & -4 \\ 1 & -3 \end{bmatrix} y + \begin{bmatrix} 2t^2 + 10t \\ t^2 + 9t + 3 \end{bmatrix},$$

$$y' = \begin{bmatrix} -3 & 1 \\ 1 & -3 \end{bmatrix} y + \begin{bmatrix} -6 \\ 2 \end{bmatrix} e^{-2t}$$

上級問題

16. (**混合問題**) 例 1 で水槽の容量と初期条件は同じとして，すべての流入量とすべての流出量を 2 倍にするとどうなるか．最初は推測により答えて，つぎに計算せよ．また新しい解と古い解の関係を述べよ．

17. (**外部から正弦的な流入**) 例 1 で塩の流入量が $6\sin^2 t$ のように 0 から 6 まで変化するとどうなるか．また，$y_2(t)$ の振幅は $y_1(t)$ のものよりはるかに小さくなるが，どうしてか．

18. (**2 つの物体の強制振動**) 例 3 で，$k = 3$，初期条件が $y_1(0) = 1$, $y_2(0) = 1$, $y_1'(0) = 3$, $y_2'(0) = -3$, 上の物体に外力 $8\sin t$，下の物体に外力 $-8\sin t$ が加えられる．この場合の解を求めよ．

19. (**電気回路**) ラプラス変換法を用いて，図 1.26 の電流 $i_1(t)$ と $i_2(t)$ を求めよ．ただし，$v(t) = 195\sin t$, $i_1(0) = 0$, $i_2(0) = 0$ である．電流が定常状態に落ちつくだいたいの時間を求めよ．図 1.26 の短い曲線の意味を推測せよ．

20. (**1 周期のみの正弦波**) 問題 19 で，電圧 $v(t)$ の t が 0 から 2π のときだけ加わるとする．問題を解け．また，問題 19 の解から計算抜きで解を得ることができるか考察せよ．

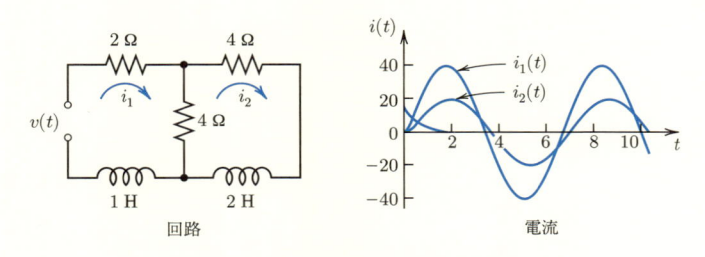

図 1.26 問題 19 の電気回路と電流

1.8 ラプラス変換:一般公式

公　式	名前,コメント	節
$F(s) = \mathscr{L}\{f(t)\} = \int_0^\infty e^{-st} f(t)\, dt$ $f(t) = \mathscr{L}^{-1}\{F(s)\}$	変換の定義 逆変換	1.1
$\mathscr{L}\{af(t) + bg(t)\} = a\mathscr{L}\{f(t)\} + b\mathscr{L}\{g(t)\}$	線形性	1.1
$\mathscr{L}\{e^{at} f(t)\} = F(s-a)$ $\mathscr{L}^{-1}\{F(s-a)\} = e^{at} f(t)$	s 移動 (第 1 移動定理)	1.1
$\mathscr{L}(f') = s\mathscr{L}(f) - f(0)$ $\mathscr{L}(f'') = s^2 \mathscr{L}(f) - sf(0) - f'(0)$ $\mathscr{L}(f^{(n)}) = s^n \mathscr{L}(f) - s^{n-1} f(0) - \cdots$ $\cdots - f^{(n-1)}(0)$ $\mathscr{L}\left\{\int_0^t f(\tau)\, d\tau\right\} = \dfrac{1}{s} \mathscr{L}(f)$	関数の微分 関数の積分	1.2
$\mathscr{L}\{f(t-a) u(t-a)\} = e^{-as} F(s)$ $\mathscr{L}^{-1}\{e^{-as} F(s)\} = f(t-a) u(t-a)$	t 移動 (第 2 移動定理)	1.3
$\mathscr{L}\{t f(t)\} = -F'(s)$ $\mathscr{L}\left\{\dfrac{f(t)}{t}\right\} = \int_s^\infty F(\tilde{s})\, d\tilde{s}$	変換の微分 変換の積分	1.4
$(f * g)(t) = \int_0^t f(\tau) g(t-\tau)\, d\tau$ $\quad = \int_0^t f(t-\tau) g(\tau)\, d\tau$ $\mathscr{L}(f * g) = \mathscr{L}(f) \mathscr{L}(g)$	たたみ込み	1.5
$\mathscr{L}(f) = \dfrac{1}{1 - e^{-ps}} \int_0^p e^{-st} f(t)\, dt$	周期 p の周期関数 f	1.6 問題 16

1.9 ラプラス変換の表

より広範囲な表が必要なときは，付録1の文献 [A4] と [A6] を参照せよ．

	$F(s) = \mathscr{L}\{f(t)\}$	$f(t)$	節
1	$\dfrac{1}{s}$	1	
2	$\dfrac{1}{s^2}$	t	
3	$\dfrac{1}{s^n}$ $(n=1,2,\cdots)$	$\dfrac{t^{n-1}}{(n-1)!}$	1.1
4	$\dfrac{1}{\sqrt{s}}$	$\dfrac{1}{\sqrt{\pi t}}$	
5	$\dfrac{1}{s^{3/2}}$	$2\sqrt{\dfrac{t}{\pi}}$	
6	$\dfrac{1}{s^a}$ $(a>0)$	$\dfrac{t^{a-1}}{\Gamma(a)}$	
7	$\dfrac{1}{s-a}$	e^{at}	
8	$\dfrac{1}{(s-a)^2}$	te^{at}	1.1
9	$\dfrac{1}{(s-a)^n}$ $(n=1,2,\cdots)$	$\dfrac{1}{(n-1)!}t^{n-1}e^{at}$	
10	$\dfrac{1}{(s-a)^k}$ $(k>0)$	$\dfrac{1}{\Gamma(k)}t^{k-1}e^{at}$	
11	$\dfrac{1}{(s-a)(s-b)}$ $(a \ne b)$	$\dfrac{1}{(a-b)}(e^{at}-e^{bt})$	
12	$\dfrac{s}{(s-a)(s-b)}$ $(a \ne b)$	$\dfrac{1}{(a-b)}(ae^{at}-be^{bt})$	
13	$\dfrac{1}{s^2+\omega^2}$	$\dfrac{1}{\omega}\sin \omega t$	
14	$\dfrac{s}{s^2+\omega^2}$	$\cos \omega t$	
15	$\dfrac{1}{s^2-a^2}$	$\dfrac{1}{a}\sinh at$	
16	$\dfrac{s}{s^2-a^2}$	$\cosh at$	1.1
17	$\dfrac{1}{(s-a)^2+\omega^2}$	$\dfrac{1}{\omega}e^{at}\sin \omega t$	
18	$\dfrac{s-a}{(s-a)^2+\omega^2}$	$e^{at}\cos \omega t$	

	$F(s) = \mathscr{L}\{f(t)\}$	$f(t)$	節
19	$\dfrac{1}{s(s^2+\omega^2)}$	$\dfrac{1}{\omega^2}(1-\cos\omega t)$	1.2
20	$\dfrac{1}{s^2(s^2+\omega^2)}$	$\dfrac{1}{\omega^3}(\omega t-\sin\omega t)$	
21	$\dfrac{1}{(s^2+\omega^2)^2}$	$\dfrac{1}{2\omega^3}(\sin\omega t-\omega t\cos\omega t)$	1.4
22	$\dfrac{s}{(s^2+\omega^2)^2}$	$\dfrac{t}{2\omega}\sin\omega t$	
23	$\dfrac{s^2}{(s^2+\omega^2)^2}$	$\dfrac{1}{2\omega}(\sin\omega t+\omega t\cos\omega t)$	
24	$\dfrac{s}{(s^2+a^2)(s^2+b^2)}\quad (a^2\neq b^2)$	$\dfrac{1}{(b^2-a^2)}(\cos at-\cos bt)$	
25	$\dfrac{1}{s^4+4k^4}$	$\dfrac{1}{4k^3}(\sin kt\cosh kt-\cos kt\sinh kt)$	1.6
26	$\dfrac{s}{s^4+4k^4}$	$\dfrac{1}{2k^2}\sin kt\sinh kt$	
27	$\dfrac{1}{s^4-k^4}$	$\dfrac{1}{2k^3}(\sinh kt-\sin kt)$	
28	$\dfrac{s}{\sqrt{s^4-k^4}}$	$\dfrac{1}{2k^2}(\cosh kt-\cos kt)$	
29	$\sqrt{s-a}-\sqrt{s-b}$	$\dfrac{1}{2\sqrt{\pi t^3}}(e^{bt}-e^{at})$	
30	$\dfrac{1}{\sqrt{s+a}\sqrt{s+b}}$	$e^{-(a+b)t/2}I_0\left(\dfrac{a-b}{2}t\right)$	第1巻 4.6
31	$\dfrac{1}{\sqrt{s^2+a^2}}$	$J_0(at)$	第1巻 4.5
32	$\dfrac{s}{(s-a)^{3/2}}$	$\dfrac{1}{\sqrt{\pi t}}e^{at}(1+2at)$	
33	$\dfrac{1}{(s^2-a^2)^k}\quad (k>0)$	$\dfrac{\sqrt{\pi}}{\Gamma(k)}\left(\dfrac{t}{2a}\right)^{k-1/2}I_{k-1/2}(at)$	第1巻 4.6
34	$\dfrac{e^{-as}}{s}$	$u(t-a)$	1.3
35	e^{-as}	$\delta(t-a)$	
36	$\dfrac{1}{s}e^{-k/s}$	$J_0(2\sqrt{kt})$	第1巻 4.5
37	$\dfrac{1}{\sqrt{s}}e^{-k/s}$	$\dfrac{1}{\sqrt{\pi t}}\cos 2\sqrt{kt}$	
38	$\dfrac{1}{s^{3/2}}e^{k/s}$	$\dfrac{1}{\sqrt{\pi k}}\sinh 2\sqrt{kt}$	
39	$e^{-k\sqrt{s}}\quad (k>0)$	$\dfrac{k}{2\sqrt{\pi t^3}}e^{-k^2/4t}$	

	$F(s) = \mathscr{L}\{f(t)\}$	$f(t)$	節
40	$\dfrac{1}{s}\ln s$	$-\ln t - \gamma \quad (\gamma \approx 0.5772)$	第1巻 4.6
41	$\ln \dfrac{s-a}{s-b}$	$\dfrac{1}{t}(e^{bt}-e^{at})$	
42	$\ln \dfrac{s^2+\omega^2}{s^2}$	$\dfrac{2}{t}(1-\cos \omega t)$	1.4
43	$\ln \dfrac{s^2-a^2}{s^2}$	$\dfrac{2}{t}(1-\cosh at)$	
44	$\arctan \dfrac{\omega}{s}$	$\dfrac{1}{t}\sin \omega t$	
45	$\dfrac{1}{s}\operatorname{arccot} s$	$\operatorname{Si}(t)$	付録 A3.1

1章の復習

1. 微分方程式をラプラス変換で解くとき，通常の方法より有利な点は何か．

2. ラプラス変換は微分方程式を解くのに向いているが，ラプラス変換の性質のうち，どの性質がそうさせているか．

3. ラプラス演算が線形演算であるとはどういう意味か．これがなぜ実用上重要か．

4. どのような問題に対して，ラプラス変換が通常の方法よりすぐれているか．理由も述べよ．

5. 補助方程式とは何か．それがどのように使われるか．

6. すべての連続関数はラプラス変換をもつか．もしそうならばその理由を述べよ．もしそうでないならば例をあげよ．

7. 単位階段関数とは何か．なぜそれが重要か．

8. ディラックのデルタ関数とは何か．それはどのように使われるのか．

9. いくつかの簡単な関数のラプラス変換を，本書を見ないで書け．

10. 関数 $f(t)$ の n 階導関数のラプラス変換に対する公式を，本書を見ないで書け．

11. 不連続な関数はラプラス変換をもちうるか．(理由も述べよ.)

12. $\tan t$ はラプラス変換をもつか．$\tan t$ は区分的に連続か．

13. $f(t) = \mathscr{L}^{-1}\{F(s)\}$ がわかっているとき，$\mathscr{L}^{-1}\{F(s)/s^2\}$ はどのようにして求められるか．

14. $\mathscr{L}\{f(t)g(t)\} = \mathscr{L}\{f(t)\}\mathscr{L}\{g(t)\}$ が成立するか．もし正しくなければ，正しい式を示せ．

15. 第1移動定理と第2移動定理では移動の意味が異なる．その違いを述べよ．

ラプラス変換 つぎの関数のラプラス変換を求めよ．(計算の詳細も示せ.)

16. $e^{-t}\sin \pi t$ **17.** $\cos^2 t$ **18.** $\sin^2(\pi t/2)$

56　　　　　　　　　　　　　　　　　　　　　　　　　　　　　　1. ラプラス変換

19. $e^t u(t-2)$　　　　**20.** $t^2 u(t - \frac{1}{4})$　　　　**21.** $t * e^{-3t}$
22. $e^{2t} * \cos 4t$　　**23.** $\cosh(t/10)$　　　　**24.** $t \cos t + \sin t$

ラプラス逆変換　つぎの関数の逆変換を求めよ．(計算の詳細も示せ．)

25. $\dfrac{s+3}{s^2+9}$　　　　**26.** $\dfrac{1}{s^2-2s-8}$　　　　**27.** $\dfrac{s+1}{s^2}e^{-s}$

28. $\dfrac{6(s+1)}{s^4}$　　　　**29.** $\dfrac{s^2-6s+4}{s^3-3s^2+2s}$　　**30.** $\dfrac{2s^2-3s+4}{(s^2+4)(s-3)}$

31. $\dfrac{s^3-s^2-s+4}{s^4-5s^2+4}$　**32.** $\dfrac{\omega \cos\theta + s\sin\theta}{s^2+\omega^2}$　**33.** $\dfrac{3s+4}{s^2+4s+5}$

微分方程式, 連立微分方程式　ラプラス変換を用いて, つぎの初期値問題を解け．(計算の詳細も示せ．)

34. $y'' + y = \delta(t-2)$,　　$y(0) = 2.5$, $y'(0) = 0$
35. $y'' + 4y = u(t-3)$,　　$y(0) = 1$, $y'(0) = 0$
36. $y'' - 2y' + 2y = 8e^{-t}\cos t$,　　$y(0) = 16$, $y'(0) = -16$
37. $y'' + 9y = r(t)$,　　$r(t) = 6\sin t\ (0 \leq t \leq \pi)$, $r(t) = 0\ (t > \pi)$;
　　　　$y(0) = 0$, $y'(0) = 0$
38. $y'' + 3y' + 2y = 2u(t-2)$,　　$y(0) = 0$, $y'(0) = 0$
39. $y_1' = -y_2$, $y_2' = y_1$,　　$y_1(0) = 1$, $y_2(0) = 0$
40. $y_1' = 2y_1 + 4y_2$, $y_2' = y_1 + 2y_2$,　　$y_1(0) = -4$, $y_2(0) = -4$
41. $y_1' = 2y_1 - 4y_2$, $y_2' = y_1 - 3y_2$,　　$y_1(0) = 3$, $y_2(0) = 0$
42. $y_1' = -2y_1 + 3y_2$, $y_2' = 4y_1 - y_2$,　　$y_1(0) = 4$, $y_2(0) = 3$

物体−ばね系, 回路のモデル

つぎの問題をラプラス変換を用いて解け．(計算の詳細も示せ．)

43.　図 1.27 の力学系のモデル (摩擦と減衰はないとする) は,
$$m_1 y_1'' = -k_1 y_1 + k_2(y_2 - y_1),$$
$$m_2 y_2'' = -k_2(y_2 - y_1) - k_3 y_2$$
と書けることを示せ．

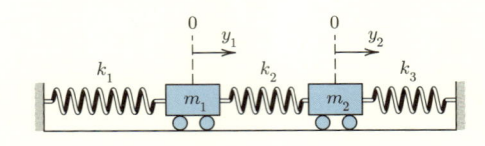

図 1.27　問題 43 と 44 の系

1章の復習

44. 問題 43 で，$m_1 = m_2 = 10$ [kg]，$k_1 = k_3 = 20$ [kg/s^2]，$k_2 = 40$ [kg/s^2] とせよ．初期条件を $y_1(0) = y_2(0) = 0$，$y_1'(0) = 1$ [m/s]，$y_2'(0) = -1$ [m/s] として解を求めよ．

45. 図 1.28 の RC 回路の電流 $i(t)$ を求めよ．ただし，$R = 10$ [Ω]，$C = 0.1$ [F] として，電圧は $v(t) = 10t$ [V] $(0 < t < 4)$，$v(t) = 40$ [V] $(t > 4)$ とする．コンデンサの初期の電荷は 0 とする．

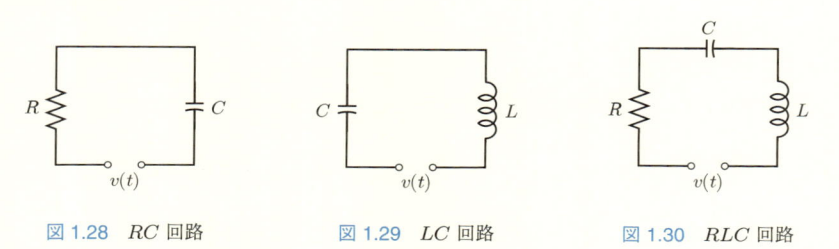

図 1.28　RC 回路　　　図 1.29　LC 回路　　　図 1.30　RLC 回路

46. 図 1.29 の LC 回路の電荷 $q(t)$ と電流 $i(t)$ を求めよ．ただし，$L = 1$ [H]，$C = 1$ [F] として，電圧は $v(t) = 1 - e^{-t}$ [V] $(0 < t < \pi)$，$v(t) = 0$ [V] $(t > \pi)$ で，初期の電流と電荷は 0 とする．

47. 図 1.30 の RLC 回路の電流 $i(t)$ を求めよ．ただし，$R = 160$ [Ω]，$L = 20$ [H]，$C = 0.002$ [F]，$v(t) = 37 \sin 10t$ [V] として，初期の電流と電荷は 0 とする．

48. キルヒホッフの電圧の法則から，図 1.31 の回路の電流は，連立方程式

$$Li_1' + R(i_1 - i_2) = v(t), \qquad R(i_2' - i_1') + \frac{1}{C}i_2 = 0$$

で決まることを示せ．$R = 10$ [Ω]，$L = 20$ [H]，$C = 0.05$ [F]，$v = 20$ [V]，$i_1(0) = 0$ [A]，$i_2(0) = 2$ [A] と仮定して解け．

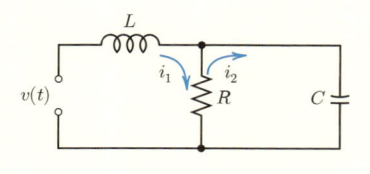

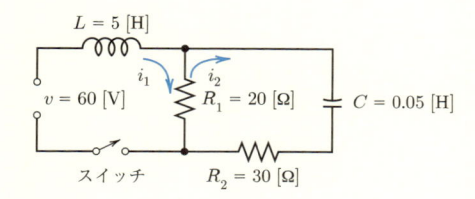

図 1.31　問題 48 と 49 の回路　　　図 1.32　問題 50 の回路

49. 問題 48 で，$R = 0.8$ [Ω]，$L = 1$ [H]，$C = 0.25$ [F]，$v = \frac{4}{5}t + \frac{21}{25}$ [V]，$i_1(0) = 1$ [A]，$i_2(0) = -3.8$ [A] として解け．この初期条件は，物理的に何を意味するか．

50. 図 1.32 の回路のモデル方程式をつくり，解を求めよ．ただし，$t = 0$ でスイッチが入れられたとき，すべての電荷と電流は 0 とする．$t \to \infty$ のときの $i_1(t)$ と $i_2(t)$ の極限をつぎの 2 つの方法で求めよ．(i) 解から求める．(ii) 与えられた回路を見て直接求めよ．

1章のまとめ

ラプラス変換のおもな目的は，微分方程式と連立微分方程式を解くことである．また，それらに対応する初期値問題を解くことが目的である．関数 $f(t)$ の**ラプラス変換** $F(s) = \mathscr{L}(f)$ は，

$$F(s) = \mathscr{L}(f) = \int_0^\infty e^{-st} f(t)\, dt \qquad (1.1節) \qquad (1)$$

で与えられる．この定義からつぎの便利な性質が導ける．f を t で微分したものが，変換 F に s を掛けたものに対応する．くわしく書くと，

$$\begin{aligned}\mathscr{L}(f') &= s\mathscr{L}(f) - f(0), \\ \mathscr{L}(f'') &= s^2 \mathscr{L}(f) - sf(0) - f'(0)\end{aligned} \qquad (1.2節) \qquad (2)$$

となるなどである．したがって，つぎの微分方程式

$$y'' + ay' + by = r(t) \qquad (3)$$

を変換して，$\mathscr{L}(y) = Y(s)$ と書くと，補助方程式

$$(s^2 + as + b)Y = \mathscr{L}(r) + sy(0) + y'(0) + ay(0) \qquad (4)$$

が得られる．さて，変換 $\mathscr{L}(f)$ を得るとき，1.1 節の小さい表や 1.9 節の大きい表が助けとなる．これがステップ 1 である．ステップ 2 で補助方程式を代数的に解いて $Y(s)$ を得る．ステップ 3 で逆変換 $y(t) = \mathscr{L}^{-1}(Y)$ を行う．すなわち，問題を解くのである．以上をこのように行うのは手間がかかるので，上で述べた 2 つの表を何回か用いると簡単になる．$Y(s)$ は有理関数になることが多いが，この場合は，Y を部分分数で表して，逆変換 $\mathscr{L}^{-1}(Y)$ を求めることができる (1.6 節)．もちろん，ほかにより簡単な方法があるときはその方法を用いる．

ラプラス法では，同次方程式の一般解を求める必要がない．したがって，一般解の中の任意定数を初期条件から決める必要がない．そのかわり，式 (4) のように初期条件は補助方程式に直接現れる．つぎの 2 つの事実により，ラプラス変換が実用上重要になる．まず最初に，ラプラス変換法には，変換や逆変換を計算しやすくする基本的な性質と手法がある．これらの性質のうちもっとも重要なのを 1.8 節に示した．また，それぞれの節に文献も示した．単位階段関数とディラックのデルタの使用法を 1.3 節で説明して，たたみ込みを 1.5 節で説明した．2 番目の事実は，微分方程式の右辺 $r(t)$ についてである．$r(t)$ が異なる時間間隔で異なる式になることがある．たとえば，$r(t)$ が方形波やインパルスであったり，$r(t) = \cos t\ (0 \leqq t \leqq 4)$, $r(t) = 0$ (それ以外) などである．このような $r(t)$ に対してラプラス変換法は適している．

ラプラス変換の連立微分方程式への適用は 1.6 節で説明した．(3.12 節でラプラス変換が偏微分方程式に適用される．)

2

フーリエ級数，フーリエ積分，フーリエ変換

フーリエ級数[1] (2.2 節) は余弦項と正弦項からなる級数であり，一般的な周期関数を表す重要な実用上の問題で現れる．フーリエ級数は，常微分方程式と偏微分方程式を含む問題を解くときにきわめて重要な道具である．本章では実用的な観点から，これらの級数とその工学的な利用法について述べる．3 章で偏微分方程式について述べるが，これもフーリエ級数の別の応用である．

フーリエ級数の理論はやや複雑であるが，フーリエ級数の応用は簡単である．ある意味で，フーリエ級数はテイラー級数より一般的である．なぜならば，実用上重要な不連続な周期関数は，テイラー級数では扱えないがフーリエ級数では扱えることが多いからである．

最後の 4 つの節 (2.8–2.11 節) は，**フーリエ積分**と**フーリエ変換**についてである．これらは，フーリエ級数のアイデアと手法を，x の全領域で定義されている非周期的関数に対しても適用する．また，フーリエ解析の偏微分方程式への適用は，次章の 3.6 節で考える．

本章を学ぶための予備知識：初等積分学．
短縮コースでは省略してもよい節：2.5–2.10 節．
参考書：付録 1，C．
問題の解答：付録 2．

---

[1] Jean–Baptiste Joseph Fourier(1768–1830)，フランスの物理学者かつ数学者．パリに在住して，教鞭をとった．そして，ナポレオンに従ってエジプトに遠征し，後にグルノーブルの知事に任命された．彼の主著 *Théorie analytique de la chaleur* (熱の解析理論，Paris, 1822) で，彼はフーリエ級数を導入した．この主著で熱伝導の理論 (熱方程式，3.5 節) を発展させた．この新しい級数は，数理物理学でもっとも重要な手段になり，また数学そのものの発展にかなりの影響を与えた (付録 1 の [9] 参照)．

2.1 周期関数，3角級数

関数 $f(x)$ がすべての実数 x に対して定義され，

$$f(x+p) = f(x) \qquad (\text{すべての } x \text{ に対して}) \qquad (1)$$

となる正の数 p が存在するとき，$f(x)$ は**周期的**であるという．数 p を $f(x)$ の**周期**[2)]という．長さ p の区間におけるグラフを周期的に繰り返せば，周期関数のグラフが得られる (図 2.1)．前に述べたように，周期的現象と周期関数には多数の応用例がある．

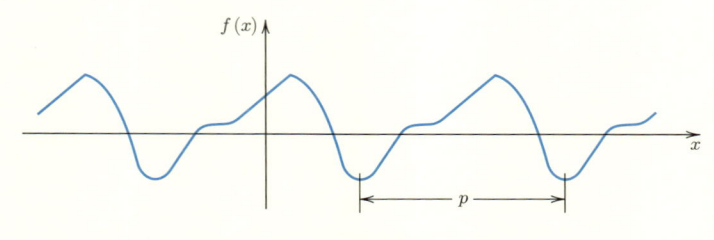

図 2.1 周期関数

周期関数のよく知られた例は正弦関数と余弦関数である．$f = c =$ 一定 という関数もすべての $p\ (>0)$ に対して式 (1) を満たすので，定義上からは周期関数である．周期的でない関数の例は，$x, x^2, x^3, e^x, \cosh x, \ln x$ など多数ある．

式 (1) から，$f(x+2p) = f[(x+p)+p] = f(x+p) = f(x)$ などとなる．そして，任意の整数 n に対して，

$$f(x+np) = f(x) \qquad (\text{すべての } x \text{ に対して}) \qquad (2)$$

となる．したがって，$2p, 3p, 4p, \cdots$ も $f(x)$ の周期である．さらに，$f(x)$ と $g(x)$ が周期 p をもっていると，

$$h(x) = af(x) + bg(x) \qquad (a, b \text{ は定数})$$

も周期 p をもつ．

もし周期関数 $f(x)$ が最小周期 $p\ (>0)$ をもつとき，p は $f(x)$ の**基本周期**とよばれることがある．$\cos x$ と $\sin x$ の基本周期は 2π，$\cos 2x$ と $\sin 2x$ の基本周期は π などである．基本周期がない関数は $f =$ 一定 である．

---

2) $\tan x$ (周期 π の周期関数) の場合，$\pm \pi/2, \pm 3\pi/2, \cdots$ のような孤立した点は除く．

3 角 関 数

本章のはじめのいくつかの節で扱う問題は，周期 2π の種々の関数が簡単な関数

$$1,\ \cos x,\ \sin x,\ \cos 2x,\ \sin 2x,\ \cdots,\ \cos nx,\ \sin nx,\ \cdots \tag{3}$$

で表される．これらの関数は周期 2π をもつ．図 2.2 は，これらの最初のいくつかを示す．

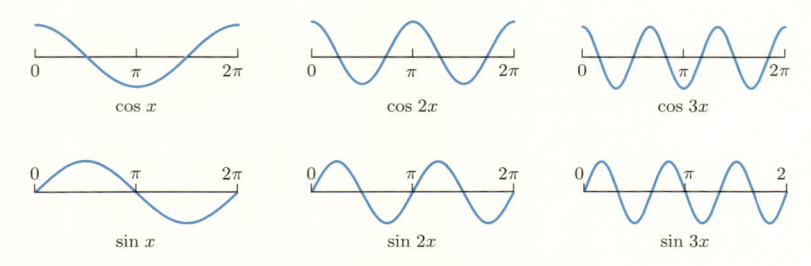

図 2.2　周期 2π の余弦関数と正弦関数

これらを加算してつくられる級数は，

$$a_0 + a_1\cos x + b_1\sin x + a_2\cos 2x + b_2\sin 2x + \cdots \tag{4*}$$

である．ここで，$a_0, a_1, a_2, \cdots, b_1, b_2, \cdots$ は実定数である．上の級数は **3 角級数**とよばれ，a_n と b_n は級数の**係数**とよぶ．和の記号[3]を使うと，上の級数は，

$$a_0 + \sum_{n=1}^{\infty}(a_n\cos nx + b_n\sin nx) \tag{4*}$$

と書ける．級数 (4) のもとになった関数 (3) の集合は，**3 角関数系**とよばれることがある．

級数 (4) のそれぞれの項は周期 2π をもつ．したがって，もし級数 (4) が収束するならば，それらの和は周期 2π の関数である．

大切なことは，任意の周期 p の実用上で重要な周期関数 f を表すために，3 角級数を使うことができることである．このとき，f は簡単な関数でも複雑な関数でもよい．(この級数は f の**フーリエ級数**とよばれる．)

---

[3] 括弧も挿入する．この級数が収束するならば，同じ和になることが証明できる．

問題 2.1

基本周期 つぎの関数の正の最小周期 p を求めよ.

1. $\cos x,\ \sin x,\ \cos 2x,\ \sin 2x,\ \cos \pi x,\ \sin \pi x,\ \cos 2\pi x,\ \sin 2\pi x$

2. $\cos nx,\ \sin nx,\ \cos \dfrac{2\pi x}{k},\ \sin \dfrac{2\pi x}{k},\ \cos \dfrac{2\pi nx}{k},\ \sin \dfrac{2\pi nx}{k}$

3. (ベクトル空間) $f(x)$ と $g(x)$ が周期 p をもつならば, $h = af + bg$ (a, b は定数) も周期 p をもつことを示せ. このように周期 p のすべての関数はベクトル空間をつくる.

4. (周期の整数倍) p が $f(x)$ の周期であるならば, np $(n = 2, 3, \cdots)$ も $f(x)$ の周期であることを示せ.

5. (定数) p を任意の正の数とすると, 関数 $f(x) = $ 一定 は周期 p の周期関数であることを示せ.

6. (尺度変換) $f(x)$ が周期 p の周期関数ならば, $f(ax)$ $(a \neq 0)$ は周期 p/a の周期関数であり, $f(x/b)$ $(b \neq 0)$ は周期 bp の周期関数であることを示せ. これらの結果を $f(x) = \cos x$ $(a = b = 2)$ について確かめよ.

周期 2π の周期関数のグラフ

関数 $f(x)$ は周期 2π の周期関数と仮定され, $-\pi < x < \pi$ では次式で与えられる. 関数 $f(x)$ を図示せよ.

7. $f(x) = x$ **8.** $f(x) = x^2$ **9.** $f(x) = |x|$

10. $f(x) = \pi - |x|$ **11.** $f(x) = |\sin x|$ **12.** $f(x) = e^{-|x|}$

13. $f(x) = \begin{cases} x & (-\pi \leqq x \leqq 0), \\ 0 & (0 \leqq x \leqq \pi) \end{cases}$ **14.** $f(x) = \begin{cases} 0 & (-\pi \leqq x \leqq 0), \\ x^2 & (0 \leqq x \leqq \pi) \end{cases}$

15. $f(x) = \begin{cases} -1 & (-\pi < x < 0), \\ 1 & (0 < x < \pi) \end{cases}$ **16.** $f(x) = \begin{cases} x & (-\pi < x < 0), \\ \pi - x & (0 < x < \pi) \end{cases}$

17. $f(x) = \begin{cases} 0 & (-\pi < x < 0), \\ e^{-x} & (0 < x < \pi) \end{cases}$ **18.** $f(x) = \begin{cases} x^2 & (-\pi < x < 0), \\ -x^2 & (0 < x < \pi) \end{cases}$

19. [CAS プロジェクト] 周期関数の図示　(a) $-\pi < x \leqq \pi$ で与えられる周期 2π の周期関数を図示するプログラムをかけ. このプログラムを使って, 問題 7–12 の周期関数 $f(x)$ を $-10\pi \leqq x \leqq 10\pi$ の範囲で図示せよ. また, 読者が適当な関数を考えて, それを図示せよ.

(b) 問題 13–18 では, 周期 2π の周期関数が 2 つの等長部分区間で与えられている. (a) のプログラムを, このような周期 2π の周期関数に適用せよ. 区間 $-10\pi \leqq x \leqq 10\pi$ の問題に (a) のプログラムを適用せよ.

20. [CAS プロジェクト] 3 角級数の部分和　(a) 3 角級数 (4) の部分和[4]を出力するプログラムをかけ. さらに, このプログラムを利用して, つぎの 3 つの級数の第 1 項～第 5 項までの部分和の表をつくれ.

---

[4] $a_0 + \sum_{n=1}^{N} (a_n \cos nx + b_n \sin nx)$. ただし, $N = 1, 2, 3, \cdots$.

$$\frac{1}{3}\pi^2 - 4\left(\cos x - \frac{1}{4}\cos 2x + \frac{1}{9}\cos 3x - \frac{1}{16}\cos 4x + -\cdots\right),$$

$$\frac{4}{\pi}\left(\sin x + \frac{1}{3}\sin 3x + \frac{1}{5}\sin 5x + \frac{1}{7}\sin 7x + \cdots\right),$$

$$2\left(\sin x - \frac{1}{2}\sin 2x + \frac{1}{3}\sin 3x - \frac{1}{4}\sin 4x + -\cdots\right).$$

(b)　(a) の 3 つの級数の部分和を図示せよ (同じ座標軸上に図示せよ). また, それぞれの級数はどのような周期関数を表すか推測せよ.

2.2　フーリエ級数

　与えられた周期関数 $f(x)$ を余弦関数と正弦関数で表すという実用上の問題でフーリエ級数が使われる. これらの級数は 3 角級数であり (1.1 節), これらの係数は "オイラーの公式" によって $f(x)$ を用いて決まる (以下の式 (6) 参照). オイラーの公式を本節の最初で導く. その後フーリエ級数理論について考える.

フーリエ係数に対するオイラーの公式

　周期 2π の周期関数 $f(x)$ が, つぎの 3 角級数で表されるとしよう.

$$f(x) = a_0 + \sum_{n=1}^{\infty}(a_n \cos nx + b_n \sin nx). \qquad (1)$$

この級数が収束して, その和が $f(x)$ になると仮定する. ここで $f(x)$ が与えられたとき, 式 (1) の係数 a_n, b_n を決めたい.

　定数項 a_0 の決定　　式 (1) の両辺を $-\pi$ から π まで積分すると,

$$\int_{-\pi}^{\pi} f(x)\,dx = \int_{-\pi}^{\pi}\left[a_0 + \sum_{n=1}^{\infty}(a_n \cos nx + b_n \sin nx)\right]dx$$

となる. 級数が項別に積分できるとすると[5],

$$\int_{-\pi}^{\pi} f(x)\,dx = a_0 \int_{-\pi}^{\pi} dx + \sum_{n=1}^{\infty}\left(a_n \int_{-\pi}^{\pi}\cos nx\,dx + b_n \int_{-\pi}^{\pi}\sin nx\,dx\right)$$

となる. 右辺の最初の項は $2\pi a_0$ に等しい. 右辺の残りの積分を実行してみると容易にわかるが, 残りの積分はすべて 0 である. したがって, まず

$$a_0 = \frac{1}{2\pi}\int_{-\pi}^{\pi} f(x)\,dx \qquad (2)$$

を得る.

---

[5]　たとえば, 一様収束のときにこれが許される (第 4 巻 3.5 節の定理 3).

余弦項の係数 a_n の決定　　同様に，m をある正の整数として，式 (1) に $\cos mx$ を掛けて，$-\pi$ から π まで積分すると，

$$\int_{-\pi}^{\pi} f(x) \cos mx \, dx$$
$$= \int_{-\pi}^{\pi} \left[a_0 + \sum_{n=1}^{\infty} (a_n \cos nx + b_n \sin nx) \right] \cos mx \, dx \qquad (3)$$

となる．右辺を項別に積分すると，

$$a_0 \int_{-\pi}^{\pi} \cos mx \, dx + \sum_{n=1}^{\infty} \left[a_n \int_{-\pi}^{\pi} \cos nx \, \cos mx \, dx + b_n \int_{-\pi}^{\pi} \sin nx \, \cos mx \, dx \right]$$

となる．最初の積分は 0 である．3 角関数の公式 (付録 A3.1 の式 (11)) から，

$$\int_{-\pi}^{\pi} \cos nx \, \cos mx \, dx = \frac{1}{2} \int_{-\pi}^{\pi} \cos(n+m)x \, dx + \frac{1}{2} \int_{-\pi}^{\pi} \cos(n-m)x \, dx,$$
$$\int_{-\pi}^{\pi} \sin nx \, \cos mx \, dx = \frac{1}{2} \int_{-\pi}^{\pi} \sin(n+m)x \, dx + \frac{1}{2} \int_{-\pi}^{\pi} \sin(n-m)x \, dx$$

となる．$n = m$ のとき第 1 行の右辺の最後の積分は π になるが，それ以外の右辺の 3 つの積分は 0 である．式 (3) では，この第 1 行の式に a_n が掛かっているので，式 (3) の右辺は $a_m \pi$ に等しい．したがって，

$$a_m = \frac{1}{\pi} \int_{-\pi}^{\pi} f(x) \cos mx \, dx \qquad (m = 1, 2, \cdots) \qquad (4)$$

となる．

正弦項の係数 b_n の決定　　最後に，m をある正の整数として，式 (1) に $\sin mx$ を掛けて，$-\pi$ から π まで積分すると，

$$\int_{-\pi}^{\pi} f(x) \sin mx \, dx$$
$$= \int_{-\pi}^{\pi} \left[a_0 + \sum_{n=1}^{\infty} (a_n \cos nx + b_n \sin nx) \right] \sin mx \, dx \qquad (5)$$

となる．右辺を項別に積分すると，

$$a_0 \int_{-\pi}^{\pi} \sin mx \, dx + \sum_{n=1}^{\infty} \left[a_n \int_{-\pi}^{\pi} \cos nx \, \sin mx \, dx + b_n \int_{-\pi}^{\pi} \sin nx \, \sin mx \, dx \right]$$

となる．最初の積分は 0 である．$\cos nx \sin mx$ を含む第 2 番目の積分は今までの型のもので，すべての $n = 1, 2, \cdots$ に対して 0 である．$\sin nx \sin mx$ を含む最後の積分は，

$$\int_{-\pi}^{\pi} \sin nx \, \sin mx \, dx = \frac{1}{2} \int_{-\pi}^{\pi} \cos(n-m)x \, dx - \frac{1}{2} \int_{-\pi}^{\pi} \cos(n+m)x \, dx$$

となる．右辺第2項の積分は0である．右辺第1項は$n \neq m$のとき0であるが，$n = m$のときπになる．式 (5) ではこの項にb_nが掛かっているので，式 (5) の右辺は$b_m \pi$に等しい．したがって，

$$b_m = \frac{1}{\pi} \int_{-\pi}^{\pi} f(x) \sin mx \, dx \qquad (m = 1, 2, \cdots)$$

となる．

計算のまとめ：フーリエ係数とフーリエ級数

式 (2), (4) とすぐ上の式でmをnでおきかえると，いわゆる**オイラー**[6)]の公式

$$a_0 = \frac{1}{2\pi} \int_{-\pi}^{\pi} f(x) \, dx, \qquad (6a)$$

$$a_n = \frac{1}{\pi} \int_{-\pi}^{\pi} f(x) \cos nx \, dx \qquad (n = 1, 2, \cdots), \qquad (6b)$$

$$b_n = \frac{1}{\pi} \int_{-\pi}^{\pi} f(x) \sin nx \, dx \qquad (n = 1, 2, \cdots) \qquad (6c)$$

を得る．式 (6) で与えられた値は，$f(x)$の**フーリエ係数**という．3角級数

$$a_0 + \sum_{n=1}^{\infty} (a_n \cos nx + b_n \sin nx) \qquad (7)$$

において，係数が式 (6) で与えられるものを$f(x)$の**フーリエ級数**という（級数の収束性についてはあとで述べる）．

例 1 方形波 図 2.3(a) の周期関数$f(x)$のフーリエ級数を求めよ．$f(x)$を式で表すと，

$$f(x) = \begin{cases} -k & (-\pi < x < 0), \\ k & (0 < x < \pi), \end{cases} \qquad f(x + 2\pi) = f(x)$$

---

6) Leonhard Euler (1707–1783) は，きわめて独創的なスイスの数学者．バーゼル大学でJohann Bernoulliのもとで勉強し，1727年にロシアの聖ペテルスブルグ大学の物理学の教授 (のちに数学の教授) となった．彼は1741年に学士院会員としてベルリンに移ったが，1766年にふたたび聖ペテルスブルグに戻った．彼はほとんどすべての数学の分野とその物理学への応用に寄与したが，それは1771年に全盲になってからも続いた．彼の基本的業績は，微分方程式，差分方程式，フーリエ級数やほかの無限級数，特殊関数，複素解析，変分法，力学，流体力学の分野にある．彼は解析学が急速に発展した時代の代表的人物である (彼の論文全集はすでに70巻に達している)．数学のこの発展は，フランスの偉大な数学者 Augustin–Louis Cauchy (1787–1857) が代表する時代に引き継がれた．Cauchyは近代数学者の父である．彼はおもにパリで研究と教育に従事した．複素解析の創始者であり，級数，常微分方程式，偏微分方程式の理論に大きな影響を与えた (これらの貢献のいくつかについては本書の参考文献を参照せよ)．また，弾性理論，光学の仕事でも知られている．彼は800編近い数学研究のレポートを出版していて，それらの多くは基本的な意味で重要である．

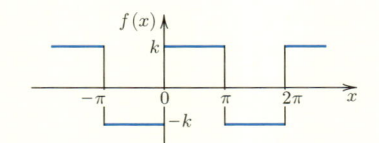

(a) 与えられた関数 $f(x)$ （周期的方形波）

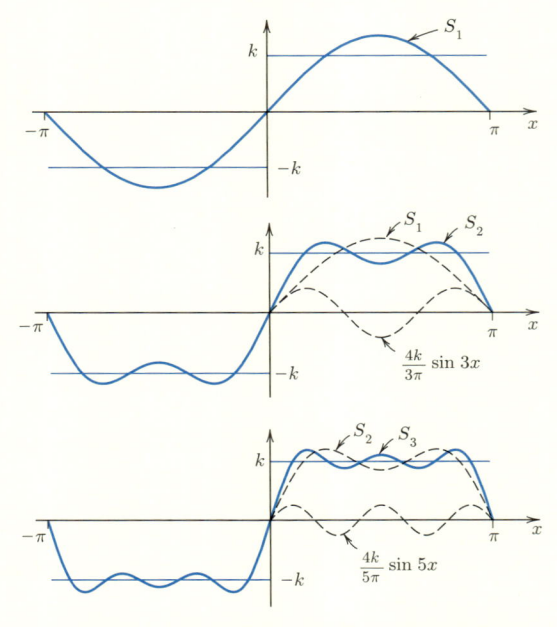

(b) (a)の $f(x)$ に対応するフーリエ級数の最初の 3 つの部分和

図 2.3　例 1

である．この形の関数は，力学系の外力や電気回路の起電力などとして現れる．（ある 1 点での $f(x)$ の値は積分に影響しないので，上の $f(x)$ の式で $x=0$ と $x=\pm\pi$ での $f(x)$ の値を定めなかった．）

［解］ 式 (6a) から $a_0 = 0$ である．$-\pi$ と π の間で曲線 $f(x)$ と x 軸の間の面積が 0 であるので，$a_0 = 0$ は積分をしなくてもわかる．式 (6b) から，

$$a_n = \frac{1}{\pi}\int_{-\pi}^{\pi} f(x)\cos nx\, dx = \frac{1}{\pi}\left[\int_{-\pi}^{0}(-k)\cos nx\, dx + \int_{0}^{\pi} k\cos nx\, dx\right]$$
$$= \frac{1}{\pi}\left[-k\frac{\sin nx}{n}\Big|_{-\pi}^{0} + k\frac{\sin nx}{n}\Big|_{0}^{\pi}\right] = 0$$

となる．上の計算では，すべての $n = 1, 2, \cdots$ に対して $\sin nx = 0$ ($x = -\pi,\ 0,\ \pi$) となることを用いた．同様に，式 (6c) から，

2.2 フーリエ級数

$$b_n = \frac{1}{\pi}\int_{-\pi}^{\pi} f(x)\sin nx\, dx = \frac{1}{\pi}\left[\int_{-\pi}^{0}(-k)\sin nx\, dx + \int_{0}^{\pi} k\sin nx\, dx\right]$$

$$= \frac{1}{\pi}\left[k\frac{\cos nx}{n}\bigg|_{-\pi}^{0} - k\frac{\cos nx}{n}\bigg|_{0}^{\pi}\right]$$

である．$\cos(-\alpha) = \cos\alpha$，$\cos 0 = 1$ であるので，上式から，

$$b_n = \frac{k}{n\pi}[\cos 0 - \cos(-n\pi) - \cos n\pi + \cos 0] = \frac{2k}{n\pi}(1 - \cos n\pi)$$

である．さて，$\cos\pi = -1$, $\cos 2\pi = 1$, $\cos 3\pi = -1$, $\cdots$ となり，一般に，

$$\cos n\pi = \begin{cases} -1 & (n\text{ が奇数}), \\ 1 & (n\text{ が偶数}). \end{cases}$$

したがって，

$$1 - \cos n\pi = \begin{cases} 2 & (n\text{ が奇数}), \\ 0 & (n\text{ が偶数}) \end{cases}$$

となる．したがって，問題の関数のフーリエ係数 b_n は，

$$b_1 = \frac{4k}{\pi},\ b_2 = 0,\ b_3 = \frac{4k}{3\pi},\ b_4 = 0,\ b_5 = \frac{4k}{5\pi},\ \cdots$$

となる．a_n が 0 であるので，フーリエ級数は，

$$\frac{4k}{\pi}\left(\sin x + \frac{1}{3}\sin 3x + \frac{1}{5}\sin 5x + \cdots\right) \tag{8}$$

となる．部分和は，

$$S_1 = \frac{4k}{\pi}\sin x,\ S_2 = \frac{4k}{\pi}\left(\sin x + \frac{1}{3}\sin 3x\right),\ \cdots$$

である．図 2.3 (b) にそのグラフを示したが，級数は収束して，和はもとの関数 $f(x)$ になるようにみえる．$x = 0$ と $x = \pi$ は $f(x)$ が不連続になる点であるが，その点ですべての部分和が 0 になる．0 は k と $-k$ の算術平均 (相加平均) である．

さらに，級数の和が $f(x)$ に等しいと仮定して，$x = \pi/2$ とすると，

$$f\left(\frac{\pi}{2}\right) = k = \frac{4k}{\pi}\left(1 - \frac{1}{3} + \frac{1}{5} - + \cdots\right)$$

となる．図 2.3 (a) から左辺は k であるので，

$$1 - \frac{1}{3} + \frac{1}{5} - \frac{1}{7} + - \cdots = \frac{\pi}{4}$$

となる．これがライプニッツが得た有名な結果である (1673 年頃に幾何学的考察から得た)．ある特定の点でフーリエ級数を計算すると，このように種々の (定数項) 級数の値が得られることがある．　◀

3角関数系の直交性

1.1 節の (3) の 3 角関数系

$$1,\ \cos x,\ \sin x,\ \cos 2x,\ \sin 2x,\ \cdots,\ \cos nx,\ \sin nx,\ \cdots$$

は，区間 $-\pi \leqq x \leqq \pi$ で**直交**する (したがって，周期性から長さ 2π の任意の区間で直交する)．関数系から任意の異なる 2 つの関数を選び，それらの積を $-\pi$ から π まで積分すると，定義により 0 になる．公式から任意の整数 m と $n(\neq m)$ に対して，

$$\int_{-\pi}^{\pi} \cos mx\ \cos nx\ dx = 0 \qquad (m \neq n),$$

$$\int_{-\pi}^{\pi} \sin mx\ \sin nx\ dx = 0 \qquad (m \neq n)$$

となる．任意の整数 m と n に対して ($m = n$ でもよい)，

$$\int_{-\pi}^{\pi} \cos mx\ \sin nx\ dx = 0$$

となる．これは，3 角関数系がもつもっとも重要な性質であり，オイラーの公式を導くときの鍵である (オイラーの公式の導出のとき，この直交性を証明した)．

フーリエ級数の収束性と和

本節では，フーリエ級数を実用上の観点から考察することにする．これらの級数の適用はかなり簡単であることがわかるであろう．これと対照的に，フーリエ級数の理論は複雑であるので，理論の詳細には立ち入らないことにする．しかし，フーリエ級数の収束性と和についての理論は述べる．なぜならば，ほとんどの応用で収束性と和については留意が必要であるからである．

$f(x)$ は周期 2π の任意の周期関数として，$f(x)$ の積分 (6) が存在するとする．たとえば，$f(x)$ は連続か区分的に連続な関数である (積分区間内で有限個の有限の跳びがあり，この跳びの点以外では連続である)．このとき，$f(x)$ のフーリエ係数 (6) が計算できて，これらの係数を使えば $f(x)$ のフーリエ級数をつくることができる．もし，こうして得られた級数が収束して，和が $f(x)$ になればよい．応用で現れるほとんどの関数では以上のことが成立する (ただし，$f(x)$ の不連続点は除く．不連続点については以下で議論する)．$f(x)$ のフーリエ級数が $f(x)$ を表すとき，等号を使って，

2.2 フーリエ級数

$$f(x) = a_0 + \sum_{n=1}^{\infty}(a_n \cos nx + b_0 \sin nx)$$

と書く．$f(x)$ のフーリエ級数が収束せず，和 $f(x)$ をもたないときにも，チルダ記号 $\sim$ を使って，

$$f(x) \sim a_0 + \sum_{n=1}^{\infty}(a_n \cos nx + b_n \sin nx)$$

と書くことにしよう．これは，右辺の3角級数が $f(x)$ のフーリエ係数を係数としてもつという意味で，$f(x)$ はフーリエ級数である．

フーリエ級数で表される関数の種類は驚くほど多く，かつ一般的である．つぎの定理は，周期関数がフーリエ級数で表されるための十分条件であるが，これは，工学上の応用として考えられるほとんどすべての場合に成立する．

定理 1（フーリエ級数による表現） 周期関数 $f(x)$ は周期 2π をもち，$-\pi \leqq x \leqq \pi$ の区間で区分的に連続[7]であるとする．また，その区間内の各点で左微分係数と右微分係数[8]をもつとする．このとき，フーリエ級数 (7)（係数は (6)）は収束して，級数の和は $f(x)$ になる．ただし，$f(x)$ が不連続である点 x_0 では，級数の和は左極限値と右極限値[8]の平均値に等しい．

---

[7] 1.1 節の定義.
[8] x が x_0 に左から接近するとき，$f(x)$ の極限値を**左極限値**といい，ふつう $f(x_0 - 0)$ と書く．したがって，

$$f(x_0 - 0) = \lim_{h \to 0} f(x_0 - h) \quad (h \text{ の正の値をとりながら } h \to 0 \text{ とするとき}).$$

右極限値は $f(x_0 + 0)$ と書き，

$$f(x_0 + 0) = \lim_{h \to 0} f(x_0 + h) \quad (h \text{ の正の値をとりながら } h \to 0 \text{ とするとき})$$

で定義される．x_0 での**左微分係数**と**右微分係数**は，それぞれつぎの関数の極限である．

$$\frac{f(x_0 - h) - f(x_0 - 0)}{-h}, \quad \frac{f(x_0 + h) - f(x_0 + 0)}{h}.$$

ただし，h が正の値をとりながら $h \to 0$ としたときの極限を意味する．もちろん，x_0 で $f(x)$ が連続のときは，上の2つの分子の2番目の項は等しく，$f(x_0 \pm 0) = f(x_0)$ である．

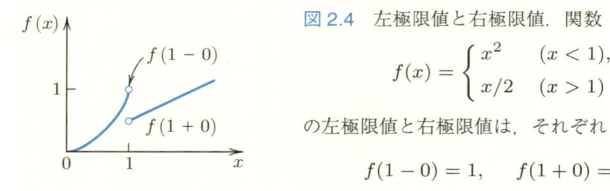

図 2.4　左極限値と右極限値．関数

$$f(x) = \begin{cases} x^2 & (x < 1), \\ x/2 & (x > 1) \end{cases}$$

の左極限値と右極限値は，それぞれ

$$f(1-0) = 1, \quad f(1+0) = \frac{1}{2}.$$

定理 1 の収束性の証明　1 階および 2 階導関数が連続である連続関数 $f(x)$ に対して，収束性を証明する．式 (6b) の右辺を部分積分すると，

$$a_n = \frac{1}{\pi}\int_{-\pi}^{\pi} f(x)\cos nx\, dx = \frac{f(x)\sin nx}{n\pi}\bigg|_{-\pi}^{\pi} - \frac{1}{n\pi}\int_{-\pi}^{\pi} f'(x)\sin nx\, dx$$

となる．右辺の第 1 項は 0 である．もう一度，部分積分すると，

$$a_n = \frac{f'(x)\cos nx}{n^2\pi}\bigg|_{-\pi}^{\pi} - \frac{1}{n^2\pi}\int_{-\pi}^{\pi} f''(x)\cos nx\, dx$$

となる．$f'(x)$ の周期性と連続性から右辺の第 1 項は 0 である．$f''(x)$ は積分区間で連続であるので，適当な定数 M に対して，

$$|f''(x)| < M$$

である．さらに，$|\cos nx| \leqq 1$ であるので，

$$|a_n| = \frac{1}{n^2\pi}\left|\int_{-\pi}^{\pi} f''(x)\cos nx\, dx\right| < \frac{1}{n^2\pi}\int_{-\pi}^{\pi} M\, dx = \frac{2M}{n^2}$$

となる．同様に，すべての n に対して $|b_n| < 2M/n^2$ となる．したがって，$f(x)$ のフーリエ級数の各項の絶対値は，つぎの級数の対応する各項より大きくはならない．

$$|a_0| + 2M\left(1 + 1 + \frac{1}{2^2} + \frac{1}{2^2} + \frac{1}{3^2} + \frac{1}{3^2} + \cdots\right).$$

この級数は収束する．したがって，フーリエ級数も収束する．これで証明が完了した．(もし読者がすでに一様収束について知っているならば，第 4 巻の 3.5 節のワイエルシュトラスの判定法によって，いまの仮定のもとでフーリエ級数は一様収束することがわかるであろう．また，項別に積分して係数 (6) を導くことは，第 4 巻 3.5 節の定理 3 で正当化される．)

区分的に連続な関数 $f(x)$ の場合の収束の証明，および定理 1 の仮定のもとで係数 (6) をもつフーリエ級数 (7) が $f(x)$ を表すことの証明はかなり複雑である (付録 1 の [C9] 参照)． ◀

例 2　定理 1 で示された不連続点での収束性　例 1 の方形波は $x = 0$ で跳びをもつ．その左極限値は $-k$ で，右極限値は k である (図 2.3)．したがって，これらの極限値の平均値は 0 である．方形波のフーリエ級数 (8) の各項は $x = 0$ で 0 であるので，(8) は収束する．同じことが他の跳びでも成立する．これは定理 1 と一致する． ◀

まとめ　周期 2π の関数 $f(x)$ のフーリエ級数は (7) の形であり，係数はオイラーの公式 (6) で与えられる．定理 1 は，この級数が収束する十分条件と，x の各点で値 $f(x)$ をとるための十分条件を与える．ただし，$f(x)$ の不連続点では，級数の値は $f(x)$ の左極限値と右極限値の相加平均に等しい．

2.2 フーリエ級数

❖❖❖❖❖❖ 問題 2.2 ❖❖❖❖❖

フーリエ級数

関数 $f(x)$ はつぎのように与えられていて，$f(x)$ は周期 2π をもつとする．$f(x)$ のフーリエ級数を求めて，最初の3つの部分和の正確なグラフを描け (計算の詳細も示せ).

1.

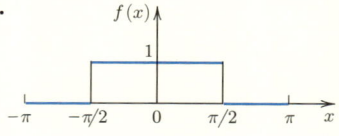

2.

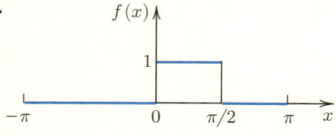

3.

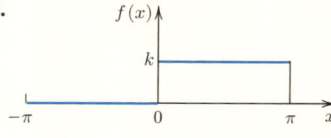

4.

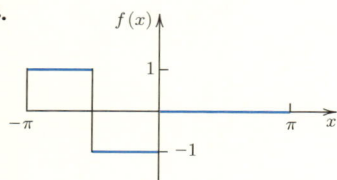

5. $f(x) = x \quad (-\pi < x < \pi)$

6. $f(x) = x \quad (0 < x < 2\pi)$

7. $f(x) = x^2 \quad (-\pi < x < \pi)$

8. $f(x) = x^2 \quad (0 < x < 2\pi)$

9. $f(x) = x^3 \quad (-\pi < x < \pi)$

10. $f(x) = x + |x| \quad (-\pi < x < \pi)$

11. $f(x) = \begin{cases} 1 & (-\pi < x < 0), \\ -1 & (0 < x < \pi) \end{cases}$

12. $f(x) = \begin{cases} -1 & (0 < x < \pi/2), \\ 0 & (\pi/2 < x < 2\pi) \end{cases}$

13. $f(x) = \begin{cases} 1 & (-\pi/2 < x < \pi/2), \\ -1 & (\pi/2 < x < 3\pi/2) \end{cases}$

14. $f(x) = \begin{cases} x & (-\pi/2 < x < \pi/2), \\ \pi - x & (\pi/2 < x < 3\pi/2) \end{cases}$

15. $f(x) = \begin{cases} x & (-\pi/2 < x < \pi/2), \\ 0 & (\pi/2 < x < 3\pi/2) \end{cases}$

16. $f(x) = \begin{cases} x^2 & (-\pi/2 < x < \pi/2), \\ \pi^2/4 & (\pi/2 < x < 3\pi/2) \end{cases}$

17. (**不連続性**) 問題1の関数に関して定理1の最後の(不連続点に関する)文章を確かめよ．

18. [**CAS**] **直交性** 例として $\sin 3x \sin 4x$ を $-a$ から a まで積分して，積分の結果を a の関数として図示せよ．$a = \pi$ のとき，$\sin 3x$ と $\sin 4x$ は直交することを示せ．

19. [**CAS プロジェクト**] **フーリエ級数** (a) フーリエ級数 (7) の任意の部分和を計算するプログラムをかけ．

(b) 問題 5, 11, 15 のフーリエ級数の第5項(値が0の項を除く)までの部分和の表をつくれ．つぎに，この3つの図を描け．精度について述べよ．

20. (**積分法の復習**) オイラーの公式に現れる積分，$x \sin nx$, $x^2 \cos nx$, $e^{-x} \sin nx$ などの定積分の計算法を復習せよ．

2.3　任意の周期 $p = 2L$ をもつ関数

　今までに扱った関数は，簡単のため周期 2π をもつとした．もちろん実際の応用問題では，周期関数は一般に異なる周期をもつ．しかし，周期 $p = 2\pi$ から周期 $p = 2L$[9]への移行は，非常に簡単であることを示そう．これは，座標軸の尺度の伸縮で解決できる．

　周期 $p = 2L$ の関数が**フーリエ級数**をもつならば，この級数は，

$$f(x) = a_0 + \sum_{n=1}^{\infty} \left(a_n \cos \frac{n\pi}{L} x + b_n \sin \frac{n\pi}{L} x \right) \tag{1}$$

となり，$f(x)$ のフーリエ級数はオイラーの公式

$$a_0 = \frac{1}{2L} \int_{-L}^{L} f(x)\, dx, \tag{2a}$$

$$a_n = \frac{1}{L} \int_{-L}^{L} f(x) \cos \frac{n\pi x}{L}\, dx \qquad (n = 1, 2, \cdots), \tag{2b}$$

$$b_n = \frac{1}{L} \int_{-L}^{L} f(x) \sin \frac{n\pi x}{L}\, dx \qquad (n = 1, 2, \cdots) \tag{2c}$$

で与えられることを示す．(式 (1) の級数が任意の係数をもつときは**3角級数**といい，2.2 節の定理 1 は任意の周期 p の場合に拡張される．)

　[証明]　式 (1) と式 (2) は，2.2 節の結果に座標変換 $v = \pi x/L$ を施して得られる．また，$x = \pm L$ は $v = \pm \pi$ に対応する．f を v の関数とみなして $g(v)$ とおけば，

$$f(x) = g(v)$$

は周期 2π をもつ．したがって，2.2 節の式 (7) と式 (6) で，x のかわりに v を用いると周期 2π の周期関数 $g(v)$ は，つぎのようなフーリエ級数をもつ．

$$g(v) = a_0 + \sum_{n=1}^{\infty} \left(a_n \cos nv + b_n \sin nv \right). \tag{3}$$

ただし，係数は，

$$a_0 = \frac{1}{2\pi} \int_{-\pi}^{\pi} g(v)\, dv, \tag{4a}$$

$$a_n = \frac{1}{\pi} \int_{-\pi}^{\pi} g(v) \cos nv\, dv, \tag{4b}$$

$$b_n = \frac{1}{\pi} \int_{-\pi}^{\pi} g(v) \sin nv\, dv \tag{4c}$$

---

[9]　L は振動する弦 (3.2 節) の長さであったり，熱伝導 (3.5 節) の棒の長さであったりするので，この書き方は便利である．

2.3 任意の周期 $p = 2L$ をもつ関数

で与えられる．$v = \pi x/L$ と $g(v) = f(x)$ であるので，式 (3) は式 (1) を与える．式 (4) の積分変数として $x = Lv/\pi$ を導入すると，積分の上下限 $v = \pm \pi$ は $x = \pm L$ となる．また，$v = \pi x/L$ から $dv = \pi dx/L$ となる．このようにして $dv/2\pi = dx/2L$ となる．同様に，a_n と b_n においても $dv/\pi = dx/L$ となる．したがって，式 (4) は式 (2) を与える．◀

積分区間　式 (2) の積分区間は長さ $p = 2L$ の任意の区間でおきかえられる．たとえば，区間 $0 \leqq x \leqq 2L$ で積分してもよい．

例 1　周期的方形波　つぎの関数 (図 2.5) のフーリエ級数を求めよ．

$$f(x) = \begin{cases} 0 & (-2 < x < -1), \\ k & (-1 < x < 1), \\ 0 & (1 < x < 2), \end{cases} \quad p = 2L = 4, \; L = 2.$$

［解］　式 (2a) と式 (2b) から，

$$a_0 = \frac{1}{4}\int_{-2}^{2} f(x)\,dx = \frac{1}{4}\int_{-1}^{1} k\,dx = \frac{k}{2},$$

$$a_n = \frac{1}{2}\int_{-2}^{2} f(x)\cos\frac{n\pi}{2}x\,dx = \frac{1}{2}\int_{-1}^{1} k\cos\frac{n\pi}{2}x\,dx = \frac{2k}{n\pi}\sin\frac{n\pi}{2}$$

となる．したがって，n が偶数のときは $a_n = 0$ である．また，

$$a_n = \frac{2k}{n\pi} \quad (n = 1, 5, 9, \cdots),$$

$$a_n = -\frac{2k}{n\pi} \quad (n = 3, 7, 11, \cdots)$$

である．式 (2c) から $n = 1, 2, 3, \cdots$ に対して $b_n = 0$ となる．したがって，結果は，

$$f(x) = \frac{k}{2} + \frac{2k}{\pi}\left(\cos\frac{\pi}{2}x - \frac{1}{3}\cos\frac{3\pi}{2}x + \frac{1}{5}\cos\frac{5\pi}{2}x - + \cdots\right)$$

である．2.2 節の式 (8) から上式が得られるかどうか考えよ．◀

例 2　半波整流器　正弦波電圧 $E\sin\omega t$ が半波整流器を通ると，波の負の部分が除去される (図 2.6)．ここで t は時間である．得られる周期関数

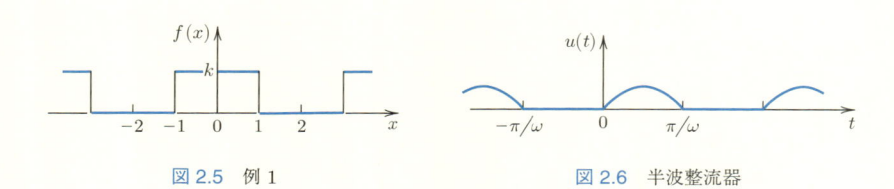

図 2.5　例 1

図 2.6　半波整流器

$$u(t) = \begin{cases} 0 & (-L < t < 0), \\ E\sin\omega t & (0 < t < L), \end{cases} \qquad p = 2L = \frac{2\pi}{\omega},\ L = \frac{\pi}{\omega}$$

のフーリエ級数を求めよ.

[解] $-L < t < 0$ で $u = 0$ であるので, 式 (2a) で x のかわりに t とすると,

$$a_0 = \frac{\omega}{2\pi}\int_0^{\pi/\omega} E\sin\omega t\, dt = \frac{E}{\pi}$$

となる式 (2b) を用いると,

$$a_n = \frac{\omega}{\pi}\int_0^{\pi/\omega} E\sin\omega t\, \cos n\omega t\, dt$$

$$= \frac{\omega E}{2\pi}\int_0^{\pi/\omega}[\sin(1+n)\omega t + \sin(1-n)\omega t]\, dt$$

となる. ただし, 右辺を得るために 3 角関数の積を和に書きかえる公式を用いた. $n=1$ のとき, 右辺の積分は 0 で, $n=2,3,\cdots$ のとき

$$a_n = \frac{\omega E}{2\pi}\left[-\frac{\cos(1+n)\omega t}{(1+n)\omega} - \frac{\cos(1-n)\omega t}{(1-n)\omega}\right]_0^{\pi/\omega}$$

$$= \frac{E}{2\pi}\left[\frac{-\cos(1+n)\pi + 1}{1+n} + \frac{-\cos(1-n)\pi + 1}{1-n}\right]$$

となる. n が奇数のとき, 上式は 0 で, n が偶数のとき

$$a_n = \frac{E}{2\pi}\left(\frac{2}{1+n} + \frac{2}{1-n}\right) = -\frac{2E}{(n-1)(n+1)\pi} \qquad (n=2,4,\cdots)$$

となる. 同様に, 式 (2c) から $b_1 = E/2$ となる. $n=2,3,\cdots$ に対しては, $b_n = 0$ となる. したがって,

$$u(t) = \frac{E}{\pi} + \frac{E}{2}\sin\omega t - \frac{2E}{\pi}\left(\frac{1}{1\cdot 3}\cos 2\omega t + \frac{1}{3\cdot 5}\cos 4\omega t + \cdots\right)$$

となる. ◀

❖❖❖❖❖ 問題 2.3 ❖❖❖❖❖

周期 $p = 2L$ のときのフーリエ級数

周期 $p = 2L$ の周期関数のフーリエ級数を求めて, $f(x)$ と第 3 項までの部分和を図示せよ. (計算の詳細も示せ.)
1. $f(x) = -1\ (-1 < x < 0),\quad f(x) = 1\ (0 < x < 1),\quad p = 2L = 2$
2. $f(x) = 1\ (-1 < x < 0),\quad f(x) = -1\ (0 < x < 1),\quad p = 2L = 2$
3. $f(x) = 0\ (-2 < x < 0),\quad f(x) = 2\ (0 < x < 2),\quad p = 2L = 4$
4. $f(x) = |x|\ (-2 < x < 2),\quad p = 2L = 4$
5. $f(x) = 2x\ (-1 < x < 1),\quad p = 2L = 2$
6. $f(x) = 1 - x^2\ (-1 < x < 1),\quad p = 2L = 2$
7. $f(x) = 3x^2\ (-1 < x < 1),\quad p = 2L = 2$

8. $f(x) = \frac{1}{2} + x \quad (-\frac{1}{2} < x < 0), \quad f(x) = \frac{1}{2} - x \quad (0 < x < \frac{1}{2}), \quad p = 2L = 1$

9. $f(x) = 0 \quad (-1 < x < 0), \quad f(x) = x \quad (0 < x < 1), \quad p = 2L = 2$

10. $f(x) = x \quad (0 < x < 1), \quad f(x) = 1 - x \quad (1 < x < 2), \quad p = 2L = 2$

11. $f(x) = \pi \sin \pi x \quad (0 < x < 1), \quad p = 2L = 1$

12. $f(x) = \pi x^3 / 2 \quad (-1 < x < 1), \quad p = 2L = 2$

13. (**周期性**) 式 (1) の各項は,周期 $p = 2L$ をもつことを示せ.

14. (**整流器**) 電圧 $v(t) = V_0 \cos 100\pi t$ を半波整流器に通して得られる周期関数のフーリエ級数を求めよ.

15. (**変換**) 2.2 節の例 1 のフーリエ級数から,問題 1 のフーリエ級数を求めよ.

16. (**変換**) 2.2 節の問題 7 のフーリエ級数から,問題 7 のフーリエ級数を求めよ.

17. (**変換**) 2.2 節の例 1 のフーリエ級数から,問題 3 のフーリエ級数を求めよ.

18. (**積分区間**) 式 (2) の積分区間は,長さ $p = 2L$ の任意の区間でおきかえられることを示せ.

19. [**CAS プロジェクト**] **周期 $2L$ の周期関数のフーリエ級数** (a) フーリエ級数 (1) の任意の部分和を得るためのプログラムをかけ.

(b) このプログラムを問題 5–7 に適用し,3 つの級数の最初のいくつかの部分和を同一の座標軸に図示せよ.部分和がもとの関数とよく一致するまで,たとえば第 5 項まで,またはそれ以上の部分和を選べ.

20. [**CAS プロジェクト**] **ギブスの現象** フーリエ級数の部分和 $s_n(x)$ は不連続点付近で振動する.n が増えてもこの振動は消えず,かわりに鋭いスパイクになる.これらはギブス[10]により数学的に説明されている.問題 5 の $s_n(x)$ を図示せよ.たとえば,$n = 20$ のときにはこの種の振動がかなりはっきり観測される.ほかのフーリエ級数から適当に 2 つだけ選んで同様に考察せよ.

2.4 偶関数および奇関数,半区間展開

前節の例 1 の関数は偶関数であり,フーリエ級数は余弦項だけをもち,正弦項は存在しない.これが偶関数の典型である.

偶関数と奇関数

関数 $y = g(x)$ がすべての x に対して,

$$g(-x) = g(x)$$

を満たすとき,$g(x)$ を**偶関数**という.そのグラフは y 軸について対称である

---

[10] Josiah Willard Gibbs (1839–1903), アメリカの数学者.1871 年からエール大学の数理物理学の教授であった.ベクトル解析の創始者の 1 人である (もう 1 人は O. Heaviside である (1.1 節)).また,彼は数理熱力学,統計力学の創始者でもある.彼の仕事は,数理物理学の発展においてきわめて重要である.

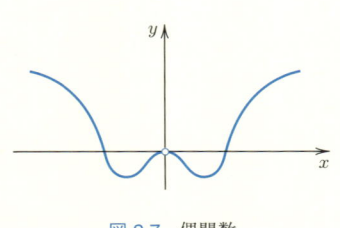

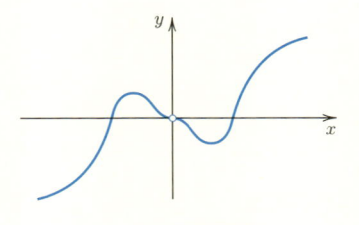

図 2.7 偶関数　　　　　　図 2.8 奇関数

(図 2.7). 関数 $y = h(x)$ がすべての x に対して,
$$h(-x) = -h(x)$$
を満たすとき, $h(x)$ を**奇関数**という (図 2.8). 関数 $\cos nx$ は偶関数であるが, 関数 $\sin nx$ は奇関数である.

偶関数と奇関数に関する 3 つの基本的命題

1. $g(x)$ が偶関数ならば,
$$\int_{-L}^{L} g(x)\,dx = 2\int_{0}^{L} g(x)\,dx \qquad (g \text{ は偶関数}) \tag{1}$$
である.

2. $h(x)$ が奇関数ならば,
$$\int_{-L}^{L} h(x)\,dx = 0 \qquad (h \text{ は奇関数}) \tag{2}$$
である.

3. 偶関数と奇関数の積は, 奇関数である.

［証明］　式 (1), (2) は, g と h のグラフから明らかである. (正式に証明してみよ.) 偶関数 g と奇関数 h の積 $q = gh$ は奇関数である. なぜならば,
$$q(-x) = g(-x)h(-x) = g(x)(-h(x)) = -g(x)h(x) = -q(x)$$
であるからである.　　　　　　　　　　　　　　　　　　　　　　　　　　◀

したがって, $f(x)$ が偶関数のとき, 2.3 節の式 (2c) の被積分関数 $f(x)\sin(n\pi x/L)$ は奇関数であり, $b_n = 0$ となる. 同様に, $f(x)$ が奇関数のとき, 2.3 節の式 (2b) の $f(x)\cos(n\pi x/L)$ は奇関数であり, $a_n = 0$ である. また, 式 (2a) から $a_0 = 0$ となる. これと式 (1) からつぎの定理を得る.

定理 1　(**フーリエ余弦級数, フーリエ正弦級数**)　周期 $2L$ の偶関数のフーリエ級数は**フーリエ余弦級数**である. すなわち,

2.4 偶関数および奇関数，半区間展開

$$f(x) = a_0 + \sum_{n=1}^{\infty} a_n \cos \frac{n\pi}{L} x \qquad (f \text{ は偶関数}) \qquad (3)$$

となり，係数は，

$$a_0 = \frac{1}{L}\int_0^L f(x)\,dx, \quad a_n = \frac{2}{L}\int_0^L f(x)\cos\frac{n\pi}{L}x\,dx \quad (n=1,2,\cdots) \qquad (4)$$

で与えられる．周期 $2L$ の奇関数のフーリエ級数は**フーリエ正弦級数**である．すなわち，

$$f(x) = \sum_{n=1}^{\infty} b_n \sin \frac{n\pi}{L} x \qquad (f \text{ は奇関数}) \qquad (5)$$

となり，係数は，

$$b_n = \frac{2}{L}\int_0^L f(x)\sin\frac{n\pi}{L}x\,dx \qquad (6)$$

で与えられる．

周期 2π のとき この場合偶関数に対して，定理 1 は単に，

$$f(x) = a_0 + \sum_{n=1}^{\infty} a_n \cos nx \qquad (f \text{ は偶関数}). \qquad (3^*)$$

ただし，係数は，

$$a_0 = \frac{1}{\pi}\int_0^\pi f(x)\,dx, \quad a_n = \frac{2}{\pi}\int_0^\pi f(x)\cos nx\,dx \quad (n=1,2,\cdots) \qquad (4^*)$$

で与えられる．同様に，周期 2π の奇関数に対しては，

$$f(x) = \sum_{n=1}^{\infty} b_n \sin nx \qquad (f \text{ は奇関数}). \qquad (5^*)$$

ただし，係数は，

$$b_n = \frac{2}{\pi}\int_0^\pi f(x)\sin nx\,dx \quad (n=1,2,\cdots) \qquad (6^*)$$

で与えられる．

たとえば，2.2 節の例 1 の $f(x)$ は奇関数であるので，フーリエ正弦級数で表せる．

つぎの定理を使うと計算がさらに簡単になる．

定理 2（関数の和） 和 $f_1 + f_2$ のフーリエ係数は，f_1 と f_2 のフーリエ係数の和である．

cf のフーリエ係数は，f のフーリエ係数の c 倍である．

例 1　方形パルス　図 2.9 の関数 $f^*(x)$ は，2.2 節の例 1 の関数 $f(x)$ と定数 k の和である．したがって，2.2 節の例 1 と定理 2 から，

$$f^*(x) = k + \frac{4k}{\pi}\left(\sin x + \frac{1}{3}\sin 3x + \frac{1}{5}\sin 5x + \cdots\right)$$

となる．　◀

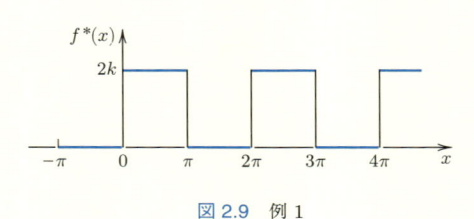

図 2.9　例 1

例 2　鋸歯状波　つぎの関数 (図 2.10(a)) のフーリエ級数を求めよ．

$$f(x) = x + \pi \quad (-\pi < x < \pi), \quad f(x+2\pi) = f(x).$$

[解]　つぎのように書ける．

$$f = f_1 + f_2 \quad (\text{ただし } f_1 = x, \ f_2 = \pi)$$

f_2 のフーリエ級数は，最初の項が π で，それ以外は 0 である．したがって，定理 2 から f のフーリエ係数 a_n, b_n は，$a_0 = \pi$ 以外は，f_1 のフーリエ係数と一致する．f_1 は奇関数であるので $a_n = 0\ (n=1,2,\cdots)$ である．また，

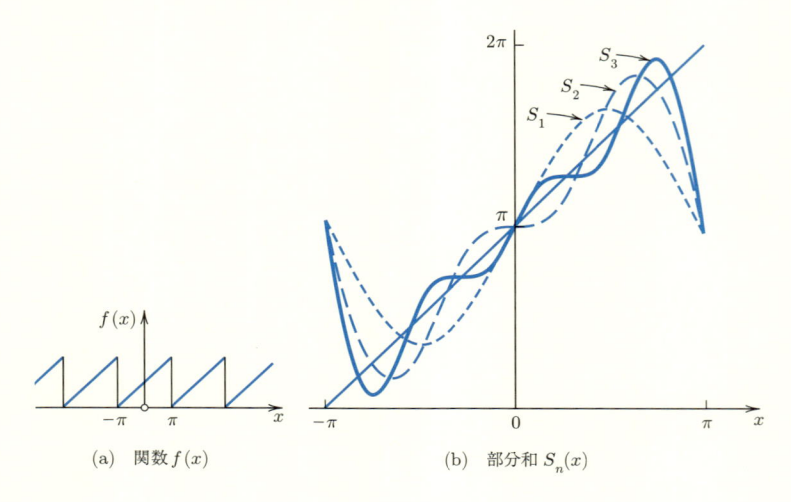

(a)　関数 $f(x)$　　(b)　部分和 $S_n(x)$

図 2.10　例 2

2.4 偶関数および奇関数，半区間展開

$$b_n = \frac{2}{\pi}\int_0^\pi f_1(x)\sin nx\,dx = \frac{2}{\pi}\int_0^\pi x\sin nx\,dx$$

である．部分積分を行うと，

$$b_n = \frac{2}{\pi}\left[\left.\frac{-x\cos nx}{n}\right|_0^\pi + \frac{1}{n}\int_0^\pi \cos nx\,dx\right] = -\frac{2}{n}\cos n\pi$$

となる．したがって，$b_1 = 2,\ b_2 = -\frac{2}{2} = -1,\ b_3 = \frac{2}{3},\ b_4 = -\frac{2}{4} = -\frac{1}{2},\ \cdots$ となり，$f(x)$ のフーリエ級数は，

$$f(x) = \pi + 2\left(\sin x - \frac{1}{2}\sin 2x + \frac{1}{3}\sin 3x - + \cdots\right)$$

である． ◀

半区間展開

ここでは，実用上有用で簡単な考え方を述べる．たとえば，図 2.11(a) のように，ある区間 $0 \leqq x \leqq L$ だけで与えられている関数 f に対して，フーリエ級数を求めたいことがある．この関数 f は，変位前では長さ L であるバイオリンの弦の変位や，長さ L の金属棒中の温度などである（これらのことは，3.3 節と 3.5 節で述べる）．さて，要点となる考え方は以下のようである．関数 f に対して，定理 1 の式 (4) と式 (6) からフーリエ係数を計算できる．このとき，つぎの

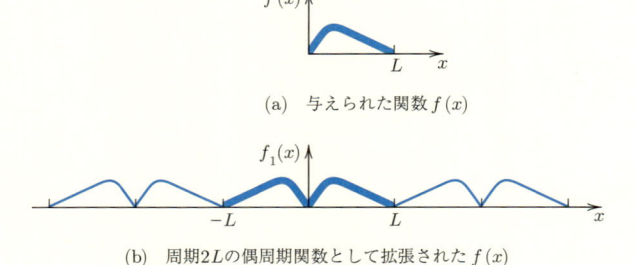

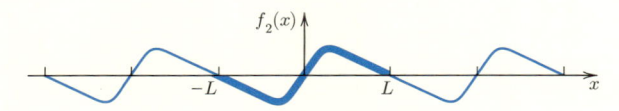

(a) 与えられた関数 $f(x)$

(b) 周期 $2L$ の偶周期関数として拡張された $f(x)$

(c) 周期 $2L$ の奇周期関数として拡張された $f(x)$

図 2.11 (a) 区間 $0 \leqq x \leqq L$ で与えられた関数 $f(x)$
(b) $-L \leqq x \leqq L$（太線）への偶関数的拡張と x 軸上で周期 $2L$ の周期的拡張
(c) $-L \leqq x \leqq L$（太線）への奇関数的拡張と x 軸上で周期 $2L$ の周期的拡張

ように選択ができる．もし式 (4) を使うと，フーリエ余弦級数 (3) が得られる．この級数は，図 2.11(b) の f の**偶周期的展開** f_1 を表す．応用上で，もし式 (6) を使うのがよいと考えるならば，フーリエ正弦級数 (5) が得られる．この級数は，図 2.11(c) の f の**奇周期的展開** f_2 を表す．上の両方の展開は周期 $2L$ をもつ．このことから，半区間展開という名前がついた．f は (物理的興味から) 半区間だけで与えられたが，これは長さ $2L$ の周期区間の半分である．つぎの例を使って，これらの考え方を説明しよう．つぎの例は 3 章でも使うことになる．

例 3　3 角パルスとその半区間展開　つぎの関数 (図 2.12) の偶周期展開と奇周期展開を求めよ．

$$f(x) = \begin{cases} \dfrac{2k}{L}x & \left(0 < x < \dfrac{L}{2}\right), \\ \dfrac{2k}{L}(L-x) & \left(\dfrac{L}{2} < x < L\right). \end{cases}$$

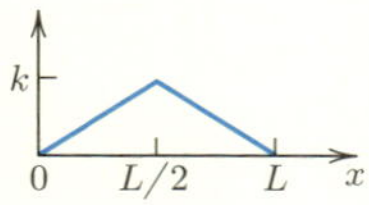

図 2.12　例 3 の関数

[解]　偶周期的拡張　式 (4) から，

$$a_0 = \frac{1}{L}\left[\frac{2k}{L}\int_0^{L/2} x\,dx + \frac{2k}{L}\int_{L/2}^{L}(L-x)\,dx\right] = \frac{k}{2},$$

$$a_n = \frac{2}{L}\left[\frac{2k}{L}\int_0^{L/2} x\cos\frac{n\pi}{L}x\,dx + \frac{2k}{L}\int_{L/2}^{L}(L-x)\cos\frac{n\pi}{L}x\,dx\right]$$

となる．a_n の最初の積分を部分積分で行うと，

$$\int_0^{L/2} x\cos\frac{n\pi}{L}x\,dx = \frac{Lx}{n\pi}\sin\frac{n\pi}{L}x\bigg|_0^{L/2} - \frac{L}{n\pi}\int_0^{L/2}\sin\frac{n\pi}{L}x\,dx$$

$$= \frac{L^2}{2n\pi}\sin\frac{n\pi}{2} + \frac{L^2}{n^2\pi^2}\left(\cos\frac{n\pi}{2} - 1\right)$$

となる．同様に，a_n の 2 番目の積分は，

$$\int_{L/2}^{L}(L-x)\cos\frac{n\pi}{L}x\,dx = \frac{L}{n\pi}(L-x)\sin\frac{n\pi}{L}x\bigg|_{L/2}^{L} + \frac{L}{n\pi}\int_{L/2}^{L}\sin\frac{n\pi}{L}x\,dx$$

$$= 0 - \frac{L}{n\pi}\left(L - \frac{L}{2}\right)\sin\frac{n\pi}{2} - \frac{L^2}{n^2\pi^2}\left(\cos n\pi - \cos\frac{n\pi}{2}\right)$$

となる．これら 2 つの積分結果を a_n の式に代入する．正弦項は相殺して 0 になり，残りの項で分母と分子の L^2 は相殺して消える．こうして，

$$a_n = \frac{4k}{n^2\pi^2}\left(2\cos\frac{n\pi}{2} - \cos n\pi - 1\right)$$

となる．したがって，

$$a_2 = -\frac{16k}{2^2\pi^2},\ a_6 = -\frac{16k}{6^2\pi^2},\ a_{10} = -\frac{16k}{10^2\pi^2},\ \cdots$$

となる．そして，$n \neq 2,\ 6,\ 10,\ 14$ のとき $a_n = 0$ となる．したがって，図 2.12 の $f(x)$

2.4 偶関数および奇関数，半区間展開

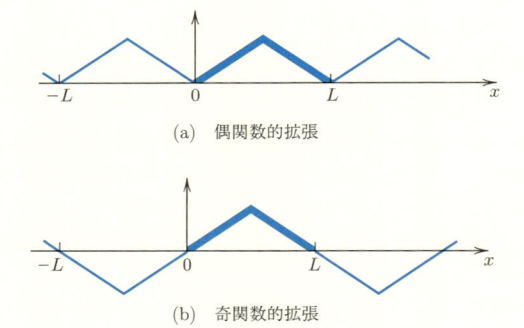

図 2.13 例 3 の $f(x)$ の周期関数的拡張

(a) 偶関数的拡張

(b) 奇関数的拡張

を周期 $2L$ の偶関数としたとき，偶関数展開は，

$$f(x) = \frac{k}{2} - \frac{16k}{\pi^2}\left(\frac{1}{2^2}\cos\frac{2\pi}{L}x + \frac{1}{6^2}\cos\frac{6\pi}{L}x + \cdots\right)$$

となる．このフーリエ余弦級数は，図 2.13(a) で示された周期 $2L$ の偶関数 $f(x)$ の展開を表す．

奇周期的拡張 同様に，式 (6) から，

$$b_n = \frac{8k}{n^2\pi^2}\sin\frac{n\pi}{2} \tag{7}$$

となる．したがって，$f(x)$ の奇周期半区間展開は，

$$f(x) = \frac{8k}{\pi^2}\left(\frac{1}{1^2}\sin\frac{\pi}{L}x - \frac{1}{3^2}\sin\frac{3\pi}{L}x + \frac{1}{5^2}\sin\frac{5\pi}{L}x - + \cdots\right)$$

となる．このフーリエ正弦級数は，図 2.13(b) で示された周期 $2L$ の奇関数 $f(x)$ の展開を表す．

これらの結果の基本的な応用は，3.3 節と 3.5 節で示される． ◀

❖❖❖❖❖ **問題 2.4** ❖❖❖❖❖

偶関数および奇関数

つぎの関数は偶関数か奇関数か，それともどちらでもないか．
1. $|x^3|$, $x\cos nx$, $x^2\cos nx$, $\cosh x$, $\sinh x$, $\sin x + \cos x$, $x|x|$
2. $x + x^2$, $|x|$, e^x, e^{x^2}, $\sin^2 x$, $x\sin x$, $\ln x$, $x\cos x$, $e^{-|x|}$

つぎの $f(x)$ は，周期 2π の周期関数と仮定する．つぎの関数は偶関数か奇関数か，それともどちらでもないか．

3. $f(x) = x^2 \quad (0 < x < 2\pi)$
4. $f(x) = x^4 \quad (0 < x < 2\pi)$
5. $f(x) = e^{-|x|} \quad (-\pi < x < \pi)$
6. $f(x) = |\sin 5x| \quad (-\pi < x < \pi)$

7. $f(x) = \begin{cases} 0 & (2 < x < 2\pi - 2), \\ x & (-2 < x < 2) \end{cases}$
8. $f(x) = \begin{cases} \cos^2 x & (-\pi < x < 0), \\ \sin^2 x & (0 < x < \pi) \end{cases}$
9. $f(x) = x^3 \quad (-\pi/2 < x < 3\pi/2)$

10. ［プロジェクト］ **偶関数と奇関数** (a) つぎの関数は偶関数か奇関数か．2つの偶関数の和と積，2つの奇関数の和と積，奇関数を偶数回掛けた積，奇関数の絶対値，$f(x)$ が任意のときの $f(x) + f(-x)$ と $f(x) - f(-x)$．

(b) e^{kx}, $1/(1-x)$, $\sin(x+k), \cosh(x+k)$ を偶関数と奇関数の和で書け．
(c) 偶関数でもあり奇関数でもあるすべての関数を書け．
(d) $\cos^3 x$ は偶関数か奇関数か．$\sin^3 x$ はどうか．これら2つの関数のフーリエ級数を求めよ．これらフーリエ級数を直接与えるよく知られた公式を述べよ．

偶関数および奇関数のフーリエ級数

以下で与えられた関数は偶関数か奇関数かを述べよ．また，それらのフーリエ級数を求めよ．さらに，$f(x)$ といくつかの部分和を図示せよ．(計算の詳細も示せ．)

11. $f(x) = \begin{cases} k & (-\pi/2 < x < \pi/2), \\ 0 & (\pi/2 < x < 3\pi/2) \end{cases}$
12. $f(x) = \begin{cases} -2x & (-\pi < x < 0), \\ 2x & (0 < x < \pi) \end{cases}$
13. $f(x) = \begin{cases} x & (-\pi/2 < x < \pi/2), \\ \pi - x & (\pi/2 < x < 3\pi/2) \end{cases}$
14. $f(x) = \begin{cases} x & (0 < x < \pi), \\ \pi - x & (\pi < x < 2\pi) \end{cases}$
15. $f(x) = x^2/2 \quad (-\pi < x < \pi)$
16. $f(x) = 3x(\pi^2 - x^2) \quad (-\pi < x < \pi)$

次式を示せ．

17. $1 - \dfrac{1}{3} + \dfrac{1}{5} - \dfrac{1}{7} + - \cdots = \dfrac{\pi}{4}$ （問題 11 を利用せよ）

18. $1 + \dfrac{1}{4} + \dfrac{1}{9} + \dfrac{1}{16} + \dfrac{1}{25} + \cdots = \dfrac{\pi^2}{6}$ （問題 15 を利用せよ）

19. $1 - \dfrac{1}{4} + \dfrac{1}{9} - \dfrac{1}{16} + - \cdots = \dfrac{\pi^2}{12}$ （問題 15 を利用せよ）

半区間展開

以下の関数のフーリエ余弦級数とフーリエ正弦級数を求めよ．$f(x)$ とその2つの周期的拡張を図示せよ．(詳細も示せ．)

20. $f(x) = 1 \quad (0 < x < L)$
21. $f(x) = x \quad (0 < x < L)$
22. $f(x) = x^2 \quad (0 < x < L)$
23. $f(x) = \pi - x \quad (0 < x < \pi)$
24. $f(x) = x^3 \quad (0 < x < L)$
25. $f(x) = e^x \quad (0 < x < L)$

2.5 複素フーリエ級数 ［選択］

本節でフーリエ級数

$$f(x) = a_0 + \sum_{n=1}^{\infty}(a_n \cos nx + b_n \sin nx) \qquad (1)$$

2.5 複素フーリエ級数 [選択]

は複素形式で書けることを示す．複素形式は計算を簡単にすることもある (以下の例 1 を参照)．本節ではオイラーの公式

$$e^{ix} = \cos x + i \sin x$$

を使う．このオイラーの公式で x のかわりに nx とすると,

$$e^{inx} = \cos nx + i \sin nx, \tag{2}$$

$$e^{-inx} = \cos nx - i \sin nx \tag{3}$$

となる．式 (2) と式 (3) を加えて，2 で割ると，

$$\cos nx = \frac{1}{2}(e^{inx} + e^{-inx}) \tag{4}$$

となる．式 (2) から式 (3) を引いて，$2i$ で割ると，

$$\sin nx = \frac{1}{2i}(e^{inx} - e^{-inx}) \tag{5}$$

となる．$1/i = -i$ を使うと，式 (1) の括弧の中の式は,

$$a_n \cos nx + b_n \sin nx = \frac{1}{2}a_n(e^{inx} + e^{-inx}) + \frac{1}{2i}b_n(e^{inx} - e^{-inx})$$

$$= \frac{1}{2}(a_n - ib_n)e^{inx} + \frac{1}{2}(a_n + ib_n)e^{-inx}$$

となる．これを式 (1) に代入して，$a_0 = c_0$, $(a_n - ib_n)/2 = c_n$, $(a_n + ib_n)/2 = k_n$ とすると，式 (1) は,

$$f(x) = c_0 + \sum_{n=1}^{\infty}(c_n e^{inx} + k_n e^{-inx}) \tag{6}$$

となる．係数 $c_1, c_2, \cdots$ と $k_1, k_2, \cdots$ に対して，式 (2), (3) と 2.2 節のオイラーの公式から,

$$c_n = \frac{1}{2}(a_n - ib_n) = \frac{1}{2\pi}\int_{-\pi}^{\pi} f(x)(\cos nx - i \sin nx)\,dx$$

$$= \frac{1}{2\pi}\int_{-\pi}^{\pi} f(x)e^{-inx}dx, \tag{7a}$$

$$k_n = \frac{1}{2}(a_n + ib_n) = \frac{1}{2\pi}\int_{-\pi}^{\pi} f(x)(\cos nx + i \sin nx)\,dx$$

$$= \frac{1}{2\pi}\int_{-\pi}^{\pi} f(x)e^{inx}dx \tag{7b}$$

が得られる．$k_n = c_{-n}$ と書くと，式 (7a) と式 (7b) を 1 つにまとめることができる．式 (6), (7) と 2.2 節の式 (6a) から,

$$f(x) = \sum_{n=-\infty}^{\infty} c_n e^{inx},$$
$$c_n = \frac{1}{2\pi} \int_{-\pi}^{\pi} f(x) e^{-inx} dx.$$
(8)

ただし，$n = 0, \pm 1, \pm 2, \cdots$ である．これがいわゆる**フーリエ級数の複素形式**である．簡単にいうと，$f(x)$ の**複素フーリエ級数**である．c_n は $f(x)$ の**複素フーリエ係数**という．

上の理論から周期 $2L$ の関数に対して，**複素フーリエ級数**

$$f(x) = \sum_{n=-\infty}^{\infty} c_n e^{in\pi x/L},$$
$$c_n = \frac{1}{2L} \int_{-L}^{L} f(x) e^{-in\pi x/L} dx$$
(9)

が得られる．

例 1 複素フーリエ級数 $f(x) = e^x \ (-\pi < x < \pi)$，$f(x + 2\pi) = f(x)$ である関数 $f(x)$ の複素フーリエ級数を求めよ．そして，複素フーリエ級数から普通のフーリエ級数を求めよ．

[解] 整数 n に対して，$\sin n\pi = 0$ であるので，
$$e^{\pm in\pi} = \cos n\pi \pm i \sin n\pi = \cos n\pi = (-1)^n$$
となる．この式と式 (8) の積分から，
$$c_n = \frac{1}{2\pi} \int_{-\pi}^{\pi} e^x e^{-inx} dx = \frac{1}{2\pi} \frac{1}{1-in} e^{x-inx} \Big|_{x=-\pi}^{\pi}$$
$$= \frac{1}{2\pi} \frac{1}{1-in} (e^{\pi} - e^{-\pi})(-1)^n$$
となる．最後の辺で，
$$\frac{1}{1-in} = \frac{1+in}{(1-in)(1+in)} = \frac{1+in}{1+n^2}, \quad e^{\pi} - e^{-\pi} = 2\sinh \pi$$
である．したがって，複素フーリエ級数は，
$$e^x = \frac{\sinh \pi}{\pi} \sum_{n=-\infty}^{\infty} (-1)^n \frac{1+in}{1+n^2} e^{inx} \quad (-\pi < x < \pi) \tag{10}$$
となる．

上式から実フーリエ級数を導くことにしよう．式 (2) と $i^2 = -1$ を使うと，式 (10) の中の一部は，
$$(1+in)e^{inx} = (1+in)(\cos nx + i \sin nx)$$
$$= (\cos nx - n \sin nx) + i(n \cos nx + \sin nx)$$
となる．さて，式 (10) には n の項のほかに $-n$ の項も現れる．$\cos(-nx) = \cos nx$，$\sin(-nx) = -\sin nx$ であるので，上式で $n = -n$ とすると，

2.5 複素フーリエ級数 ［選択］

$$(1+in)e^{-inx} = (1-in)(\cos nx - i\sin nx)$$
$$= (\cos nx - n\sin nx) - i(n\cos nx + \sin nx)$$

となる．上の n と $-n$ の 2 つの式を加えると虚部は相殺される．したがって，和は，

$$2(\cos nx - n\sin nx) \qquad (n=1,2,\cdots)$$

となる．$n=0$ のときは項が 1 つしかないので，値は 1 になる (2 ではない)．したがって，実フーリエ級数は，

$$e^x = \frac{2\sinh\pi}{\pi}\left[\frac{1}{2} - \frac{1}{1+1^2}(\cos x - \sin x) + \frac{1}{1+2^2}(\cos 2x - 2\sin 2x) - + \cdots\right] \tag{11}$$

となる．ただし，$-\pi < x < \pi$ である．◀

❖❖❖❖❖❖ 問題 2.5 ❖❖❖❖❖❖

1. (**計算法の復習**) 複素数について復習せよ．

複素フーリエ級数 つぎの周期 2π の周期関数の複素フーリエ級数を求めよ．(計算の詳細も示せ．)

2. $f(x) = -1 \quad (-\pi < x < 0), \quad f(x) = 1 \quad (0 < x < \pi)$
3. $f(x) = x \quad (-\pi < x < \pi)$
4. $f(x) = 0 \quad (-\pi < x < 0), \quad f(x) = 1 \quad (0 < x < \pi)$
5. $f(x) = x \quad (0 < x < 2\pi)$
6. $f(x) = x^2 \quad (-\pi < x < \pi)$

7. (**偶関数および奇関数**) 偶関数の複素フーリエ係数は実数で，奇関数の複素フーリエ係数は純虚数であることを示せ．

8. (**変換**) 問題 5 の複素フーリエ級数を実数形式に変換せよ．

9. (**フーリエ係数**) $n=1,2,\cdots$ のとき，$a_0 = c_0$, $a_n = c_n + c_{-n}$, $b_n = i(c_n - c_{-n})$ であることを示せ．

10. ［**プロジェクト**］ **複素フーリエ係数** 2.2 節で $f(x)$ から a_n と b_n を導いたが，同様な方法で式 (8) の c_n が直接導けることは興味深い．このためには，式 (8) の最初の式に e^{-imx} を掛けて (m は一定の整数)，項別に $-\pi$ から π まで積分せよ (一様収束のときは項別積分が許される)．このようにして

$$\int_{-\pi}^{\pi} f(x)e^{-imx}dx = \sum_{n=-\infty}^{\infty} c_n \int_{-\pi}^{\pi} e^{i(n-m)x}dx$$

が得られる．右辺の積分は，$n=m$ のとき 2π，$n \neq m$ のとき 0 となる (式 (5) を利用)．したがって，式 (8) の 2 番目の係数についての式が得られる．

2.6 強制振動

フーリエ級数は，微分方程式の解法で重要な役割をする．常微分方程式を含む基礎的な問題に対してこのことを示そう．偏微分方程式の解法でも数多く適用されるが，これについては 3 章で述べる．周期関数をより簡単な関数の級数に分けるという，オイラーとフーリエの考え方は，上のことより正しいことがわかる．

第 1 巻 2.11 節から，ばね定数 k のばねにつながれた質量 m の物体の強制振動は，

$$my'' + cy' + ky = r(t) \tag{1}$$

で支配される．ただし，$y = y(t)$ は平衡点からの変位，c は減衰定数，$r(t)$ は時間 t に依存する外力である．図 2.14 はこのモデルを示す．図 2.15 はこれの電気的類似で，次式で支配された RLC 回路である．

$$LI'' + RI' + \frac{1}{C}I = E'(t). \tag{1*}$$

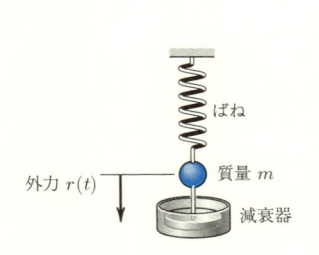

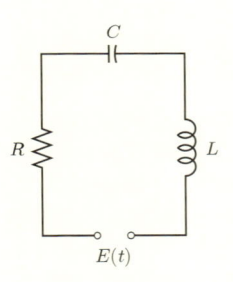

図 2.14 式 (1) の振動系

図 2.15 図 2.14 の電気的類似 (RLC 回路)

式 (1) を考えよう．もし外力 $r(t)$ が正弦関数か余弦関数で表され，かつ減数定数 c が正ならば，式 (1) の定常解は外力と同じ振動数をもつ調和振動になる．もし $r(t)$ が単なる正弦関数や余弦関数ではなく，それ以外の任意の周期関数ならば，定常解は多くの調和振動の重ね合わせになる．それらの調和振動は $r(t)$ の振動数か，その整数倍の振動数をもつ．もし，それらの振動数の 1 つが振動系の固有振動数に近いとき (第 1 巻 2.11 節)．その振動は外力に対してもっとも大きく応答する．このことはフーリエ級数を知らなければ理解できない．フーリエ級数を知らない人には，このことはまさに驚くべきことである．フーリエ

2.6 強制振動

級数は,振動系と共振の研究で非常に重要である.典型的な例を述べることにより全体像を明らかにしよう.

例 1 非正弦的周期外力による強制振動 式 (1) で,$m = 1$ [g], $c = 0.02$ [g/s], $k = 25$ [g/s^2] とすると,式 (1) は,

$$y'' + 0.02y' + 25y = r(t) \tag{2}$$

となる.ただし,$r(t)$ の単位は g·cm/s^2 である.図 2.16 のように,

$$r(t) = \begin{cases} t + \dfrac{\pi}{2} & (-\pi < t < 0), \\ -t + \dfrac{\pi}{2} & (0 < t < \pi), \end{cases} \quad r(t + 2\pi) = r(t)$$

とする.$y(t)$ の定常解を求めよ.

[解] $r(t)$ をフーリエ級数で表すと,

$$r(t) = \frac{4}{\pi}\left(\cos t + \frac{1}{3^2}\cos 3t + \frac{1}{5^2}\cos 5t + \cdots\right) \tag{3}$$

となる.そこで,つぎの微分方程式

$$y'' + 0.02y' + 25y = \frac{4}{n^2\pi}\cos nt \quad (n = 1, 3, \cdots) \tag{4}$$

を考える.級数 (3) から 1 つの項を選び,上式の右辺においた.第 1 巻 2.11 節から,式 (4) の定常解 $y_n(t)$ は,

$$y_n = A_n \cos nt + B_n \sin nt \tag{5}$$

の形をしている.これを式 (4) に代入すると,

$$A_n = \frac{4(25 - n^2)}{n^2\pi D_n}, \quad B_n = \frac{0.08}{n\pi D_n} \quad (\text{ただし } D_n = (25 - n^2)^2 + (0.02n)^2) \tag{6}$$

である.微分方程式 (2) は線形であるので,定常解は,

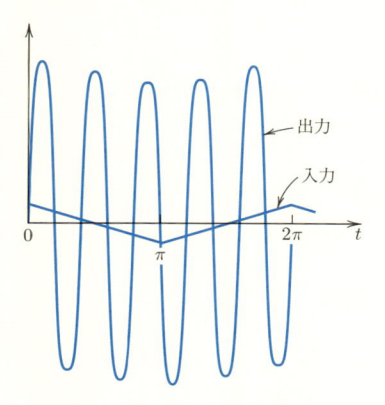

図 2.16 例 1 の力

図 2.17 例 1 の入力と定常的出力

$$y = y_1 + y_3 + y_5 + \cdots \tag{7}$$

と書けるであろう．ただし，y_n は式 (5) と式 (6) で与えられる．事実，式 (7) を式 (2) に代入して，$r(t)$ のフーリエ級数 (3) を用いると，このことは容易に証明できる．この場合，式 (7) が項別に微分できるとした．(第 4 巻 3.5 節で一様収束について述べているが，式 (7) の級数は一様収束するので，項別微分が可能である．)

式 (6) から式 (5) の振幅は，

$$C_n = \sqrt{A_n{}^2 + B_n{}^2} = \frac{4}{n^2 \pi \sqrt{D_n}}$$

となる．実際の数値は，

$$C_1 = 0.0530,$$
$$C_3 = 0.0088,$$
$$\boxed{C_5 = 0.5100},$$
$$C_7 = 0.0011,$$
$$C_9 = 0.0003$$

である．$n = 5$ のときの D_n は非常に小さい．D_5 は C_5 の分母に含まれているので，C_5 が大きく，y_5 が式 (7) の主要な項になる．このように，定常運動はほとんど調和振動とみてよく，その振動数は外力の振動数の 5 倍に等しい (図 2.17)． ◀

より一般的な振動系，熱伝導やほかの問題へのフーリエ級数の応用は 3 章で述べる．

❖❖❖❖❖ 問題 2.6 ❖❖❖❖❖

1. (**ばね定数と減衰係数の変更**)　もし例 1 のばね定数 k を 9 に変更したら，振幅の C_n はどうなるであろうか (そして振動の形がどうなるか)．もし $k = 49$ の強いばねを使ったらどうなるか．もし減衰係数を大きくしたらどうなるか．

2. (**入力の変更**)　もし $r(t)$ をその微分 (方形波) でおきかえたら，例 1 はどうなるか．新しい C_n と古い C_n の比はどうなるか．

一般解

$r(t)$ が次式で与えられるとき，微分方程式 $y'' + \omega^2 y = r(t)$ の一般解を求めよ．(計算の詳細も示せ．)

3. $r(t) = \sin t \quad (\omega = 0.5, 0.7, 0.9, 1.1, 1.5, 2.0, 10.0)$

4. $r(t) = \cos \alpha t + \cos \beta t \quad (\omega^2 \neq \alpha^2, \beta^2)$

5. $r(t) = \sum\limits_{n=1}^{N} b_n \sin nt \quad (|\omega| \neq 1, 2, \cdots, N)$

6. $r(t) = \sin t + \frac{1}{9} \sin 3t + \frac{1}{25} \sin 5t$
$(\omega = 0.5, 0.9, 1.1, 2, 2.9, 3.1, 4, 4.9, 5.1, 6, 8)$

7. $r(t) = \begin{cases} t + \pi & (-\pi < t < 0), \\ -t + \pi & (0 < t < \pi), \end{cases} \quad r(t + 2\pi) = r(t) \quad (|\omega| \neq 0, 1, 3, \cdots)$

8. $r(t) = \frac{\pi}{4} |\cos t| \quad (-\pi < t < \pi), \quad r(t + 2\pi) = r(t) \quad (|\omega| \neq 0, 2, 4, \cdots)$

9. [**CAS プロジェクト**] 微分方程式 $y'' + \omega^2 y = r(t)$ を解き，かつ適当な初期値問題に対する解を図示するプログラムをかけ．

10. (**係数の符号**) 問題 3 の $A_n(\omega)$ のいくつかは正で，ほかは負である．これは物理的にどのように理解するか．

定常振動

$c > 0$ で $r(t)$ が以下で与えられるとき，$y'' + cy' + y = r(t)$ の定常振動を求めよ．(計算の詳細も示せ．)

11. $r(t) = \sum_{n=1}^{N} (a_n \cos nt + b_n \sin nt)$

12. $r(t) = \begin{cases} \pi t/4 & (-\pi/2 < t < \pi/2), \\ \pi(\pi - t)/4 & (\pi/2 < t < 3\pi/2), \end{cases} \quad r(t + 2\pi) = r(t)$

13. $r(t) = \frac{t}{12}(\pi^2 - t^2) \quad (-\pi < t < \pi), \quad r(t + 2\pi) = r(t)$

14. (**RLC 回路**) 図 2.15 の RLC 回路での定常的電流 $I(t)$ を求めよ．ただし，$R = 100\,[\Omega]$, $L = 10\,[\mathrm{H}]$, $C = 10^{-2}\,[\mathrm{F}]$ である．また，

$$E(t) = \begin{cases} 100(\pi t + t^2) & (-\pi < t < 0), \\ 100(\pi t - t^2) & (0 < t < \pi), \end{cases} \quad E(t + 2\pi) = E(t)$$

とする．このとき，最初の 4 項の部分和を図示せよ．フーリエ級数の係数が急激に減少することに注意せよ．

15. (**RLC 回路**) R, L, C は問題 14 と同じで，$-\pi < t < \pi$ のとき $E(t) = 200t(\pi^2 - t^2)$, $E(t + 2\pi) = E(t)$ とする．問題 14 と同じ計算を行え．

2.7 3 角多項式による近似

フーリエ級数は，微分方程式で重要な役割をする．フーリエ級数がおもな応用例をもつほかの分野は**近似理論**である．すなわち，関数をより簡単な関数で近似することである．フーリエ級数と関連づけて説明すると，考え方はつぎのようになる．

$f(x)$ が簡単のため周期 2π の周期関数で，フーリエ級数で表されるとする．その第 N 部分和は $f(x)$ の 1 つの近似を与える．すなわち，

$$f(x) \approx a_0 + \sum_{n=1}^{N} (a_n \cos nx + b_n \sin nx). \tag{1}$$

N を固定した **3 角多項式**

$$F(x) \approx A_0 + \sum_{n=1}^{N} (A_n \cos nx + B_n \sin nx). \tag{2}$$

を用いて f を近似するとき，式 (1) が $f(x)$ の"最良"の近似，つまり"誤差"が最小の近似になっているだろうか．

まずはじめに近似の誤差 E を定義する必要がある．全区間 $-\pi \leqq x \leqq \pi$ における f と F の一致の程度を E が表すようにしたい．明らかに，この目的のためには $|f-F|$ の最大値を E と定義するのは不適当である．たとえば，図 2.18 で F は f のよい近似であるが，x_0 の近くで $|f-F|$ は大きい．そこで，

$$E = \int_{-\pi}^{\pi} (f-F)^2 \, dx \tag{3}$$

と選ぶ．これを，f に対する F の**全2乗誤差**(区間 $-\pi \leqq x \leqq \pi$) とよぶ．明らかに $E \geqq 0$ である．

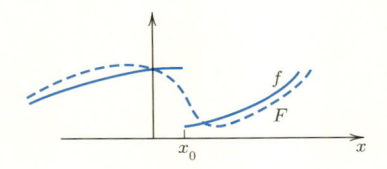

図 2.18 近似の誤差

N を固定したとき，E が最小になるように，式 (2) の係数 A_n, B_n を決定したい．$(f-F)^2 = f^2 - 2fF + F^2$ であるので，

$$E = \int_{-\pi}^{\pi} f^2 \, dx - 2\int_{-\pi}^{\pi} fF \, dx + \int_{-\pi}^{\pi} F^2 \, dx \tag{4}$$

となる．式 (2) を 2 乗して，式 (4) の最後の被積分関数に代入して積分する．こうすると，$\cos^2 nx$ と $\sin^2 nx$ ($n \geqq 1$) を積分することになるが，これらは π である．そして，$(\cos nx)(\sin nx)$ の積分は 0 である (これは 2.2 節のときと同じである)．したがって，

$$\int_{-\pi}^{\pi} F^2 \, dx = \pi(2A_0{}^2 + A_1{}^2 + \cdots + A_N{}^2 + B_1{}^2 + \cdots + B_N{}^2)$$

となる．式 (2) を式 (4) の fF の積分に代入する．2.2 節のオイラーの公式のときの a_n と b_n の計算のときのように，$f \cos nx$ だけでなく $f \sin nx$ の積分が現れる (それぞれに A_n と B_n が掛けられている)．したがって，

$$\int_{-\pi}^{\pi} fF \, dx = \pi(2A_0 a_0 + A_1 a_1 + \cdots + A_N a_N + B_1 b_1 + \cdots + B_N b_N)$$

となる．これらの式から，式 (4) は，

2.7 3角多項式による近似

$$E = \int_{-\pi}^{\pi} f^2 \, dx - 2\pi \left[2A_0 a_0 + \sum_{n=1}^{N} (A_n a_n + B_n b_n) \right]$$
$$+ \pi \left[2A_0^2 + \sum_{n=1}^{N} (A_n^2 + B_n^2) \right] \qquad (5)$$

となる．もし式 (2) で $A_n = a_n$ と $B_n = b_n$ とすると，式 (5) の右辺 3 項目は右辺 2 項目の $\frac{1}{2}$ を相殺する．したがって，下の係数をこのように選んだときの 2 乗誤差を E^* とすると，

$$E^* = \int_{-\pi}^{\pi} f^2 \, dx - \pi \left[2a_0^2 + \sum_{n=1}^{N} (a_n^2 + b_n^2) \right] \qquad (6)$$

となる (E^* は $f(x)$ に固有な量である)．最後に，式 (5) から式 (6) を差し引くと，積分項は消えて，$A_n^2 - 2A_n a_n + a_n^2 = (A_n - a_n)^2$ と $(B_n - b_n)^2$ の項が現れる．

$$E - E^* = \pi \left\{ 2(A_0 - a_0)^2 + \sum_{n=1}^{N} \left[(A_n - a_n)^2 + (B_n - b_n)^2 \right] \right\}.$$

したがって，右辺の実数の 2 乗の和は負になりえないので，

$$E - E^* \geqq 0, \quad \text{したがって} \quad E \geqq E^*.$$

そして，$E = E^*$ になるのは $A_0 = a_0, \cdots, B_N = b_n$ のときだけである．これで，フーリエ級数の部分和について，つぎの基本的な性質を示したことになる．

定理 1 (**最小 2 乗誤差**) 区間 $-\pi \leqq x \leqq \pi$ で定義された式 (2) の F (N は固定) の f に対する全 2 乗誤差は，つぎの場合に限り最小になる．すなわち，式 (2) の F の係数が f のフーリエ係数に等しい場合である．この最小値 E^* は式 (6) で与えられる．

式 (6) から，N を増加させると E^* が増加することはありえず，減少するであろう．したがって，近似の精度を 2 乗誤差で判断するとき，N を増加させるに従い，f のフーリエ級数の部分和は f のよりよい近似になる．

$E^* \geqq 0$ であり，また式 (6) がすべての N について成立するので，式 (6) から重要なベッセルの不等式[11]

$$2a_0^2 + \sum_{n=1}^{\infty} (a_n^2 + b_n^2) \leqq \frac{1}{\pi} \int_{-\pi}^{\pi} f(x)^2 \, dx \qquad (7)$$

---

11) Friedrich Wilhelm Bessel (1784–1846). ドイツの天文学者，数学者．貿易会社の徒弟として出発し，余暇に独学で天文学を学んだ．のちに，小さな私立天文台の助手となり，最後は新設のケーニヒスベルグ天文台の台長となった．ベッセル関数についての論文 (1824 年) は，1826 年に刊行された．公式は，付録 1 の [1], [6], [11] と標準的論文 [A7] に書かれている．

を得る．右辺の積分が存在する任意の関数 f のフーリエ係数に対して上式が成立する．

このような関数 f に対して，**パーセバルの定理**が成立することが証明できる (付録 1 の [C9] 参照)．すなわち，公式 (7) で等号が成立する場合は，つぎの**パーセバルの恒等式**[12]

$$2a_0^2 + \sum_{n=1}^{\infty}(a_n^2 + b_n^2) = \frac{1}{\pi}\int_{-\pi}^{\pi} f(x)^2\, dx \qquad (8)$$

になる．

<u>例 1</u> **鋸歯状波の 2 乗誤差**　つぎの関数に対して，$N=3$ のときの F の全 2 乗誤差を計算せよ．

$$f(x) = x + \pi \qquad (-\pi < x < \pi) \qquad (図\ 2.10(\text{a}))．$$

[解]　2.4 節の例 2 から，$F(x) = \pi + 2\sin x - \sin 2x + \frac{2}{3}\sin 3x$．これと式 (6) から，

$$E^* = \int_{-\pi}^{\pi}(x+\pi)^2 dx - \pi\left[2\pi^2 + 2^2 + 1^2 + \left(\frac{2}{3}\right)^2\right],$$

したがって，

$$E^* = \frac{8}{3}\pi^3 - \pi\left(2\pi^2 + \frac{49}{9}\right) \approx 3.567．$$

$F = S_3$ は図 2.10(b) に示されている．f が不連続である $x = \pm\pi$ で，$|f(x) - F(x)|$ は大きい (どれくらい大きいか)．しかし，全区間では F は f をよく近似している．　◀

これでフーリエ級数についての考察は終わりであるが，応用上必要なフーリエ級数の実用上の側面を強調した．本章の残りの 4 つの節で，フーリエ級数の考え方と手法が非周期関数にどのように適用されるかを示すことにする．

❖❖❖❖❖　**問題 2.7**　❖❖❖❖❖

最小 2 乗誤差

区間 $-\pi \leq x \leq \pi$ に対して $f(x)$ が以下のとき，全 2 乗誤差が最小になる式 (2) の形の関数 $F(x)$ を求めよ．また $N = 1, 2, \cdots, 5$ のとき，全 2 乗誤差の最小値を計算せよ．
1. $f(x) = -1\ (-\pi < x < 0), \quad f(x) = 1\ (0 < x < \pi)$
2. $f(x) = |x|$
3. $f(x) = x$
4. $f(x) = x^2$
5. $f(x) = x^3$
6. $f(x) = x\ (-\pi/2 < x < \pi/2), \quad f(x) = \pi - x\ (\pi/2 < x < 3\pi/2)$
7. $f(x) = x\ (-\pi/2 < x < \pi/2), \quad f(x) = 0\ (-\pi < x < -\pi/2,\ \pi/2 < x < \pi)$
8. $f(x) = x(\pi^2 - x^2)/12$

---

[12] Marc Antoine Parseval (1755–1836)，フランスの数学者．パーセバルの恒等式の物理的解釈は次節で述べられる．

9. (単調性) 最小2乗誤差 (6) は，N について単調に減少する関数であることを示せ．このことは実用上どう利用できるか．問題 1 で $E^* \leqq 0.2$ となる最小の N はいくつか．

10. [CAS プロジェクト] 連続関数および不連続関数に対する 2 乗誤差
(a) 連続関数の最小2乗誤差は，不連続関数の最小2乗誤差より速く減少すると思われる．これはどうしてか．
(b) 問題 4, 5 および例 1 に対して，たとえば $N = 1, 2, \cdots, 1000$ として，最小2乗誤差を計算して (a) を確かめよ．

パーセバルの恒等式の応用
パーセバルの恒等式を使って次式を証明せよ．問題 11–13 では，最初のいくつかの部分和を計算して，収束がかなり速いことを示せ．

11. $1 + \dfrac{1}{2^4} + \dfrac{1}{3^4} + \dfrac{1}{4^4} + \cdots = \dfrac{\pi^4}{90}$ （2.2 節の問題 7 を利用せよ）

12. $1 + \dfrac{1}{9} + \dfrac{1}{25} + \cdots = \dfrac{\pi^2}{8}$ （2.2 節の問題 13 を利用せよ）

13. $1 + \dfrac{1}{3^4} + \dfrac{1}{5^4} + \dfrac{1}{7^4} + \cdots = \dfrac{\pi^4}{96}$ （2.4 節の問題 13 を利用せよ）

14. $\displaystyle\int_{-\pi}^{\pi} \cos^4 x \, dx = \dfrac{3\pi}{4}$ **15.** $\displaystyle\int_{-\pi}^{\pi} \cos^6 x \, dx = \dfrac{5\pi}{8}$

2.8 フーリエ積分

周期関数を含むいろいろな問題を扱うとき，フーリエ級数はおおいに役にたつ．まず，2.6 節でこのことを最初に示した．また，つぎの 3 章では，いろいろな応用例を示すことにする．ところで，多くの実用上の問題は**非周期関数**を含むので，フーリエ級数の方法を非周期関数に拡張するにはどうすればよいか．これが本節の目的である．以下の例 1 のような周期 $2L$ の特別な関数 $f_L(x)$ から始める．そして，$L \to \infty$ とすると，フーリエ級数がどうなるか調べることにする．つぎに，周期 $2L$ の任意の関数のフーリエ級数を考えて，ふたたび $L \to \infty$ とする．本節のおもな結果は，後で述べる定理 1 の積分表示である．本節の例などは定理 1 のためにある．

例 1 方形波 次式で与えられる周期 $2L > 2$ の周期的方形波を考えよう．
$$f_L(x) = \begin{cases} 0 & (-L < x < -1), \\ 1 & (-1 < x < 1), \\ 0 & (1 < x < L). \end{cases}$$

図 2.19 の左側の図は上の関数で，$2L=4,8,16$ のときを表す．図 2.19 の左側最下段の図は非周期関数 $f(x)$ で，$L\to\infty$ とした f_L である．すなわち，

$$f_L(x) = \lim_{L\to\infty} f_L(x) = \begin{cases} 1 & (-1 < x < 1), \\ 0 & (それ以外). \end{cases}$$

L が大きくなったとき，f_L のフーリエ係数はどうなるであろうか．f_L は偶関数であるので，すべての n に対して $b_n=0$ となる．a_n に対しては，2.3 節のオイラーの公式から，

$$a_0 = \frac{1}{2L}\int_{-1}^{1} dx = \frac{1}{L},$$

$$a_n = \frac{1}{L}\int_{-1}^{1}\cos\frac{n\pi x}{L}\,dx = \frac{2}{L}\int_{0}^{1}\cos\frac{n\pi x}{L}\,dx = \frac{2}{L}\frac{\sin(n\pi/L)}{n\pi/L}.$$

$|a_n|$ は振動 $a_n\cos(n\pi x/L)$ の振幅である．上の一連のフーリエ係数を f_L の**振幅スペクトル**という．図 2.19 の右側の図は，周期 $2L=4,8,16$ に対するスペクトルを示す．ただし，$w_n = n\pi/L$ である．L が増えると，正の w_n 軸上で振幅を表す縦の棒がしだいに高密度になる．図 2.19 の破線のグラフは，関数 $(2\sin w_n)/(Lw_n)$ を示し，縦軸近く

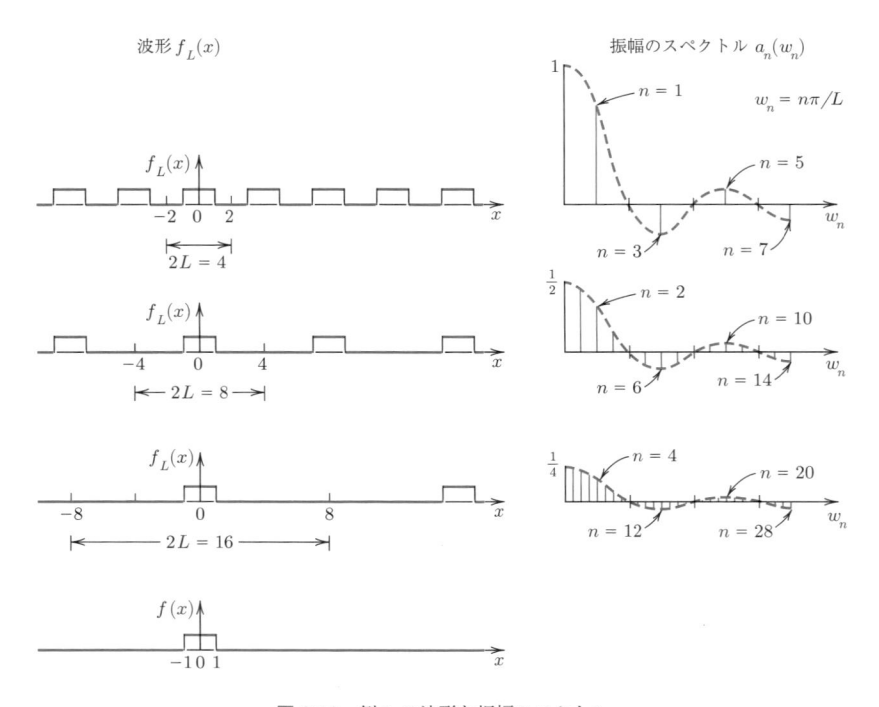

図 2.19 例 1 の波形と振幅スペクトル

で a_n の値が正の部分を "半波" と名づけよう．$2L = 4, 8, 16$ のとき "半波" 中に $1, 3, 7$ 個の振幅がある．したがって，$2L = 2^k$ としたとき，半波中に $2^{k-1} - 1$ 個の振幅がある．結局，L が大きくなると，振幅を表す縦軸は正の w_n 軸に高密度で存在するであろう (高さは 0 になるが)．

フーリエ級数からフーリエ積分へ

つぎのフーリエ級数で表される周期 $2L$ の任意の周期関数を考えよう．

$$f_L(x) = a_0 + \sum_{n=1}^{\infty} (a_n \cos w_n x + b_n \sin w_n x) \qquad \left(w_n = \frac{n\pi}{L}\right).$$

もし $L \to \infty$ としたらどうなるか．具体的な例でもそうであるが，本節の計算では $\cos wx$ と $\sin wx$ を含む積分 (級数でない) が現れるであろう．ここで，w は整数 n に π/L を掛けた $w_n = n\pi/L$ ではなく，連続的なすべての値をとるであろう．また，本節でその積分の形もわかるであろう．

上式の a_n と b_n に 2.3 節のオイラーの公式 a_n と b_n を代入して，積分変数を v と書くと，上式は，

$$f_L(x) = \frac{1}{2L} \int_{-L}^{L} f_L(v)\,dv + \frac{1}{L} \sum_{n=1}^{\infty} \bigg[\cos w_n x \int_{-L}^{L} f_L(v) \cos w_n v\,dv$$
$$+ \sin w_n x \int_{-L}^{L} f_L(v) \sin w_n v\,dv \bigg]$$

となる．Δw をつぎのように定義する．

$$\Delta w = w_{n+1} - w_n = \frac{(n+1)\pi}{L} - \frac{n\pi}{L} = \frac{\pi}{L}.$$

したがって，$1/L = \Delta w/\pi$．またフーリエ級数は，

$$f_L(x) = \frac{1}{2L} \int_{-L}^{L} f_L(v)\,dv + \frac{1}{\pi} \sum_{n=1}^{\infty} \bigg[(\cos w_n x) \Delta w \int_{-L}^{L} f_L(v) \cos w_n v\,dv$$
$$+ (\sin w_n x) \Delta w \int_{-L}^{L} f_L(v) \sin w_n v\,dv \bigg] \qquad (1)$$

となる．式 (1) は任意の L に対して正しい．L はいくら大きくてもよいが，有限である．

さて $L \to \infty$ として，

$$f(x) = \lim_{L \to \infty} f_L(x)$$

のように $f(x)$ を定義する．$f(x)$ が x 軸上で**絶対積分可能**と仮定する．すなわち，つぎの (有限の) 極限が存在するとする．

$$\lim_{a\to -\infty}\int_a^0 |f(x)|\,dx + \lim_{b\to\infty}\int_0^b |f(x)|\,dx = \int_{-\infty}^{\infty} |f(x)|\,dx. \tag{2}$$

$1/L \to 0$ とすると，式 (1) の右辺第 1 項は 0 になる．また，$\Delta w = \pi/L \to 0$ となり，式 (1) の級数は $w = 0$ から $w = \infty$ の積分になる．したがって，$f(x)$ は，

$$f(x) = \frac{1}{\pi}\int_0^{\infty} \left[\cos wx \int_{-\infty}^{\infty} f(v)\cos wv\,dv + \sin wx \int_{-\infty}^{\infty} f(v)\sin wv\,dv\right] dw \tag{3}$$

のように表される．もし，

$$A(w) = \frac{1}{\pi}\int_{-\infty}^{\infty} f(v)\cos wv\,dv, \quad B(w) = \frac{1}{\pi}\int_{-\infty}^{\infty} f(v)\sin wv\,dv \tag{4}$$

のように $A(w)$ と $B(w)$ を表すと，式 (3) は，

$$f(x) = \int_0^{\infty} [A(w)\cos wx + B(w)\sin wx]\,dw \tag{5}$$

となる．式 (5) を**フーリエ積分**による $f(x)$ の表示という．

以上の簡単な計算は，単に式 (5) を暗示しただけであって，厳密に証明したのではない．事実，Δw を 0 に接近させたとき，級数 (1) の極限は積分 (3) の定義ではない．式 (5) が成立する十分条件はつぎのようになる．

<u>定理 1</u>　（**フーリエ積分**）　$f(x)$ がすべての有限区間で区分的に連続で (1.1 節)，すべての点で右微分係数と左微分係数 (2.2 節) をもち，かつ積分 (2) が存在するとする．このとき $f(x)$ はフーリエ積分 (5) で表される．$f(x)$ が不連続である点では，フーリエ積分の値はその不連続点における $f(x)$ の右極限値と左極限値 (2.2 節) の平均に等しい．（証明は付録 1 の [C9] 参照．）

フーリエ積分の応用

3.6 節で述べるように，フーリエ積分がおもに使われるのは微分方程式の解法にある．しかし，つぎの例で明らかなように，積分法や，積分により定義される関数の取扱いでもフーリエ積分が有効に使われる．

例 2　**単一パルス，正弦積分**　つぎの関数 (図 2.20) のフーリエ積分表示を求めよ．

$$f(x) = \begin{cases} 1 & (|x| < 1), \\ 0 & (|x| > 1). \end{cases}$$

2.8 フーリエ積分

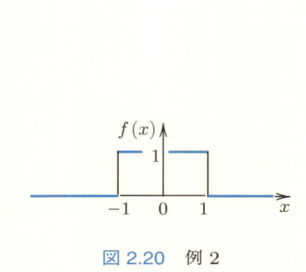

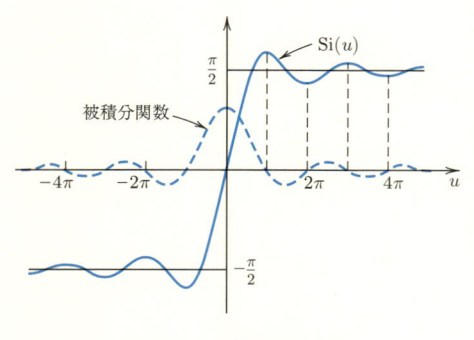

図 2.20　例 2

図 2.21　正弦積分 Si(u)

[解] 式 (4) から，

$$A(w) = \frac{1}{\pi}\int_{-\infty}^{\infty} f(v)\cos wv\,dv = \frac{1}{\pi}\int_{-1}^{1}\cos wv\,dv = \left.\frac{\sin wv}{\pi w}\right|_{-1}^{1} = \frac{2\sin w}{\pi w},$$

$$B(w) = \frac{1}{\pi}\int_{-1}^{1}\sin wv\,dv = 0$$

となる. 式 (5) から，

$$f(x) = \frac{2}{\pi}\int_{0}^{\infty}\frac{\cos wx \sin w}{w}\,dw \tag{6}$$

となる. $x=1$ での $f(x)$ の右極限値と左極限値の平均は $(1+0)/2$. すなわち, $\frac{1}{2}$ に等しい.

さらに式 (6) と定理 1 から，

$$\int_{0}^{\infty}\frac{\cos wx \sin w}{w}\,dw = \begin{cases} \pi/2 & (0\leqq x<1), \\ \pi/4 & (x=1), \\ 0 & (x>1) \end{cases} \tag{7*}$$

を得る. この積分を**ディリクレ**[13]の**不連続因子**とよぶ. とくに興味ある $x=0$ の場合を考える. $x=0$ のとき，

$$\int_{0}^{\infty}\frac{\sin w}{w}\,dw = \frac{\pi}{2}. \tag{7}$$

この積分は，いわゆる**正弦積分**

$$\mathrm{Si}\,(u) = \int_{0}^{u}\frac{\sin w}{w}\,dw \tag{8}$$

の $u\to\infty$ での極限である. Si(u) のグラフを図 2.21 に示した.

---

[13] Peter Gustav Lejeune Dirichlet (1805–1859), ドイツの数学者. Cauchy などに師事してパリで勉強した後, 1855 年にゲッチンゲン大学で Gauss の跡を継いだ. 彼はフーリエ級数と整数論についての重要な研究で有名になった (彼は Fourier を個人的に知っていた).

フーリエ級数の場合，級数の部分和のグラフはもとの周期関数の近似曲線である．フーリエ積分 (5) の場合も同様で，上限の ∞ をある数 a でおきかえるとフーリエ積分の近似が得られる．したがって，積分

$$\frac{2}{\pi}\int_0^a \frac{\cos wx \sin w}{w}\,dw \qquad (9)$$

は式 (6) の積分の近似であり，$f(x)$ を近似する．このことについては図 2.22 を参照せよ．

図 2.22 では，$f(x)$ の不連続点付近に振動がある．a を ∞ にすると，この振動が消えると期待するかもしれない．しかし，これは正しくない．a を増加させると，振動部分が $x=\pm 1$ の点の付近に集まってくる．この近似グラフの予期しなかった振舞いはフーリエ級数にも現れ，**ギブス[14]の現象**として知られている．式 (9) をつぎのように，正弦積分で表すことによりギブスの現象は説明できる．3 角関数の積を和にする公式を使うと，

$$\frac{2}{\pi}\int_0^a \frac{\cos wx \sin w}{w}\,dw = \frac{1}{\pi}\int_0^a \frac{\sin(w+wx)}{w}\,dw + \frac{1}{\pi}\int_0^a \frac{\sin(w-wx)}{w}\,dw$$

となる．右辺の最初の積分で $w+wx=t$ とおくと，$dw/w=dt/t$ となり，区間 $0\leqq w\leqq a$ は $0\leqq t\leqq (x+1)a$ に対応する．右辺の最後の積分で $w-wx=-t$ とおくと，$dw/w=dt/t$ となり，区間 $0\leqq w\leqq a$ は $0\leqq t\leqq (x-1)a$ に対応する．$\sin(-t)=-\sin t$ であるので，

$$\frac{2}{\pi}\int_0^a \frac{\cos wx \sin w}{w}\,dw = \frac{1}{\pi}\int_0^{(x+1)a} \frac{\sin t}{t}\,dt - \frac{1}{\pi}\int_0^{(x-1)a} \frac{\sin t}{t}\,dt$$

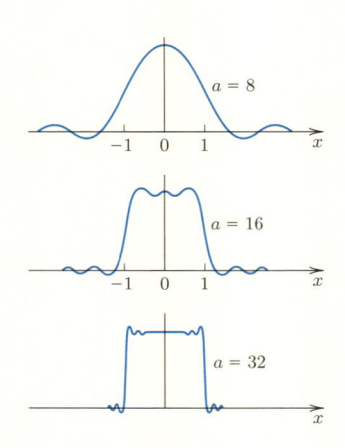

図 2.22　式 (9) の積分．$a=8, 16, 32$

---

14)　2.3 節の問題を参照せよ．

となる．式 (8) からこの積分は，
$$\frac{1}{\pi}\mathrm{Si}\,[a(x+1)] - \frac{1}{\pi}\mathrm{Si}\,[a(x-1)]$$
となり，図 2.22 の振動は図 2.21 の振動に原因があることがわかる．a の増加は座標軸の尺度変換を引き起こし，振動部分を不連続点の付近に集中させる． ◀

フーリエ余弦積分とフーリエ正弦積分

偶関数および奇関数に対しては，フーリエ積分は簡単になる．フーリエ級数 (2.4 節) の場合と同じように，計算の手間を省いたり，計算の誤りを避ける実用上の観点からこのことは大切である．上で得られたばかりの公式から計算は簡単になる．

事実，$f(x)$ が偶関数であれば，式 (4) で $B(w)=0$ である．そして，

$$A(w) = \frac{2}{\pi}\int_0^\infty f(v)\cos wv\, dv \tag{10}$$

となり，フーリエ積分 (5) は，つぎの**フーリエ余弦積分**になる．

$$f(x) = \int_0^\infty A(w)\cos wx\, dw \qquad (f \text{ は偶関数}). \tag{11}$$

同様に，$f(x)$ が奇関数であれば，式 (4) で $A(w)=0$ となり，

$$B(w) = \frac{2}{\pi}\int_0^\infty f(v)\sin wv\, dv \tag{12}$$

である．フーリエ積分 (5) は，**フーリエ正弦積分**

$$f(x) = \int_0^\infty B(w)\sin wx\, dw \qquad (f \text{ は奇関数}) \tag{13}$$

となる．

積分の計算

フーリエ積分表示は積分の計算にも使える．その典型的な例を示そう．

例 3　ラプラス積分　つぎの関数のフーリエ積分を求めよ．
$$f(x) = e^{-kx} \qquad (x>0,\ k>0).$$

[解]　(a) 式 (10) から，
$$A(w) = \frac{2}{\pi}\int_0^\infty e^{-kv}\cos wv\, dv$$

である．部分積分すると，

$$\int e^{-kv}\cos wv\, dv = -\frac{k}{k^2+w^2}e^{-kv}\left(-\frac{w}{k}\sin wv + \cos wv\right)$$

となる．$v=0$ とすると右辺は $-k/(k^2+w^2)$ に等しい．$v\to\infty$ とすると指数因子 e^{-kv} があるため右辺は 0 に近づく．したがって，

$$A(w) = \frac{2k/\pi}{k^2+w^2} \tag{14}$$

となる．これを式 (11) に代入すると，フーリエ余弦積分表示

$$f(x) = e^{-kx} = \frac{2k}{\pi}\int_0^\infty \frac{\cos wx}{k^2+w^2}\, dw \quad (x>0,\ k>0)$$

を得る．したがって，

$$\int_0^\infty \frac{\cos wx}{k^2+w^2}\, dw = \frac{\pi}{2k}e^{-kx} \quad (x>0,\ k>0) \tag{15}$$

となる．

(b) 同様に式 (12) から，

$$B(w) = \frac{2}{\pi}\int_0^\infty e^{-kv}\sin wv\, dv$$

である．部分積分すると，

$$\int e^{-kv}\sin wv\, dv = -\frac{w}{k^2+w^2}e^{-kv}\left(\frac{k}{w}\sin wv + \cos wv\right)$$

となる．$v=0$ とすると右辺は $-w/(k^2+w^2)$ に等しく，$v\to\infty$ とすると右辺は 0 に近づく．したがって，

$$B(w) = \frac{2w/\pi}{k^2+w^2} \tag{16}$$

となる．式 (13) からつぎのフーリエ正弦積分表示

$$f(x) = e^{-kx} = \frac{2}{\pi}\int_0^\infty \frac{w\sin wx}{k^2+w^2}\, dw$$

になる．したがって，

$$\int_0^\infty \frac{w\sin wx}{k^2+w^2}\, dw = \frac{\pi}{2}e^{-kx} \quad (x>0,\ k>0) \tag{17}$$

となる．式 (15) と式 (17) を**ラプラス積分**という． ◀

❖❖❖❖❖ **問題 2.8** ❖❖❖❖❖

積分の計算

式 (5), (11), (13) を使って，つぎの積分が右辺の関数になることを示せ．(積分にどの公式を使ったか示せ．また計算の詳細も示せ．)

2.8 フーリエ積分

1. $\displaystyle\int_0^\infty \frac{\cos xw + w\sin xw}{1+w^2}\, dw = \begin{cases} 0 & (x < 0), \\ \pi/2 & (x = 0), \\ \pi e^{-x} & (x > 0) \end{cases}$

2. $\displaystyle\int_0^\infty \frac{\sin w \cos xw}{w}\, dw = \begin{cases} \pi/2 & (0 \leqq x < 1), \\ \pi/4 & (x = 1), \\ 0 & (x > 1) \end{cases}$

3. $\displaystyle\int_0^\infty \frac{1-\cos \pi w}{w}\sin xw\, dw = \begin{cases} \pi/2 & (0 < x < \pi), \\ 0 & (x > \pi) \end{cases}$

4. $\displaystyle\int_0^\infty \frac{\cos(\pi w/2)\cos xw}{1-w^2}\, dw = \begin{cases} (\pi/2)\cos x & (|x| < \pi/2), \\ 0 & (|x| > \pi/2) \end{cases}$

5. $\displaystyle\int_0^\infty \frac{\cos xw}{1+w^2}\, dw = \frac{\pi}{2}e^{-x} \quad (x > 0)$

6. $\displaystyle\int_0^\infty \frac{w^3 \sin xw}{w^4+4}\, dw = \frac{\pi}{2}e^{-x}\cos x \quad (x > 0)$

フーリエ余弦積分表示
つぎの関数を式 (11) の形で表せ.

7. $f(x) = \begin{cases} 1 & (0 < x < 1), \\ 0 & (x > 1) \end{cases}$
8. $f(x) = \begin{cases} x^2 & (0 < x < 1), \\ 0 & (x > 1) \end{cases}$
9. $f(x) = \begin{cases} x & (0 < x < a), \\ 0 & (x > a) \end{cases}$
10. $f(x) = \begin{cases} a^2 - x^2 & (0 < x < a), \\ 0 & (x > a) \end{cases}$
11. $f(x) = 1/(1+x^2) \quad (x > 0,\ 式 (15) 参照)$
12. $f(x) = e^{-x} + e^{-2x} \quad (x > 0)$

フーリエ正弦積分表示
つぎの関数を式 (13) の形で表せ.

13. $f(x) = \begin{cases} 1 & (0 < x < a), \\ 0 & (x > a) \end{cases}$
14. $f(x) = \begin{cases} x & (0 < x < a), \\ 0 & (x > a) \end{cases}$
15. $f(x) = \begin{cases} \sin x & (0 < x < \pi), \\ 0 & (x > \pi) \end{cases}$
16. $f(x) = \begin{cases} \pi - x & (0 < x < \pi), \\ 0 & (x > \pi) \end{cases}$
17. $f(x) = \begin{cases} e^x & (0 < x < 1), \\ 0 & (x > 1) \end{cases}$
18. $f(x) = \begin{cases} e^{-x} & (0 < x < 1), \\ 0 & (x > 1) \end{cases}$

19. [**CAS**] **正弦積分** 正の u に対して Si (u) を図示せよ. Si (u) の値の増減を見て，それが収束して極限値 $\pi/2$ になることが想像できるか．ギブスの現象をグラフから調べよ．

20. [プロジェクト] フーリエ積分の性質

(a) **フーリエ余弦積分** 式 (11) から次式を示せ．

$$f(ax) = \frac{1}{a}\int_0^\infty A\left(\frac{w}{a}\right)\cos xw\,dw \qquad (a>0), \tag{a1}$$

$$xf(x) = \int_0^\infty B^*(w)\sin xw\,dw, \qquad B^* = -\frac{dA}{dw} \qquad (A\text{ は式 }(10)), \tag{a2}$$

$$x^2 f(x) = \int_0^\infty A^*(w)\cos xw\,dw, \qquad A^* = -\frac{d^2A}{dw^2} \qquad (A\text{ は式 }(10)). \tag{a3}$$

(b) 式 (a3) を問題 7 の結果に適用して問題 8 を解け．
(c) $f(x) = 1\ (0 < x < a),\ f(x) = 0\ (x > a)$ であるとき，式 (a2) を証明せよ．
(d) **フーリエ正弦積分** (a) の式に似たフーリエ正弦積分に対する公式を求めよ．

2.9 フーリエ余弦変換およびフーリエ正弦変換

積分変換は，与えられた関数を新しい関数に変換することである．新しい関数は異なる変数に依存して，積分の形で表される．これらの変換は，おもに常微分方程式，偏微分方程式，積分方程式を解く道具として使われる．また，これらの変換は，特別な関数の扱いやその応用で有用である．**ラプラス変換** (1 章) はこの種類のもので，工学でもっとも重要な積分変換である．応用の観点から，つぎに重要なものはたぶん**フーリエ変換**である．フーリエ変換はラプラス変換より扱いにくいのであるが，フーリエ変換は 2.8 節のフーリエ積分表示から得ることができる．本節ではこれらのうちの 2 つ，フーリエ余弦変換とフーリエ正弦変換について述べる．これら 2 つの変換では実数を使うが，次節では複素数を使うフーリエ変換について述べる．

フーリエ余弦変換

偶関数 $f(x)$ のフーリエ変換は，つぎのフーリエ余弦積分である (2.8 節の式 (10), (11))．

$$f(x) = \int_0^\infty A(w)\cos wx\,dw. \tag{1a}$$

ただし，

$$A(w) = \frac{2}{\pi}\int_0^\infty f(v)\cos wv\,dv. \tag{1b}$$

さて，$A(w) = \sqrt{2/\pi}\,\widehat{f}_c(w)$ とおく．ここで，下付き添字の c は "cosine" を意味

2.9 フーリエ余弦変換およびフーリエ正弦変換

する. 式 (1b) で $v = x$ と書くと,

$$\widehat{f_c}(w) = \sqrt{\frac{2}{\pi}} \int_0^\infty f(x) \cos wx \, dx. \qquad (2)$$

そして, 式 (1a) から,

$$f(x) = \sqrt{\frac{2}{\pi}} \int_0^\infty \widehat{f_c}(w) \cos wx \, dw \qquad (3)$$

となる.

[注意] 式 (2) では x で積分して, 式 (3) では w で積分する. 式 (2) は $f(x)$ から新しい関数 $\widehat{f_c}(w)$ をつくりだす. $\widehat{f_c}(w)$ は $f(x)$ の**フーリエ余弦変換**という. 式 (3) は逆に $\widehat{f_c}(w)$ から $f(x)$ を与える. したがって, $f(x)$ を $\widehat{f_c}(w)$ の**逆フーリエ余弦変換**という.

与えられた f から変換 $\widehat{f_c}$ を得る方法は, **フーリエ余弦変換**または**フーリエ余弦変換法**といわれる.

フーリエ正弦変換

上と同様に, 奇関数 $f(x)$ に対してのフーリエ積分は, つぎのフーリエ正弦変換である (2.8 節の式 (12), (13)).

$$f(x) = \int_0^\infty B(w) \sin wx \, dw. \qquad (4a)$$

ただし,

$$B(w) = \frac{2}{\pi} \int_0^\infty f(v) \sin wv \, dv. \qquad (4b)$$

さて, $B(w) = \sqrt{2/\pi} \widehat{f_s}(w)$ とおく. ここで, 下付き添字の s は "sine" を意味する. 式 (4b) で $v = x$ と書くと,

$$\widehat{f_s}(w) = \sqrt{\frac{2}{\pi}} \int_0^\infty f(x) \sin wx \, dx \qquad (5)$$

となる. 式 (5) は $f(x)$ の**フーリエ正弦変換**という. 同様に式 (4a) から,

$$f(x) = \sqrt{\frac{2}{\pi}} \int_0^\infty \widehat{f_s}(w) \sin wx \, dw \qquad (6)$$

となる. 式 (6) は $\widehat{f_s}(w)$ の**逆フーリエ正弦変換**という. $f(x)$ から $\widehat{f_s}(w)$ を得る方法は, **フーリエ正弦変換**または**フーリエ正弦変換法**といわれる.

ほかの表示法

$$\mathscr{F}_c(f) = \widehat{f}_c, \qquad \mathscr{F}_s(f) = \widehat{f}_s$$

と書き，$\mathscr{F}_c$ と $\mathscr{F}_s$ の逆変換に対しては，それぞれ $\mathscr{F}_c^{-1}$ と $\mathscr{F}_s^{-1}$ と書くこともある．

例 1　フーリエ余弦変換とフーリエ正弦変換　つぎの関数のフーリエ余弦変換およびフーリエ正弦変換を求めよ．

$$f(x) = \begin{cases} k & (0 < x < a), \\ 0 & (x > a). \end{cases}$$

[解]　定義 (2) と (5) の積分を行うと，それぞれ

$$\widehat{f}_c(w) = \sqrt{\frac{2}{\pi}} k \int_0^a \cos wx \, dx = \sqrt{\frac{2}{\pi}} k \left(\frac{\sin aw}{w} \right),$$

$$\widehat{f}_s(w) = \sqrt{\frac{2}{\pi}} k \int_0^a \sin wx \, dx = \sqrt{\frac{2}{\pi}} k \left(\frac{1 - \cos aw}{w} \right).$$

これらは，2.11 節の表 I, II の中の公式 1 と一致する ($k = 1$ となっている)．

$f(x) = k = $ 一定 $(0 < x < \infty)$ のとき，これらの変換は存在しない (なぜか)．◀

例 2　指数関数のフーリエ余弦変換　$\mathscr{F}_c(e^{-x})$ を求めよ．

[解]　部分積分を繰り返して使うと[15]，

$$\mathscr{F}_c(e^{-x}) = \sqrt{\frac{2}{\pi}} \int_0^\infty e^{-x} \cos wx \, dx = \sqrt{\frac{2}{\pi}} \frac{e^{-x}}{1 + w^2} (-\cos wx + w \sin wx) \Big|_0^\infty$$

$$= \frac{\sqrt{2/\pi}}{1 + w^2}$$

となる．上式は，2.11 節の表 I の公式 3 で $a = 1$ としたものと一致する．◀

フーリエ余弦変換とフーリエ正弦変換を導くにあたって何を行ったか．実際には，簡単なことしか行っていない．2.8 節の変換式 (10)–(13) の A, B を $\widehat{f}_c, \widehat{f}_s$ に変換した．$\widehat{f}_c, \widehat{f}_s$ についての式 (2), (3), (5), (6) では，定数 $2/\pi$ が対称的に現れている．この対称性は便利ではあるが，本質的ではなく，対称性がなくても困らない．

それでは何を得たのであろうか．これらの変換には，微分を代数演算に変換する演算子的性質があることをつぎに示す (ラプラス変換と同じである)．これが微分方程式を解く場合の鍵となる．

---

[15]　(訳注) 部分積分を 2 回行うと，もとの積分が右辺に現れる．これから，もとの積分が代数的に求められる．

線形性,導関数の変換

$f(x)$ が正の x 軸で絶対積分可能で (2.8 節),すべての区間で区分的に連続ならば (1.1 節),f のフーリエ余弦変換およびフーリエ正弦変換が存在する.

さらに,$af(x) + bg(x)$ に対しては式 (2) から,

$$\mathscr{F}_c(af + bg) = \sqrt{\frac{2}{\pi}} \int_0^\infty [af(x) + bg(x)] \cos wx \, dx$$
$$= a\sqrt{\frac{2}{\pi}} \int_0^\infty f(x) \cos wx \, dx + b\sqrt{\frac{2}{\pi}} \int_0^\infty g(x) \cos wx \, dx$$

となる.右辺は $a\mathscr{F}_c(f) + b\mathscr{F}_c(g)$ である.式 (5) から $\mathscr{F}_s$ に対しても同様な式が成立する.これから,フーリエ余弦変換およびフーリエ正弦変換は,つぎのように**線形演算子**であることがわかる.

$$\mathscr{F}_c(af + bg) = a\mathscr{F}_c(f) + b\mathscr{F}_c(g), \tag{7a}$$

$$\mathscr{F}_s(af + bg) = a\mathscr{F}_s(f) + b\mathscr{F}_s(g). \tag{7b}$$

定理 1 (**導関数の余弦変換および正弦変換**) $f(x)$ は連続で x 軸で絶対積分可能であり,$f'(x)$ はそれぞれの有限区間で区分的に連続で,$x \to \infty$ とすると $f(x) \to 0$ とする.このとき,

$$\mathscr{F}_c\{f'(x)\} = w\mathscr{F}_s\{f(x)\} - \sqrt{\frac{2}{\pi}} f(0), \tag{8a}$$

$$\mathscr{F}_s\{f'(x)\} = -w\mathscr{F}_c\{f(x)\} \tag{8b}$$

が成立する.

[証明] 式 (8) は部分積分の定義から得られる.すなわち,

$$\mathscr{F}_c\{f'(x)\} = \sqrt{\frac{2}{\pi}} \int_0^\infty f'(x) \cos wx \, dx$$
$$= \sqrt{\frac{2}{\pi}} \left[f(x) \cos wx \Big|_0^\infty + w \int_0^\infty f(x) \sin wx \, dx \right]$$
$$= -\sqrt{\frac{2}{\pi}} f(0) + w\mathscr{F}_s\{f(x)\}.$$

同様に,

$$\mathscr{F}_s\{f'(x)\} = \sqrt{\frac{2}{\pi}} \int_0^\infty f'(x) \sin wx \, dx$$
$$= \sqrt{\frac{2}{\pi}} \left[f(x) \sin wx \Big|_0^\infty - w \int_0^\infty f(x) \cos wx \, dx \right]$$
$$= 0 - w\mathscr{F}_c\{f(x)\}. \qquad \blacktriangleleft$$

式 (8a) で f のかわりに f' とおくと,

$$\mathscr{F}_c\{f''(x)\} = w\mathscr{F}_s\{f'(x)\} - \sqrt{\frac{2}{\pi}} f'(0)$$

となる．したがって，式 (8b) から，

$$\mathscr{F}_c\{f''(x)\} = -w^2 \mathscr{F}_c\{f(x)\} - \sqrt{\frac{2}{\pi}} f'(0) \qquad (9\text{a})$$

となる．同様に，

$$\mathscr{F}_s\{f''(x)\} = -w^2 \mathscr{F}_s\{f(x)\} + \sqrt{\frac{2}{\pi}} w f(0) \qquad (9\text{b})$$

となる．

微分方程式への式 (9) の適用は 3.6 節で行う．ここでは，変換において式 (9) がどのように使われるかを示すことにする．

例 3　**演算公式 (9) の応用**　$f(x) = e^{-ax}$ のフーリエ余弦変換を求めよ．ただし，$a > 0$ とする．

[解]　定義から $(e^{-ax})'' = a^2 e^{-ax}$．よって，$a^2 f(x) = f''(x)$ である．これと式 (9a) から，

$$a^2 \mathscr{F}_c(f) = \mathscr{F}_c(f'') = -w^2 \mathscr{F}_c(f) - \sqrt{\frac{2}{\pi}} f'(0)$$
$$= -w^2 \mathscr{F}_c(f) + a\sqrt{\frac{2}{\pi}}$$

となる．したがって，$(a^2 + w^2)\mathscr{F}_c(f) = a\sqrt{2/\pi}$．答えは，

$$\mathscr{F}_c(e^{-ax}) = \sqrt{\frac{2}{\pi}} \frac{a}{a^2 + w^2} \qquad (a > 0)$$

となる (2.11 節の表 I の公式 3)．　◀

フーリエ余弦変換およびフーリエ正弦変換の表は，2.11 節で与えられる．くわしい表が欲しいときは付録 1 の [C3] を参照せよ．

❖❖❖❖❖　**問題 2.9**　❖❖❖❖❖

フーリエ余弦変換

1. $f(x) = 1 \ (0 < x < 1)$, $f(x) = -1 \ (1 < x < 2)$, $f(x) = 0 \ (2 < x)$ である $f(x)$ の余弦変換 $\widehat{f}_c(w)$ を求めよ．

2. 問題 1 の答えから逆に $f(x)$ を求めよ. (2.8 節の問題 2 を使え.)

3. $f(x) = x \ (0 < x < a), \ f(x) = 0 \ (a < x)$ である. $\widehat{f_c}(w)$ を求めよ.

4. 積分により, 2.11 節の表 I の公式 3 を導け.

5. $\mathscr{F}_c(1/(1+x^2))$ を求めよ. (2.8 節の問題 5 を使え.)

6. e^{-x} の余弦変換の逆変換を求めよ.

7. $f(x) = x^2 \ (0 < x < 1), \ f(x) = 0 \ (1 < x)$ である. $\widehat{f_c}(w)$ を求めよ.

8. $\left(\cos \frac{1}{2}\pi x\right)/(1-x^2)$ の余弦変換を求めよ. (2.8 節の問題 4 を使え.)

9. 2.8 節の例 2 から $a = 1$ とした 2.11 節の表 I の公式 10 を求めよ.

10. (**不存在**) 関数 $f(x) = 1$ がフーリエ余弦変換もフーリエ正弦変換ももたない理由を述べよ.

フーリエ正弦変換

11. 積分により, $a > 0$ に対して $\mathscr{F}_s(e^{-ax})$ を求めよ.

12. 式 (9b) から問題 11 の答えを求めよ.

13. $f(x) = x^2 \ (0 < x < 1), \ f(x) = 0 \ (1 < x)$ である. $f(x)$ のフーリエ正弦変換を求めよ.

14. $\mathscr{F}_s(x^{-1} - x^{-1}\cos \pi x)$ を求めよ.

[ヒント] 2.8 節の問題 3 を使え. その場合 x と w を交換せよ.

15. 式 (8a) と 2.11 節の表 I の公式 3 を使って, $\mathscr{F}_s(e^{-x})$ を求めよ.

16. 式 (8b) と 2.11 節の表 I の適切な公式を使って, $\mathscr{F}_s(xe^{-x^2/2})$ を求めよ.

17. $f(x) = x^3/(x^4+4)$ とする. $w > 0$ に対して, $\widehat{f_s}(w)$ を求めよ.

[ヒント] 2.8 節の問題 6 を使え.

18. $\Gamma(\frac{1}{2}) = \sqrt{\pi}$ と 2.11 節の表 II の公式 4 を使って, 表 II の公式 2 を求めよ.

19. e^x のフーリエ正弦変換およびフーリエ余弦変換は存在するか.

20. [論文プロジェクト] フーリエ余弦変換およびフーリエ正弦変換を見つけることこれらの変換を求める方法について短い評論を書け. 適当な例を使って図解せよ.

2.10 フーリエ変換

これまでの節では, 2.8 節のフーリエ余弦積分およびフーリエ正弦積分を使って得られる 2 つの変換について述べた. 本節では, 3 番目の変換であるフーリエ変換を考える. このフーリエ変換は, 複素形式のフーリエ積分を使って得られる. (この変換の必要性については 2.9 節のはじめの部分を参照.) そこで, まずフーリエ積分の複素形式について考える.

フーリエ積分の複素形式

実数でのフーリエ積分は,
$$f(x) = \int_0^\infty [A(w)\cos wx + B(w)\sin wx]\,dw$$
となる (2.8 節の式 (4), (5)). ただし,
$$A(w) = \frac{1}{\pi}\int_{-\infty}^\infty f(v)\cos wv\,dv, \qquad B(w) = \frac{1}{\pi}\int_{-\infty}^\infty f(v)\sin wv\,dv$$
とする. A と B を f のための積分に代入すると,
$$f(x) = \frac{1}{\pi}\int_0^\infty \int_{-\infty}^\infty f(v)[\cos wv \cos wx + \sin wv \sin wx]\,dv\,dw$$
となる. cos に対する加法定理から, 上式の大括弧の中は, $\cos(wv-wx)$ となる. cos は偶関数なので, 大括弧の中は $\cos(wx-wv)$ となる. したがって,
$$f(x) = \frac{1}{\pi}\int_0^\infty \left[\int_{-\infty}^\infty f(v)\cos(wx-wv)\,dv\right]dw \qquad (1^*)$$
となる. 大括弧の中の積分は w の偶関数である. その理由は, $\cos(wx-wv)$ は w の偶関数であり, 大括弧の中の関数 f は w に依存しないからである. また, 大括弧の中では v について積分するからである (w についてではない). したがって, 大括弧の中を $F(w)$ と書くと $F(w)$ の $w = 0$ から ∞ までの積分は, $w = -\infty$ から ∞ までの積分の 1/2 である. したがって,
$$f(x) = \frac{1}{2\pi}\int_{-\infty}^\infty \left[\int_{-\infty}^\infty f(v)\cos(wx-wv)\,dv\right]dw \qquad (1)$$
となる. 式 (1) で cos のかわりに sin とおいたものは 0 である. すなわち,
$$\frac{1}{2\pi}\int_{-\infty}^\infty \left[\int_{-\infty}^\infty f(v)\sin(wx-wv)\,dv\right]dw = 0 \qquad (2)$$
である. 式 (2) の証明はつぎのようになる. 式 (2) の大括弧の中を $G(w)$ とすると, $\sin(wx-wv)$ は w について奇関数であるので, $G(w)$ は奇関数である. したがって $G(w)$ を $w = -\infty$ から ∞ まで積分すると 0 になる.

さて, 式 (2) の被積分関数 (大括弧のこと) に i を掛けて, 式 (1) の被積分関数に加える. そして, **オイラーの公式** (第 1 巻 2.3 節)
$$e^{ix} = \cos x + i\sin x \qquad (3)$$
を用いる. 式 (3) で x のかわりに $wx-wv$ とおくと,
$$f(v)\cos(wx-wv) + if(v)\sin(wx-wv) = f(v)e^{i(wx-wv)}$$

2.10 フーリエ変換

となる．したがって，式 (2) に i を掛けて，式 (1) を加えた結果は，

$$f(x) = \frac{1}{2\pi}\int_{-\infty}^{\infty}\int_{-\infty}^{\infty} f(v)e^{iw(x-v)}dvdw \qquad (i=\sqrt{-1}) \qquad (\mathbf{4})$$

となる．式 (4) は**複素フーリエ積分**といわれる．

本節での目的はフーリエ変換の導出であるが，あと 1 歩である．

フーリエ変換とその逆変換

式 (4) の指数関数を 2 つの指数関数の積で書くと，

$$f(x) = \frac{1}{\sqrt{2\pi}}\int_{-\infty}^{\infty}\left[\frac{1}{\sqrt{2\pi}}\int_{-\infty}^{\infty} f(v)e^{-iwv}dv\right]e^{iwx}\,dw \qquad (\mathbf{5})$$

となる．大括弧の中は w の関数であるから，$\widehat{f}(w)$ と書く．$\widehat{f}(w)$ を f の**フーリエ変換**という．$v=x$ と書くと，

$$\widehat{f}(w) = \frac{1}{\sqrt{2\pi}}\int_{-\infty}^{\infty} f(x)e^{-iwx}dx \qquad (\mathbf{6})$$

となる．式 (6) を使うと式 (5) は，

$$f(x) = \frac{1}{\sqrt{2\pi}}\int_{-\infty}^{\infty} \widehat{f}(w)e^{iwx}dw \qquad (\mathbf{7})$$

となる．これは $\widehat{f}(x)$ の**フーリエ逆変換**といわれる．

ほかの書き方をすると $\mathscr{F}(f)=\widehat{f}(w)$，また逆変換は $\mathscr{F}^{-1}$ と書かれる．

与えられた f からフーリエ変換 $\mathscr{F}(f)=\widehat{f}$ を得る方法も**フーリエ変換**または**フーリエ変換法**という．

フーリエ変換 (6) の存在の条件

フーリエ変換 (6) が存在する十分条件は以下の 2 つである (1.1 節と 2.8 節の考え方を含んでいる)．証明抜きで書くと，

1. $f(x)$ はすべての有限区間で区間的に連続である．
2. $f(x)$ は x 軸上で絶対積分可能である．

例 1 フーリエ変換　$0<x<a$ のとき $f(x)=k$，それ以外の x では $f(x)=0$ である $f(x)$ のフーリエ変換を求めよ．

[解]　式 (6) の積分を行うと，

$$\widehat{f}(w) = \frac{1}{\sqrt{2\pi}}\int_0^a ke^{-iwx}dx = \frac{k}{\sqrt{2\pi}}\left(\frac{e^{-iwa}-1}{-iw}\right) = \frac{k(1-e^{-iaw})}{iw\sqrt{2\pi}}$$

となる．これから，フーリエ変換は一般に複素数の関数であることがわかる． ◀

例 2　フーリエ変換　　$a > 0$ のときの e^{-ax^2} のフーリエ変換を求めよ.

[解]
$$\mathscr{F}(e^{-ax^2}) = \frac{1}{\sqrt{2\pi}} \int_{-\infty}^{\infty} \exp(-ax^2 - iwx)\, dx$$
$$= \frac{1}{\sqrt{2\pi}} \int_{-\infty}^{\infty} \exp\left[-\left(\sqrt{a}x + \frac{iw}{2\sqrt{a}}\right)^2 + \left(\frac{iw}{2\sqrt{a}}\right)^2\right] dx$$
$$= \frac{1}{\sqrt{2\pi}} \exp\left(-\frac{w^2}{4a}\right) \int_{-\infty}^{\infty} \exp\left[-\left(\sqrt{a}x + \frac{iw}{2\sqrt{a}}\right)^2\right] dx.$$

最初の等号はフーリエ変換の定義，3 番目の等号では x に無関係な指数部分を積分の外に出した．右辺の積分を I とすると，I は $\sqrt{\pi/a}$ に等しいことをつぎに示す．このために，新しい積分変数として，$\sqrt{a}x + iw/2\sqrt{a} = v$ を使う．したがって，$dx = dv/\sqrt{a}$ であるので，

$$I = \frac{1}{\sqrt{a}} \int_{-\infty}^{\infty} e^{-v^2} dv$$

となる．上の積分をつぎの手品みたいな方法で行うことにする．積分を 2 乗して，2 重積分に変換して，極座標 $r = \sqrt{u^2 + v^2}$ と θ を使う．$dudv = r\, dr d\theta$ であるので，

$$I^2 = \frac{1}{a} \int_{-\infty}^{\infty} e^{-u^2} du \int_{-\infty}^{\infty} e^{-v^2} dv = \frac{1}{a} \int_{-\infty}^{\infty} \int_{-\infty}^{\infty} e^{-(u^2+v^2)} dudv$$
$$= \frac{1}{a} \int_{0}^{2\pi} \int_{0}^{\infty} e^{-r^2} r\, dr d\theta = \frac{2\pi}{a} \left(-\frac{1}{2} e^{-r^2}\right)\Big|_{0}^{\infty} = \frac{\pi}{a}$$

となる．したがって，$I = \sqrt{\pi/a}$ となる．$I = \sqrt{\pi/a}$ をこの例の最初の式に代入すると，

$$\mathscr{F}(e^{-ax^2}) = \frac{1}{\sqrt{2\pi}} \exp\left(-\frac{w^2}{4a}\right) \sqrt{\frac{\pi}{a}} = \frac{1}{\sqrt{2a}} e^{-w^2/4a}$$

となる．この式は 2.11 節の表 III の公式 9 と一致する．　◀

物理的解釈：スペクトル

　式 (7) の意味を明確にするには，式 (7) の $f(x)$ は正弦振動の重ね合わせと考えるとよい．このことを**スペクトル表示**という．この名前は光学からきている．光学での光は色 (振動数) の重ね合わせである．式 (7) の $\widehat{f}(w)$ は**スペクトル密度**といい，$\widehat{f}(w)$ は w と $w + \Delta w$ (Δw は小さいとする) の間の振動数にある振動の強さである．波動論では，積分

$$\int_{-\infty}^{\infty} |\widehat{f}(w)|^2 dw$$

は物理系の**全エネルギー**と解釈される．したがって，$w = a$ から b までの $|\widehat{f}(w)|^2$ の積分は，振動数が a から b までのエネルギーである．

　このことをわかりやすくするために，力学系の単振動，すなわち調和振動子

(第 1 巻 2.5 節のばねにつながれた物体) を考えよう.
$$my'' + ky = 0.$$
ここで, 時間 t を x で表す. 上式に y' を掛けると $my'y'' + ky'y = 0$ となる. 積分すると,
$$\frac{1}{2}mv^2 + \frac{1}{2}ky^2 = E_0 = 一定.$$
ただし, $v = y'$ は速さである. 左辺の最初の項は運動エネルギー, 2 番目はポテンシャルエネルギー, E_0 はシステムの全エネルギーである. 上の微分方程式の一般解は,
$$y = a_1 \cos w_0 x + b_1 \sin w_0 x = c_1 e^{iw_0 x} + c_{-1} e^{-iw_0 x} \qquad (w_0^2 = k/m)$$
となる (2.5 節の式 (4), (5) 参照). ただし, $c_1 = (a_1 - ib_1)/2$, $c_{-1} = \bar{c}_1 = (a_1 + ib_1)/2$ である. 簡単にするために, $A = c_1 e^{iw_0 x}$, $B = c_{-1} e^{-iw_0 x}$ と書くと, $y = A + B$ である. 定義から $v = y' = A' + B' = iw_0(A - B)$ となる. E_0 の式の左辺の v と y にこれらの式を代入すると,
$$E_0 = \frac{1}{2}mv^2 + \frac{1}{2}ky^2 = \frac{1}{2}m(iw_0)^2(A-B)^2 + \frac{1}{2}k(A+B)^2$$
となる. $w_0^2 = k/m$ であるので, $mw_0^2 = k$ である. また, $i^2 = -1$ であるので,
$$E_0 = \frac{1}{2}k[-(A-B)^2 + (A+B)^2] = 2kAB$$
$$= 2kc_1 e^{iw_0 x} c_{-1} e^{-iw_0 x} = 2kc_1 c_{-1} = 2k|c_1|^2$$
となる. したがって, エネルギーは振幅 $|c_1|$ の 2 乗に比例する.

単振動より複雑な系がフーリエ級数で表される周期解 $y = f(x)$ をもつとする. このときは単一のエネルギー項 $|c_1|^2$ でなく, 2.5 節の式 (8) の一連のフーリエ係数 c_n の 2 乗の $|c_n|^2$ が現れる. この場合, 勘定可能な多数の (一般には無限個の) 振動数からなる**離散スペクトル** (または**点スペクトル**) が現れる. つまり, $|c_n|^2$ は全エネルギーのうちの一部を表す.

最後に, 解がフーリエ積分 (7) で表される系は, 上のようなエネルギー積分をもつ. このことは, 上で述べた力学系の振動からわかるであろう.

線形性, 導関数のフーリエ変換

ここで, 新しい変換があることを示そう.

定理 1 (**フーリエ積分の線形性**) フーリエ変換は線形演算子である. すなわち, フーリエ変換できる任意の関数 $f(x)$ と $g(x)$ と任意の定数 a と b に対

して，
$$\mathscr{F}(af+bg) = a\mathscr{F}(f) + b\mathscr{F}(g) \tag{8}$$
が成立する．

[証明] 積分演算は線形演算であるので，
$$\begin{aligned}\mathscr{F}\{af(x)+bg(x)\} &= \frac{1}{\sqrt{2\pi}}\int_{-\infty}^{\infty}[af(x)+bg(x)]e^{-iwx}dx \\ &= a\frac{1}{\sqrt{2\pi}}\int_{-\infty}^{\infty}f(x)e^{-iwx}dx + b\frac{1}{\sqrt{2\pi}}\int_{-\infty}^{\infty}g(x)e^{-iwx}dx \\ &= a\mathscr{F}\{f(x)\} + b\mathscr{F}\{g(x)\}\end{aligned}$$
となる． ◀

微分方程式にフーリエ変換を適用するとき大切なことは，関数の微分がフーリエ変換では，つぎのように iw を掛けることに帰着することである．

定理 2 ($f(x)$ の**導関数のフーリエ変換**) $f(x)$ は x 軸上で連続で，$|x| \to \infty$ のとき $f(x) \to 0$ になるとする．さらに，$f'(x)$ は x 軸上で絶対積分可能とする．このとき，
$$\mathscr{F}\{f'(x)\} = iw\mathscr{F}\{f(x)\} \tag{9}$$
が成立する．

[証明] フーリエ変換の定義から，
$$\mathscr{F}\{f'(x)\} = \frac{1}{\sqrt{2\pi}}\int_{-\infty}^{\infty}f'(x)e^{-iwx}dx$$
となる．部分積分すると，
$$\mathscr{F}\{f'(x)\} = \frac{1}{\sqrt{2\pi}}\left[f(x)e^{-iwx}\Big|_{-\infty}^{\infty} - (-iw)\int_{-\infty}^{\infty}f(x)e^{-iwx}dx\right]$$
となる．$|x| \to \infty$ のとき $f(x) \to 0$ であるので，求める結果，すなわち，
$$\mathscr{F}\{f'(x)\} = 0 + iw\mathscr{F}\{f(x)\}$$
が得られる． ◀

式 (9) を繰り返し使うと，
$$\mathscr{F}(f'') = iw\mathscr{F}(f') = (iw)^2\mathscr{F}(f)$$
となる．$(iw)^2 = -w^2$ であるので，f の 2 階導関数の変換は，
$$\mathscr{F}\{f''(x)\} = -w^2\mathscr{F}\{f(x)\} \tag{10}$$
となる．同様に，高階の導関数のフーリエ変換も得られる．

2.10 フーリエ変換

式 (10) の微分方程式への応用は 3.6 節で述べる．本節では，変換を導くために式 (9) がどのように使われるかを示す．

例 3　演算公式 (9) の応用　2.11 節の表 III の公式から xe^{-x^2} のフーリエ変換を求めよ．

［解］　式 (9) を使う．表 III の公式 9 から，

$$\mathscr{F}(xe^{-x^2}) = \mathscr{F}\left\{-\frac{1}{2}(e^{-x^2})'\right\} = -\frac{1}{2}\mathscr{F}\left\{(e^{-x^2})'\right\}$$
$$= -\frac{1}{2}iw\mathscr{F}(e^{-x^2}) = -\frac{1}{2}iw\frac{1}{\sqrt{2}}e^{-w^2/4} = -\frac{iw}{2\sqrt{2}}e^{-w^2/4}.$$ ◀

たたみ込み

関数 f と g の**たたみ込み** $f * g$ は，

$$h(x) = (f * g)(x) = \int_{-\infty}^{\infty} f(p)g(x-p)\,dp = \int_{-\infty}^{\infty} f(x-p)g(p)\,dp \quad \textbf{(11)}$$

で定義される．

ここでの目的は，ラプラス変換のときと同じである (1.5 節)．すなわち，2 つの関数のたたみ込みのフーリエ変換は，それぞれ 2 つの関数のフーリエ変換の積に等しい (ただし因子 $\sqrt{2\pi}$ を除く)．

定理 3（たたみ込み定理）　$f(x)$ と $g(x)$ は x 軸上で区分的に連続で，有限かつ絶対積分可能であるとき，

$$\boxed{\mathscr{F}(f * g) = \sqrt{2\pi}\mathscr{F}(f)\mathscr{F}(g)} \quad \textbf{(12)}$$

が成立する．

［証明］　定義から，

$$\mathscr{F}(f * g) = \frac{1}{\sqrt{2\pi}} \int_{-\infty}^{\infty} \int_{-\infty}^{\infty} f(p)g(x-p)e^{-iwx}\,dpdx.$$

積分の順番を交換すると，

$$\mathscr{F}(f * g) = \frac{1}{\sqrt{2\pi}} \int_{-\infty}^{\infty} \int_{-\infty}^{\infty} f(p)g(x-p)e^{-iwx}\,dxdp.$$

x のかわりに，新しい積分変数 $x - p = q$ を使う．そうすると $x = p + q$ となり，

$$\mathscr{F}(f * g) = \frac{1}{\sqrt{2\pi}} \int_{-\infty}^{\infty} \int_{-\infty}^{\infty} f(p)g(q)e^{-iw(p+q)}\,dqdp.$$

この 2 重積分は 2 個の積分の積で書かれて，求める結果

$$\mathscr{F}(f * g) = \frac{1}{\sqrt{2\pi}} \int_{-\infty}^{\infty} f(p)e^{-iwp}\,dp \int_{-\infty}^{\infty} g(q)e^{-iwq}\,dq$$

$$= \sqrt{2\pi}\mathscr{F}(f)\mathscr{F}(g)$$

が得られる. ◀

式 (12) の両辺の逆フーリエ変換を行う. 以前と同じように, $\hat{f} = \mathscr{F}(f)$ と $\hat{g} = \mathscr{F}(g)$ と書く. 式 (12) の $\sqrt{2\pi}$ と式 (7) の $1/\sqrt{2\pi}$ が互いに相殺するので,

$$(f*g)(x) = \int_{-\infty}^{\infty} \hat{f}(w)\hat{g}(w)e^{iwx}dw \tag{13}$$

となる. この公式は, 偏微分方程式を解くとき役にたつだろう.

フーリエ変換の一覧表が次節にある. さらにくわしい表が欲しいときは, 付録 1 の [C3] を参照せよ.

最後に, 以下のことを述べておこう. **離散フーリエ変換**は, $f(x)$ の (等間隔に配置された) 離散値を使って, フーリエ変換を近似する. 離散フーリエ変換の計算を効果的に行う方法が**高速フーリエ変換**である. 高速フーリエ変換については, 付録 1 の [E13] の中の説明と文献を参照せよ.

フーリエ級数, フーリエ積分, フーリエ変換について述べた 2 章は, これで終わりである. 数理物理でフーリエ級数 (とフーリエ積分) が使われはじめたことは, 数理物理とその工学的応用での最大の進歩の 1 つである. なぜならフーリエ級数 (とフーリエ積分) は, 境界値問題を解くとき, もっとも大切な道具であるからである. このことを次章で説明する.

❖❖❖❖❖ 問題 2.10 ❖❖❖❖❖

フーリエ変換の計算

つぎの関数 $f(x)$ のフーリエ変換を求めよ (2.11 節の表 III を使わないで求めよ). 計算の詳細も示せ.

1. $f(x) = \begin{cases} 1 & (a < x < b), \\ 0 & (それ以外) \end{cases}$

2. $f(x) = \begin{cases} e^{-kx} & (x > 0), \\ 0 & (x < 0), \end{cases}$ $(k > 0)$

3. $f(x) = \begin{cases} e^x & (-a < x < a), \\ 0 & (それ以外) \end{cases}$

4. $f(x) = \begin{cases} e^{kx} & (x < 0), \\ 0 & (x > 0), \end{cases}$ $(k > 0)$

5. $f(x) = \begin{cases} x & (0 < x < a), \\ 0 & (それ以外) \end{cases}$

6. $f(x) = \begin{cases} x^2 & (0 < x < 1), \\ 0 & (それ以外) \end{cases}$

7. $f(x) = \begin{cases} xe^{-x} & (x > 0), \\ 0 & (x < 0) \end{cases}$

8. $f(x) = \begin{cases} e^x & (x < 0), \\ e^{-x} & (x > 0) \end{cases}$

9. $f(x) = \begin{cases} -1 & (-a < x < 0), \\ 1 & (0 < x < a), \\ 0 & (それ以外) \end{cases}$ **10.** $f(x) = \begin{cases} |x| & (-1 < x < 1), \\ 0 & (それ以外) \end{cases}$

2.11 節の表 III の利用

11. 表 III の公式 9 から $\mathscr{F}(e^{-x^2/2})$ を求めよ．

12. 本文中の式 (9) と表 III の公式 5 から問題 7 を解け．

13. 表 III の公式 8 から公式 7 を求めよ．

14. 表 III の公式 5 から問題 8 を解け．

15. (たたみ込み)　たたみ込みを使って問題 7 を解け．

16. ［協同プロジェクト］ **移動**　(a)　もし $f(x)$ がフーリエ変換できるならば，$f(x-a)$ もフーリエ変換できることを示し，$\mathscr{F}\{f(x-a)\} = e^{-iwa}\mathscr{F}\{f(x)\}$ であることを示せ．

(b)　(a) と表 III の公式 2 を使って公式 1 を求めよ．

(c)　w **軸上の移動**　$\widehat{f}(w)$ が $f(x)$ のフーリエ変換ならば，$\widehat{f}(w-a)$ は $e^{iax}f(x)$ のフーリエ変換であることを示せ．

(d)　(c) と表 III の公式 1 から公式 7 を求めよ．また，公式 2 から公式 8 を求めよ．

2.11 変換表

くわしい表が欲しいときは，付録1の[C3]を参照せよ．

表 I. フーリエ余弦変換 (2.9 節の式 (2) 参照)

	$f(x)$	$\widehat{f_c}(w) = \mathscr{F}_c(f)$
1	$\begin{cases} 1 & (0 < x < a), \\ 0 & (\text{それ以外}) \end{cases}$	$\sqrt{\dfrac{2}{\pi}} \dfrac{\sin aw}{w}$
2	x^{a-1} $(0 < a < 1)$	$\sqrt{\dfrac{2}{\pi}} \dfrac{\Gamma(a)}{w^a} \cos \dfrac{aw}{2}$ ($\Gamma(a)$ については付録 A3.1)
3	e^{-ax} $(a > 0)$	$\sqrt{\dfrac{2}{\pi}} \left(\dfrac{a}{a^2 + w^2} \right)$
4	$e^{-x^2/2}$	$e^{-w^2/2}$
5	e^{-ax^2} $(a > 0)$	$\dfrac{1}{\sqrt{2a}} e^{-w^2/4a}$
6	$x^n e^{-ax}$ $(a > 0)$	$\sqrt{\dfrac{2}{\pi}} \dfrac{n!}{(a^2+w^2)^{n+1}} \operatorname{Re}(a+iw)^{n+1}$ (Re = 実部)
7	$\begin{cases} \cos x & (0 < x < a), \\ 0 & (\text{それ以外}) \end{cases}$	$\dfrac{1}{\sqrt{2\pi}} \left[\dfrac{\sin a(1-w)}{1-w} + \dfrac{\sin a(1+w)}{1+w} \right]$
8	$\cos ax^2$ $(a > 0)$	$\dfrac{1}{\sqrt{2a}} \cos \left(\dfrac{w^2}{4a} - \dfrac{\pi}{4} \right)$
9	$\sin ax^2$ $(a > 0)$	$\dfrac{1}{\sqrt{2a}} \cos \left(\dfrac{w^2}{4a} + \dfrac{\pi}{4} \right)$
10	$\dfrac{\sin ax}{x}$ $(a > 0)$	$\sqrt{\dfrac{\pi}{2}} u(a-w)$ (1.3 節)[16]
11	$\dfrac{e^{-x} \sin x}{x}$	$\dfrac{1}{\sqrt{2\pi}} \arctan \dfrac{2}{w^2}$
12	$J_0(ax)$ $(a > 0)$	$\sqrt{\dfrac{2}{\pi}} \dfrac{u(a-w)}{\sqrt{a^2-w^2}}$ (第 1 巻 4.5 節，1.3 節)[16]

---

[16] $u(a-w) = 1 - u(w-a)$.

2.11 変換表

表 II. フーリエ正弦変換 (2.9 節の式 (5) 参照)

	$f(x)$	$\widehat{f}_s(w) = \mathscr{F}_s(f)$
1	$\begin{cases} 1 & (0 < x < a), \\ 0 & (それ以外) \end{cases}$	$\sqrt{\dfrac{2}{\pi}} \left(\dfrac{1 - \cos aw}{w} \right)$
2	$\dfrac{1}{\sqrt{x}}$	$\dfrac{1}{\sqrt{w}}$
3	$\dfrac{1}{x^{3/2}}$	$2\sqrt{w}$
4	x^{a-1} $(0 < a < 1)$	$\sqrt{\dfrac{2}{\pi}} \dfrac{\Gamma(a)}{w^a} \sin \dfrac{a\pi}{2}$ ($\Gamma(a)$ については付録 A3.1)
5	e^{-x}	$\sqrt{\dfrac{2}{\pi}} \left(\dfrac{w}{1 + w^2} \right)$
6	$\dfrac{e^{-ax}}{x}$ $(a > 0)$	$\sqrt{\dfrac{2}{\pi}} \arctan \dfrac{w}{a}$
7	$x^n e^{-ax}$ $(a > 0)$	$\sqrt{\dfrac{2}{\pi}} \dfrac{n!}{(a^2 + w^2)^{n+1}} \operatorname{Im}(a + iw)^{n+1}$ (Im = 虚部)
8	$xe^{-x^2/2}$	$we^{-w^2/2}$
9	xe^{-ax^2} $(a > 0)$	$\dfrac{w}{(2a)^{3/2}} e^{-w^2/4a}$
10	$\begin{cases} \sin x & (0 < x < a), \\ 0 & (それ以外) \end{cases}$	$\dfrac{1}{\sqrt{2\pi}} \left[\dfrac{\sin a(1-w)}{1-w} - \dfrac{\sin a(1+w)}{1+w} \right]$
11	$\dfrac{\cos ax}{x}$ $(a > 0)$	$\sqrt{\dfrac{\pi}{2}} u(w - a)$ (1.3 節)
12	$\arctan \dfrac{2a}{x}$ $(a > 0)$	$\sqrt{2\pi} \dfrac{\sinh aw}{w} e^{-aw}$

表 III. フーリエ変換 (2.10 節の式 (6) 参照)

	$f(x)$	$\widehat{f}(w) = \mathscr{F}(f)$
1	$\begin{cases} 1 & (-b < x < b), \\ 0 & (\text{それ以外}) \end{cases}$	$\sqrt{\dfrac{2}{\pi}}\dfrac{\sin bw}{w}$
2	$\begin{cases} 1 & (b < x < c), \\ 0 & (\text{それ以外}) \end{cases}$	$\dfrac{e^{-ibw} - e^{-icw}}{iw\sqrt{2\pi}}$
3	$\dfrac{1}{x^2 + a^2} \quad (a > 0)$	$\sqrt{\dfrac{\pi}{2}}\dfrac{e^{-a|w|}}{a}$
4	$\begin{cases} x & (0 < x < b), \\ 2x - b & (b < x < 2b), \\ 0 & (\text{それ以外}) \end{cases}$	$\dfrac{-1 + 2e^{ibw} - e^{-2ibw}}{\sqrt{2\pi}w^2}$
5	$\begin{cases} e^{-ax} & (x > 0), \\ 0 & (\text{それ以外}), \end{cases} \quad (a > 0)$	$\dfrac{1}{\sqrt{2\pi}(a + iw)}$
6	$\begin{cases} e^{ax} & (b < x < c), \\ 0 & (\text{それ以外}) \end{cases}$	$\dfrac{e^{(a-iw)c} - e^{(a-iw)b}}{\sqrt{2\pi}(a - iw)}$
7	$\begin{cases} e^{iax} & (-b < x < b), \\ 0 & (\text{それ以外}) \end{cases}$	$\sqrt{\dfrac{2}{\pi}}\dfrac{\sin b(w - a)}{w - a}$
8	$\begin{cases} e^{iax} & (b < x < c), \\ 0 & (\text{それ以外}) \end{cases}$	$\dfrac{i}{\sqrt{2\pi}}\dfrac{e^{ib(a-w)} - e^{ic(a-w)}}{a - w}$
9	$e^{-ax^2} \quad (a > 0)$	$\dfrac{1}{\sqrt{2a}}e^{-w^2/4a}$
10	$\dfrac{\sin ax}{x} \quad (a > 0)$	$\sqrt{\dfrac{\pi}{2}} \quad (|w| < a), \quad 0 \quad (|w| > a)$

2章の復習

1. 3角級数とは何か．また，フーリエ級数とは何か．(テキストを見ないで答えよ．)
2. フーリエ係数に対するオイラーの公式とは何か．どんな考え方からオイラーの公式を求めたか．
3. 周期 2π の周期関数から任意周期の周期関数への移行はどのようにしたか．
4. なぜ周期 2π の周期関数をはじめに使ったか．これは何を簡単にしたか．
5. 不連続関数はフーリエ級数で展開できるか．テイラー級数ではどうか．
6. 連続関数の級数が不連続関数で表せるのは不思議ではないか．説明せよ．
7. 3角多項式による近似について知っていることを，テキストを見ないで述べよ．
8. 微分方程式の例では，入力の振動数の5倍の振動数で出力が振動した．なぜか．
9. 半区間展開とは何か．それはどういう場合に好都合か．
10. もし $f(x)$ が余弦項および正弦項のフーリエ級数をもつならば，余弦項だけの級数はどんな関数を表すか．また，正弦項だけの級数はどうか．
11. 区分的な連続性とは何か．なぜこの考え方が必要か．
12. フーリエ積分表示とは何か．フーリエ積分変換とは何か．
13. ギブスの現象とは何か．
14. フーリエ余弦変換およびフーリエ正弦変換とは何か．
15. 関数の偶周期展開および奇周期展開とは何か．なぜこれらが本章で必要か．

フーリエ級数 つぎの関数は，ある1周期分だけで値が与えられている．これらの周期関数のフーリエ級数を求めよ．周期関数を図示せよ．(途中計算の詳細も示せ．)

16. $f(x) = x \quad (-\pi < x < \pi)$
17. $f(x) = x^2 \quad (-\pi < x < \pi)$
18. $f(x) = \begin{cases} -k & (-1 < x < 0), \\ k & (0 < x < 1) \end{cases}$
19. $f(x) = \begin{cases} -x & (-2 < x < 0), \\ x & (0 < x < 2) \end{cases}$
20. $f(x) = \begin{cases} 4+x & (-4 < x < 0), \\ 4-x & (0 < x < 4) \end{cases}$
21. $f(x) = \begin{cases} 1 & (-1 < x < 0), \\ 0 & (0 < x < 1) \end{cases}$
22. $f(x) = |\sin x| \quad (-\pi < x < \pi)$
23. $f(x) = |\cos x| \quad (-\pi < x < \pi)$
24. $f(x) = \pi - x \quad (0 < x < 2\pi)$
25. $f(x) = |x| \quad (-\pi < x < \pi)$
26. $f(x) = x \quad (0 < x < 2\pi)$
27. $f(x) = \pi - 2|x| \quad (-\pi < x < \pi)$
28. $f(x) = x^3 \quad (-1 < x < 1)$
29. $f(x) = x^2 \quad (0 < x < 2)$

上の問題のうち奇数番号の問題の解答から以下を示せ．

30. $\dfrac{1}{1\cdot 3} - \dfrac{1}{3\cdot 5} + \dfrac{1}{5\cdot 7} - \dfrac{1}{7\cdot 9} + -\cdots = \dfrac{\pi}{4} - \dfrac{1}{2}$

31. $1 + \dfrac{1}{9} + \dfrac{1}{25} + \dfrac{1}{49} + \dfrac{1}{81} + \cdots = \dfrac{\pi^2}{8}$

32. $1 - \dfrac{1}{4} + \dfrac{1}{9} - \dfrac{1}{16} + \dfrac{1}{25} - +\cdots = \dfrac{\pi^2}{12}$

33. (最小 2 乗誤差) 問題 25 の最初の第 6 項までの部分和に対して，最小 2 乗誤差を求めよ．

34. (最小 2 乗誤差) 問題 17 の最初の第 10 項までの部分和に対して，最小 2 乗誤差を求めよ．

35. (一般解) $y'' + \omega^2 y = r(t)$ を解け．ただし，$r(t) = t^2/4$ $(-\pi < t < \pi)$, $r(t+2\pi) = r(t)$, $|\omega| \neq 0, 1, 2, \cdots$.

36. 問題 35 をふたたび解け．ただし，$r(t) = t(\pi^2 - t^2)/12$ $(-\pi < t < \pi)$, $r(t+2\pi) = r(t)$, $|\omega| \neq 1, 2, \cdots$.

37. (フーリエ余弦変換) $f(x) = x$ $(1 < x < a)$, $f(x) = 0$ (それ以外の x) である．$f(x)$ のフーリエ余弦変換を求めよ．

38. (フーリエ正弦変換) $f(x) = x + 1$ $(0 < x < 1)$, $f(x) = 0$ (それ以外の x) である．$f(x)$ のフーリエ正弦変換を求めよ．

39. (フーリエ変換) $f(x) = e^{-2x}$ $(x > 0)$, $f(x) = 0$ $(x < 0)$ である．$f(x)$ のフーリエ変換を求めよ．

40. (フーリエ変換) $f(x) = kx$ $(a < x < b)$, $f(x) = 0$ (それ以外の x) である．$f(x)$ のフーリエ変換を求めよ．

2 章のまとめ

3 角級数はつぎの形の級数である (2.1, 2.3 節)

$$a_0 + \sum_{n=1}^{\infty} \left(a_n \cos \frac{n\pi}{L} x + b_n \sin \frac{n\pi}{L} x \right). \tag{1}$$

もしこれが収束するならば，その和は周期 $p = 2L$ の周期関数である．周期 $p = 2L$ の周期関数のフーリエ級数は，3 角級数 (1) である．ただし，式 (1) の係数は $f(x)$ のフーリエ係数である．フーリエ係数は，つぎのオイラーの公式 (2.3 節) で与えられる．

$$a_0 = \frac{1}{2L} \int_{-L}^{L} f(x)\,dx, \quad a_n = \frac{1}{L} \int_{-L}^{L} f(x) \cos \frac{n\pi x}{L}\,dx,$$
$$b_n = \frac{1}{L} \int_{-L}^{L} f(x) \sin \frac{n\pi x}{L}\,dx. \tag{2}$$

周期が 2π のときは単に (2.2 節),

$$f(x) = a_0 + \sum_{n=1}^{\infty} (a_n \cos nx + b_n \sin nx). \tag{1*}$$

ただし，フーリエ係数は，

$$a_0 = \frac{1}{2\pi} \int_{-\pi}^{\pi} f(x)\, dx, \qquad a_n = \frac{1}{\pi} \int_{-\pi}^{\pi} f(x) \cos nx\, dx,$$
$$b_n = \frac{1}{\pi} \int_{-\pi}^{\pi} f(x) \sin nx\, dx \tag{2*}$$

で与えられる (2.2 節).

フーリエ級数は周期現象を扱うとき重要である．とくに微分方程式を含むモデルにおいて重要である．もし $f(x)$ が偶関数のとき $[f(-x) = f(x)]$，または奇関数のとき $[f(-x) = -f(x)]$，フーリエ級数は，それぞれ**フーリエ余弦級数**または**フーリエ正弦級数**になる (2.4 節)．もし $f(x)$ が $0 \leqq x \leqq L$ だけで定義されていたら，周期 $2L$ の 2 つの**半区間展開**がありうる．すなわち，余弦級数および正弦級数である (2.4 節).

式 (1) の余弦関数および正弦関数の集合は**3角関数系**という．3角関数系のもっとも基礎的な性質は，長さ $2L$ の区間での**直交性**である．すなわち，すべての整数 m と $n\,(\neq m)$ に対して，

$$\int_{-L}^{L} \cos \frac{m\pi x}{L} \cos \frac{n\pi x}{L}\, dx = 0, \qquad \int_{-L}^{L} \sin \frac{m\pi x}{L} \sin \frac{n\pi x}{L}\, dx = 0.$$

また，すべての整数 m と n に対して，

$$\int_{-L}^{L} \cos \frac{m\pi x}{L} \sin \frac{n\pi x}{L}\, dx = 0.$$

フーリエ係数を計算するためにオイラーの公式を導く場合，この直交性は重要である．

フーリエ級数の部分和は，2乗誤差を最小にする (2.7 節).

フーリエ級数の考え方と方法は，全実軸で定義されている非周期関数 $f(x)$ に適用できる．非周期関数は，つぎの**フーリエ積分**で表される (2.8 節).

$$f(x) = \int_0^{\infty} [A(w) \cos wx + B(w) \sin wx]\, dw. \tag{3}$$

ただし，

$$A(w) = \frac{1}{\pi} \int_{-\infty}^{\infty} f(v) \cos wv\, dv, \qquad B(w) = \frac{1}{\pi} \int_{-\infty}^{\infty} f(v) \sin wv\, dv. \tag{4}$$

または，複素形式 (2.10 節) で書くと，

$$f(x) = \frac{1}{\sqrt{2\pi}} \int_{-\infty}^{\infty} \widehat{f}(w) e^{iwx}\, dw \qquad (i = \sqrt{-1}). \tag{5}$$

ただし，

$$\widehat{f}(w) = \frac{1}{\sqrt{2\pi}} \int_{-\infty}^{\infty} f(x) e^{-iwx}\, dx. \tag{6}$$

式 (6) により $f(x)$ から**フーリエ変換** $\widehat{f}(w)$ が与えられる．

式 (6) に関連しているのは，**フーリエ余弦変換**

$$\widehat{f_c}(w) = \sqrt{\frac{2}{\pi}} \int_0^\infty f(x) \cos wx \, dx \qquad (7)$$

および**フーリエ正弦変換**

$$\widehat{f_s}(w) = \sqrt{\frac{2}{\pi}} \int_0^\infty f(x) \sin wx \, dx \qquad (8)$$

である (2.9 節).

3

偏微分方程式

　偏微分方程式は，いろいろな物理的および幾何学的問題との関連で現れる．その場合，関数は2つかそれ以上の独立変数を含んでいる．通常は，時間 t と1つ以上の空間変数である．これに対して，**常微分方程式**で書けるのは簡単な物理系といってよいであろう．流体力学，弾性学，熱流，電磁学理論，量子力学，そして物理学のほかの分野のほとんどの問題で，**偏微分方程式**が現れるといってよい．実際，常微分方程式と比較すると，偏微分方程式が応用される範囲は広い．

　本章では，工学的応用で現れるもっとも重要な偏微分方程式をいくつかを考える．偏微分方程式を物理系のモデルとして導き，**初期値問題**および**境界値問題**を解く方法について述べる．ここで，**初期値問題**および**境界値問題**とは，偏微分方程式と付加的な物理的条件から構成されているものをいう．

　3.1 節で，偏微分方程式の解の概念を定義する．振動する弦は1次元波動方程式で記述される．3.2–3.4 節で，1次元波動方程式について述べる．3.5 節と 3.6 節で，熱方程式について述べ，3.7–3.10 節で，振動膜に関する2次元波動方程式について述べる．3.11 節で，ラプラスの方程式について述べる．

　3.6 節と 3.12 節では，偏微分方程式がフーリエ変換法またはラプラス変換法で解けることを示す．

　偏微分方程式に対する数値解法は，第5巻 3.4–3.7 節で述べる．

　本章を学ぶための予備知識：線形常微分方程式 (第1巻2章) とフーリエ級数 (2章)．

　短縮コースでは省略してもよい節：3.6, 3.9–3.12 節．

　参考書：付録 1, C.

　問題の解答：付録 2.

3.1 基本概念

複数の独立変数に関する (未知) 関数とその偏導関数を含む方程式を，**偏微分方程式**という．導関数の最高階数を方程式の**階数**という．

常微分方程式のときとまったく同様に，従属変数 (未知関数) とその偏導関数について 1 次であれば，その偏微分方程式を**線形**という．方程式のすべての項が従属変数またはその偏導関数を含むとき，その方程式を**同次**という．そうでない偏微分方程式を**非同次**という．

例 1 2 階の線形偏微分方程式で重要なもの

$$\frac{\partial^2 u}{\partial t^2} = c^2 \frac{\partial^2 u}{\partial x^2} \qquad \text{1 次元波動方程式}, \qquad (1)$$

$$\frac{\partial u}{\partial t} = c^2 \frac{\partial^2 u}{\partial x^2} \qquad \text{1 次元熱方程式}, \qquad (2)$$

$$\frac{\partial^2 u}{\partial x^2} + \frac{\partial^2 u}{\partial y^2} = 0 \qquad \text{2 次元ラプラスの方程式}, \qquad (3)$$

$$\frac{\partial^2 u}{\partial x^2} + \frac{\partial^2 u}{\partial y^2} = f(x, y) \qquad \text{2 次元ポアソンの方程式}, \qquad (4)$$

$$\frac{\partial^2 u}{\partial t^2} = c^2 \left(\frac{\partial^2 u}{\partial x^2} + \frac{\partial^2 u}{\partial y^2} \right) \qquad \text{2 次元波動方程式}, \qquad (5)$$

$$\frac{\partial^2 u}{\partial x^2} + \frac{\partial^2 u}{\partial y^2} + \frac{\partial^2 u}{\partial z^2} = 0 \qquad \text{3 次元ラプラスの方程式}. \qquad (6)$$

ただし，c は定数，t は時間，x, y, z はデカルト座標である．次元とは，方程式中のデカルト座標の数である．方程式 (4) ($f(x,y) \neq 0$) は非同次であり，式 (4) 以外の方程式は同次である． ◀

独立変数がつくる空間内の閉領域 R において偏微分方程式の**解**があるとは，R を含む領域で方程式に現れるすべての偏導関数が存在し，かつ R のいたるところで方程式を満足する関数があることである．(場合によっては，この関数が R の境界で連続で，R の内部で必要な偏導関数をもち，R の内部で方程式を満たすことだけを要請することも多い).

一般に，偏微分方程式の解の全体は非常に大きい集合をつくっている．たとえば関数

$$u = x^2 - y^2, \quad u = e^x \cos y, \quad u = \ln(x^2 + y^2) \qquad (7)$$

は互いにまったく異なる形をしているが，いずれも式 (3) の解である．このことは，式 (7) を実際に式 (3) に代入してみると証明できる．ある物理の問題に対する偏微分方程式の一意的な解は，物理的状況から得られる付加的な情報を用いて決められる．たとえば，ある場合には，領域の境界で解の値が与えられ

3.1 基本概念

ている (**境界条件**). ほかの場合には, 時間 t が独立変数の 1 つとなっていて, $t=0$ で解 u の値 (または $u_t = \partial u/\partial t$, 場合によっては u と u_t の両方の値) があらかじめ与えられている (**初期条件**).

もし常微分方程式が線形で同次ならば, 既知の解の重ね合わせにより新しい解が得られる. 同次線形偏微分方程式に対しても状況はまったく同じであり, つぎの定理が成立する.

定理 1 (**基本定理 (解の重ね合わせ, または線形原理)**) ある領域 R での線形同次偏微分方程式の任意の解を u_1 と u_2 とすると,

$$u = c_1 u_1 + c_2 u_2$$

もその領域 R での解である. ただし, c_1 と c_2 は任意の定数である.

この重要な定理の証明は簡単であり, 第 1 巻 2.1 節の定理 1 のときとまったく同様にできるので, ここでは書かない.

以下の問題 3.1 の 2–14 の解の証明は, 常微分方程式のときと同じようにして示せる. 問題 15–22 は偏微分方程式についてであるが, 常微分方程式のときのようにして解ける. このことを示すために, 2 つの典型的な例を考えよう.

例 2 偏微分方程式 $u_{xx} - u = 0$ の解 $u(x,y)$ を求めよ.

[解] y の導関数がないので, $u'' - u = 0$ のようにして解ける. 第 1 巻 2.2 節で, $u = Ae^x + Be^{-x}$ を得た. ただし, A と B は定数である. ここでは, A と B は y の関数としてもよい. そこで答えは,

$$u(x,y) = A(y)e^x + B(y)e^{-x}.$$

A と B は y の任意の関数である. このようにして, いろいろな解が得られる. 上式を $u_{xx} - u = 0$ に代入して解であることを検算せよ. ◀

例 3 偏微分方程式 $u_{xy} = -u_x$ を解け.

[解] $u_x = p$ とすると, $p_y = -p$, $p_y/p = -1$, $\ln p = -y + \tilde{c}(x)$, $p = c(x)e^{-y}$. そして, $u_x = p$ を x について積分すると,

$$u(x,y) = f(x)e^{-y} + g(y) \qquad \left(f(x) = \int c(x)\,dx \right).$$

ただし, $f(x)$ と $g(y)$ は任意の関数である. ◀

✦✦✦✦✦ **問題 3.1** ✦✦✦✦✦

1. (**基本定理**) 2 つないし 3 つの独立変数をもつ 2 階微分方程式に対して, 基本定理 1 を証明せよ.

解の証明

以下の与えられた関数が、指定された方程式の解であることを示し、解の形を空間での曲面として図示せよ．

波動方程式 (1) （c の値は問題により適当に選べ）

2. $u = x^2 + t^2$
3. $u = \sin 9t \sin \frac{1}{4} x$
4. $u = \cos 4t \sin 2x$
5. $u = \sin ct \sin x$

熱方程式 (2) （c の値は問題により適当に選べ）

6. $u = e^{-t} \sin x$
7. $u = e^{-4t} \cos 3x$
8. $u = e^{-9t} \cos \omega x$
9. $u = e^{-\omega^2 c^2 t} \sin \omega x$

ラプラス方程式 (3)

10. $u = 2xy$
11. $u = e^x \sin y$
12. $u = \cos x \sinh y$
13. $u = \arctan(y/x)$

14. ［協同プロジェクト］ 解の証明 　(a) ポアソン方程式 $f(x,y)$ が以下で与えられるとき，u が式 (4) を満たすことを証明せよ．
$$u = x^2 + y^2, \quad f = 4,$$
$$u = \cos(xy), \quad f = -(x^2 + y^2)\cos(xy),$$
$$u = y/x, \quad f = 2y/x^3.$$

(b) ラプラス方程式 $u = 1/\sqrt{x^2 + y^2 + z^2}$ が式 (6) を満たすことを示せ．

(c) v と w が任意のとき（ただし微分できる），つぎの u が与えられた偏微分方程式を満たすことを示せ．
$$u = v(x) + w(y), \quad u_{xy} = 0,$$
$$u = v(x)w(y), \quad uu_{xy} = u_x u_y,$$
$$u = v(x+2t) + w(x-2t), \quad u_{tt} = 4u_{xx}.$$

常微分方程式として解ける偏微分方程式

もし方程式が 1 つの変数の導関数だけを含むとき，その方程式は常微分方程式として解ける．その場合，ほかの変数（複数の変数であることもある）は，単にパラメータとして扱う．つぎの方程式の解 $u(x,y)$ を求めよ．

15. $u_y = u$
16. $u_{xx} + 9u = 0$
17. $u_{yy} = 0$
18. $u_y + 2yu = 0$
19. $u_{xy} = u_x$
20. $u_{yy} = u$
21. $u_y = 2xyu$
22. $u_{yy} = u_y$

23. （境界値問題） $u(x,y) = a \ln(x^2 + y^2) + b$ がラプラス方程式 (3) を満たすことを示し，境界条件として円 $x^2 + y^2 = 1$ で $u = 0$，円 $x^2 + y^2 = 4$ で $u = 3$ となるように a と b を決めよ．この関数で表される曲面の形を図示せよ．

24. （回転面） $yz_x = xz_y$ の解 $z = z(x,y)$ は，回転面を表すことを示せ．

　　［ヒント］ 極座標 r, θ を使うと，方程式が $z_\theta = 0$ となることを示せ．

25. （系） $u_{xx} = 0,\ u_{yy} = 0$ となる $u(x,y)$ を求めよ．

3.2　モデル化：振動する弦，波動方程式

　重要な偏微分方程式の最初の例として，バイオリンの弦のような弾性的な弦の微小横振動の波を記述する方程式を導く．弦を x 軸に沿って張り，長さが L になるように伸ばし，両端を $x = 0$, L で固定する．弦を変形させて，ある瞬間，たとえば $t = 0$ で振動を開始させて，$t > 0$ での弦の形を求めるのが目的である．すなわち，任意の場所 x と任意の時間 t での弦の変位 $u(x, t)$ を求めたい．図 3.1 が参考になるであろう．

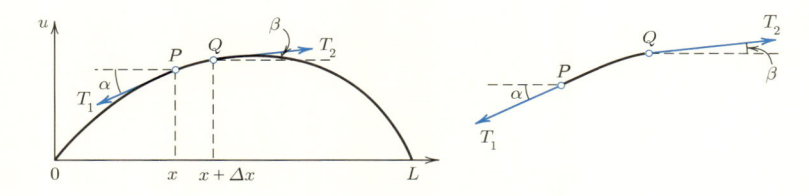

図 3.1　ある時間 t における振動する弦

　偏微分方程式の解として $u(x, t)$ を得るが，偏微分方程式は物理系のモデルである．この偏微分方程式はあまり複雑でなくて，解ける必要がある．したがって，仮定をつぎのように簡単にする (第 1 巻 1–5 章の常微分方程式のときと同じである)．

物理的仮定

1. 弦の単位長さあたりの質量は一定である (均質な弦)．弦は完全に弾性的で，曲げに対する抵抗がない．
2. 弦を両端で固定するときに弦を伸ばすが，そのときの張力が十分に大きいので，弦に働く重力の効果は無視できる．
3. 弦は垂直面内で微小横運動を行う．すなわち，弦の各点は厳密に垂直方向に動き，各点における弦の変位と傾きの絶対値は小さい．

これらの仮定から得られる微分方程式の解 $u(x, t)$ は，"現実" をうまく記述するであろう．

微分方程式の力学的導出

　微分方程式を導くため，弦の微小部分にはたらく力を考える (図 3.1)．弦は曲げに対して抵抗がないので，弦の各点で接線方向に張力がはたらく．微小部分の端点 P と Q での張力をそれぞれ T_1 と T_2 としよう．弦の各点は垂直方向

に動き，水平方向には運動しない．したがって，張力の水平方向の成分は一定でなければならない．図 3.1 の記号を用いると，

$$T_1 \cos\alpha = T_2 \cos\beta = T = \text{一定} \tag{1}$$

である．垂直方向には 2 つの力がはたらく．すなわち，$-T_1 \sin\alpha$ と $T_2 \sin\beta$ である．ここで負の記号が現れたが，これは P での力の成分が下向きであるからである．ニュートンの運動の第 2 法則から，これら 2 つの力の合力は，微小部分の質量 $\rho\Delta x$ に加速度 $\partial^2 u/\partial t^2$ を掛けたものに等しい．ここで，加速度 $\partial^2 u/\partial t^2$ は，x と $x+\Delta x$ の間の点で測ったものである．また，ρ は変形していない弦の単位長さあたりの質量であり，Δx は変形していない弦の微小部分の長さである．したがって，

$$T_2 \sin\beta - T_1 \sin\alpha = \rho\Delta x \frac{\partial^2 u}{\partial t^2}$$

となる．上式の左辺第 1 項を式 (1) の $T_2 \cos\beta$ で割り，第 2 項を $T_1 \cos\alpha$ で割り，右辺を T で割ると，

$$\frac{T_2 \sin\beta}{T_2 \cos\beta} - \frac{T_1 \sin\alpha}{T_1 \cos\alpha} = \tan\beta - \tan\alpha = \frac{\rho\Delta x}{T}\frac{\partial^2 u}{\partial t^2} \tag{2}$$

となる．$\tan\alpha$ と $\tan\beta$ は，それぞれ x と $x+\Delta x$ での弦の曲線の傾きである．すなわち，

$$\tan\alpha = \left(\frac{\partial u}{\partial x}\right)\bigg|_x, \quad \tan\beta = \left(\frac{\partial u}{\partial x}\right)\bigg|_{x+\Delta x}$$

である．u は t にも依存するので，上のように偏微分で書かなければならない．式 (2) を Δx で割ると，

$$\frac{1}{\Delta x}\left[\left(\frac{\partial u}{\partial x}\right)\bigg|_{x+\Delta x} - \left(\frac{\partial u}{\partial x}\right)\bigg|_x\right] = \frac{\rho}{T}\frac{\partial^2 u}{\partial t^2}$$

となる．Δx を 0 に近づけると，つぎの線形偏微分方程式を得る．

$$\frac{\partial^2 u}{\partial t^2} = c^2 \frac{\partial^2 u}{\partial x^2} \qquad \left(c^2 = \frac{T}{\rho}\right). \tag{3}$$

これが，この問題を記述するいわゆる **1 次元波動方程式**である．式 (3) は同次で 2 階である．物理定数 T/ρ を c^2 (c ではなく) で表したが，これは T/ρ が正の量であることを示すためである．"1 次元" と書いたのは，方程式に 1 つの空間座標 x のみが現れるからである．この方程式の解は次節で得られる．

3.3 変数分離：フーリエ級数の利用

3.2節で，バイオリンの弦のような弾性弦の振動がつぎの**1次元波動方程式**で記述されることを示した．

$$\frac{\partial^2 u}{\partial t^2} = c^2 \frac{\partial^2 u}{\partial x^2}. \tag{1}$$

ただし，$u(x,t)$ は弦の変位である．弦がどのように運動するかを調べるためには，この方程式を解かなければならない．厳密にいうと，式 (1) の解 u はこの物理系に課せられている条件を満たす必要がある．端点 $x=0$ と $x=L$ で弦が固定されているので，2つの**境界条件**

$$u(0,t) = 0, \quad u(L,t) = 0 \quad \text{（すべての時間 } t \text{ に対して）} \tag{2}$$

が得られる．初期変位 ($t=0$ での変位) と初速度 ($t=0$ での速度) によって弦の運動の様子が変わる．初期変位を $f(x)$，初速度を $g(x)$ とすると，2つの**初期条件**

$$u(x,0) = f(x), \tag{3}$$

$$\left.\frac{\partial u}{\partial t}\right|_{t=0} = g(x) \tag{4}$$

が得られる．問題は，式 (1) の解のうち条件 (2)–(4) を満たすものを求めることであるが，つぎの手順でこれを行う．

ステップ1　いわゆる変数分離法または乗積法を適用して，2つの常微分方程式を得る．

ステップ2　これら2つの方程式の解で，かつ境界条件 (2) を満たすものを求める．

ステップ3　これらの解を組み合わせて，波動方程式 (1) の解であり，かつ初期条件 (3) と (4) を満たすものを見つける．

ステップ1：2つの常微分方程式

変数分離法または乗積法では，方程式 (1) の解を

$$u(x,t) = F(x)G(t) \tag{5}$$

の形にする．これは2つの関数の積で，それぞれの関数は変数 x と t のみに依存する．あとでわかるように，この変数分離法は工学数学のいろいろな分野で

応用されている．式 (5) を微分すると，
$$\frac{\partial^2 u}{\partial t^2} = F\ddot{G}, \quad \frac{\partial^2 u}{\partial x^2} = F''G$$
となる．ただし，ドット ˙ は t に関する微分を表し，プライム ′ は x に関する微分を表す．これを微分方程式 (1) に代入すると，
$$F\ddot{G} = c^2 F''G$$
となる．$c^2 FG$ で両辺を割ると，
$$\frac{\ddot{G}}{c^2 G} = \frac{F''}{F}.$$
上式の両辺は定数でなければならない．なぜならば，左辺は t のみの関数で，右辺は x のみの関数であるので，もし t (または x) の値を変えると，左辺 (または右辺) の値のみが変わって，右辺 (左辺) の値は変わらないからである．このことから，
$$\frac{\ddot{G}}{c^2 G} = \frac{F''}{F} = k$$
となる．これから，ただちに 2 つの常微分方程式

$$\boxed{F'' - kF = 0,} \tag{6}$$

$$\boxed{\ddot{G} - c^2 kG = 0} \tag{7}$$

を得る．ただし，k は今のところ任意である．

ステップ 2：境界条件 (2) を満たすこと

式 (6) と式 (7) から F と G を決めて，$u = FG$ が境界条件 (2) を満たすようにする．すなわち，
$$u(0, t) = F(0)G(t) = 0,$$
$$u(L, t) = F(L)G(t) = 0 \quad (\text{すべての } t \text{ について})$$
である．

式 (6) の解　式 (5) で $G(t) \equiv 0$ ならば，明らかに $u \equiv 0$ となり，これは意味のない解である．したがって，$G \not\equiv 0$ とすると，
$$F(0) = 0, \tag{8a}$$
$$F(L) = 0 \tag{8b}$$

となる．$k = 0$ のときは，式 (6) の一般解が $F(x) = ax + b$ となり，式 (8) から $a = b = 0$ が得られる．したがって $F(x) \equiv 0$，そして $u \equiv 0$ となる．これは意

味のない解である．つぎに，$k>0$ として $k=\mu^2$ とおくと，式 (6) の一般解が，
$$F = Ae^{\mu x} + Be^{-\mu x}$$
となる．式 (8) を用いると，前と同じように，$F \equiv 0$ となる．したがって，意味のある解を得るための残る可能性は，$k<0$ とすることだけであるので，$k=-p^2$ とおく．式 (6) は，
$$F'' + p^2 F = 0$$
の形になる．一般解は，
$$F(x) = A\cos px + B\sin px$$
である．これと式 (8) から，
$$F(0) = A = 0 \quad さらに \quad F(L) = B\sin pL = 0$$
を得る．$B=0$ とすると $F \equiv 0$ となってしまうので，$B \neq 0$ とおかなければならない．したがって，$\sin pL = 0$ である．その結果
$$pL = n\pi, \quad すなわち \quad p = \frac{n\pi}{L} \quad (n は整数) \tag{9}$$
となる．$B=1$ とおくと，無限に多くの解 $F(x) = F_n(x)$ が得られる．ただし，
$$F_n(x) = \sin\frac{n\pi}{L}x \quad (n=1,2,\cdots) \tag{10}$$
である．この解は式 (8) を満たす．$\sin(-\alpha) = -\sin\alpha$ であるので，n が負の整数のときには，式 (10) の解の符号が変わるだけで同じ解が得られる．

式 (7) の解　このように k が限定されて，式 (9) から $k = -p^2 = -(n\pi/L)^2$ となる．この k の値に対して，方程式 (7) は，
$$\ddot{G} + \lambda_n^2 G = 0 \quad \left(ただし \lambda_n = \frac{cn\pi}{L}\right) \tag{11*}$$
の形になる．一般解は，
$$G_n(t) = B_n \cos\lambda_n t + B_n{}^* \sin\lambda_n t$$
である．したがって，関数 $u_n(x,t) = F_n(x)G_n(t)$ は，
$$\boxed{u_n(x,t) = (B_n\cos\lambda_n t + B_n{}^*\sin\lambda_n t)\sin\frac{n\pi}{L}x} \quad (n=1,2,\cdots) \tag{11}$$
と書く．u_n は，式 (2) を満たす式 (1) の解である．関数 u_n を振動弦の**固有関数**または**特性関数**とよび，$\lambda_n = cn\pi/L$ を**固有値**または**特性値**とよぶ．集合 $\{\lambda_1,\lambda_2,\cdots\}$ を**スペクトル**とよぶ．

固有関数について　それぞれの u_n は，振動数が $\lambda_n/2\pi = cn/2L$ である調和振動を表す．この運動を弦の第 n **標準モード**とよぶ．第 1 標準モードは**基本**

モード ($n=1$), ほかの標準モードは**上音**として知られている. 音楽用語でいうと, それらはオクターブ, オクターブ +5 度などを与える. 式 (11) で,

$$x = \frac{L}{n}, \frac{2L}{n}, \cdots, \frac{n-1}{n}L \text{ のとき,} \qquad \sin\frac{n\pi x}{L} = 0$$

であるので, 第 n 標準モードは $n-1$ 個の**節**をもつ. ここで, 節とは弦の動かない点である (図 3.2, 動かない両端点は除く).

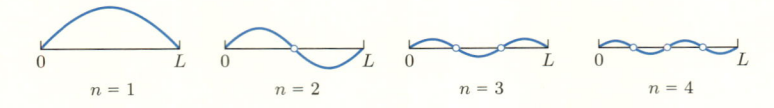

図 3.2　振動弦の標準モード

図 3.3 は, 第 2 標準モードの時間変化である. どの瞬間にも弦は正弦波の形をしている. 弦の左半分が下降するとき, 残りの右半分は上昇する. その逆も正しい. ほかの標準モードについても状況は似ている.

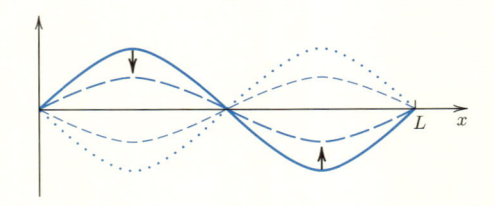

図 3.3　異なる時間 t に対する第 2 標準モード

調　律　以上の式で, 振動数は, $\lambda_n/2\pi = cn/2L$, $c^2 = T/\rho$ で与えられるので (3.2 節の式 (3)), 振動数 $\lambda_n/2\pi$ は張力 T とともに大きくなる. これから張力 T を変えれば調律ができる. 張力 T は無限に大きくできない. それでは, 高い基本モードをもつ弦をつくるにはどうすればよいか. (L と ρ について考えよ.) ダブルベースよりバイオリンが小型なのはなぜか.

ステップ 3：問題の一般解

明らかに, 単一解 $u_n(x,t)$ では, 一般に初期条件 (3) と (4) を満たすことができない. ところで, 方程式 (1) は線形かつ同次であるので, 3.1 節の定理 1 (基本定理) から, 有限個の u_n の和も方程式 (1) の解である. 初期条件 (3) と (4) を満たす解を得るため, 無限級数

3.3 変数分離：フーリエ級数の利用

$$u(x,t) = \sum_{n=1}^{\infty} u_n(x,t) = \sum_{n=1}^{\infty} (B_n \cos \lambda_n t + B_n{}^* \sin \lambda_n t) \sin \frac{n\pi}{L}x \qquad (12)$$

を考えよう (前と同じく $\lambda_n = cn\pi/L$ である).

初期条件 (3) を満たすこと (初期変位)　　式 (12) と条件 (3) から,

$$u(x,0) = \sum_{n=1}^{\infty} B_n \sin \frac{n\pi}{L}x = f(x). \qquad (13)$$

したがって, $u(x,0)$ が $f(x)$ のフーリエ正弦級数になるように係数 B_n を選ばなければならない. そこで, 2.4 節の式 (6) から,

$$B_n = \frac{2}{L}\int_0^L f(x) \sin \frac{n\pi x}{L}\,dx \qquad (n = 1, 2, \cdots) \qquad (14)$$

である.

初期条件 (4) を満たすこと (初期速度)　　同様に式 (12) を t で微分して, 条件 (4) を用いると,

$$\left.\frac{\partial u}{\partial t}\right|_{t=0} = \left[\sum_{n=1}^{\infty} (-B_n \lambda_n \sin \lambda_n t + B_n{}^* \lambda_n \cos \lambda_n t) \sin \frac{n\pi x}{L}\right]_{t=0}$$
$$= \sum_{n=1}^{\infty} B_n{}^* \lambda_n \sin \frac{n\pi x}{L} = g(x)$$

となる. したがって, 上式の最後の等号が成立するようにフーリエ係数 $B_n{}^*$ を選べばよい. 2.4 節の式 (6) から,

$$B_n{}^* \lambda_n = \frac{2}{L}\int_0^L g(x) \sin \frac{n\pi x}{L}\,dx$$

となる. $\lambda_n = cn\pi/L$ であるので, 上式は,

$$B_n{}^* = \frac{2}{cn\pi}\int_0^L g(x) \sin \frac{n\pi x}{L}\,dx \qquad (n = 1, 2, \cdots) \qquad (15)$$

と書ける.

結　果　　係数 (14) と (15) をもつ式 (12) の $u(x,t)$ は, 式 (1) の解であって, 条件 (2), (3), (4) を満たす. ただし, 級数 (12) は収束して, 級数 (12) を x と t について 2 回微分した級数も収束して, 和が連続な $\partial^2 u/\partial x^2$ と $\partial^2 u/\partial t^2$ になる必要がある.

解 (12) の妥当性　　このように, 式 (12) の解は最初は単に形式的なものであったが, ここで式 (12) が正しいことを証明しよう. 簡単のため初速度 $g(x)$ が 0 である場合を考える. この場合 $B_n{}^*$ は 0 で, 式 (12) は,

$$u(x,t) = \sum_{n=1}^{\infty} B_n \cos \lambda_n t \sin \frac{n\pi x}{L} \qquad \left(\lambda_n = \frac{cn\pi}{L}\right) \tag{16}$$

となる.この**級数**の和は,閉じた形,または有限の形に書くことができる.そのため,**3角関数**の積を和にする公式 (付録 A3.1 の式 (11))

$$\cos \frac{cn\pi}{L} t \sin \frac{n\pi}{L} x = \frac{1}{2} \left[\sin \left\{ \frac{n\pi}{L}(x-ct) \right\} + \sin \left\{ \frac{n\pi}{L}(x+ct) \right\} \right]$$

を用いると,式 (16) は,

$$u(x,t) = \frac{1}{2} \sum_{n=1}^{\infty} B_n \sin \left\{ \frac{n\pi}{L}(x-ct) \right\} + \frac{1}{2} \sum_{n=1}^{\infty} B_n \sin \left\{ \frac{n\pi}{L}(c+ct) \right\}$$

の形に書きかえられる.$f(x)$ をフーリエ正弦級数で表した式 (13) の変数 x に $x-ct$ と $x+ct$ をそれぞれ代入すると,上式の右辺の2つの級数を得る.すなわち,

$$u(x,t) = \frac{1}{2}[f^*(x-ct) + f^*(x+ct)] \tag{17}$$

となる.ただし,f^* は周期 $2L$ をもち,f を奇関数として拡張したものである (図 3.4).初期変位 $f(x)$ が区間 $0 \leqq x \leqq L$ で連続で,かつ両端点で0であるので,式 (17) から $u(x,t)$ はすべての x と t に対して連続である.式 (17) を微分するとつぎのことがわかる.$f(x)$ が区間 $0 < x < L$ で2回微分可能で,かつ $x=0$ と $x=L$ で2階の片側 (右または左) 微分係数 0 をもてば,$u(x,t)$ は式 (1) の解である.したがって,これらの条件のもとで $u(x,t)$ が,式 (2), (3), (4) を満たす式 (1) の解であることが保証される.

図 3.4 $f(x)$ の奇関数としての周期的拡張

広義の解 $f'(x)$ と $f''(x)$ が区分的にのみ連続であるか (1.1 節),または片側微分係数が 0 でないとすれば,それぞれの t の値に対して,式 (1) の中に現れる2階偏導関数が存在しないような x の値が有限個存在するであろう.これらの点以外では,波動方程式を満たすので,$u(x,t)$ をこの問題の広義の解とみなすことができる.たとえば,3角形状の初期変位の場合 (つぎの例 1) は,この型の解になる.

3.3 変数分離：フーリエ級数の利用

解 (17) の物理的解釈　$f^*(x-ct)$ のグラフは，$f^*(x)$ のグラフを右へ ct だけ移動させて得られる (図 3.5)．したがって，$f^*(x-ct)$ ($c>0$) は，t の増加とともに右へ進行する波を表す．同様に，$f^*(x+ct)$ は左へ進行する波を表し，$u(x,t)$ はこれら 2 つの波の重ね合わせである．

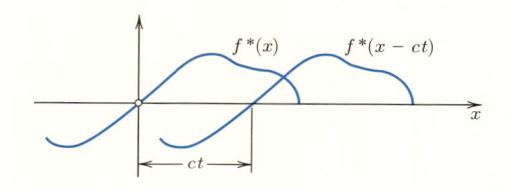

図 3.5　式 (17) の解釈

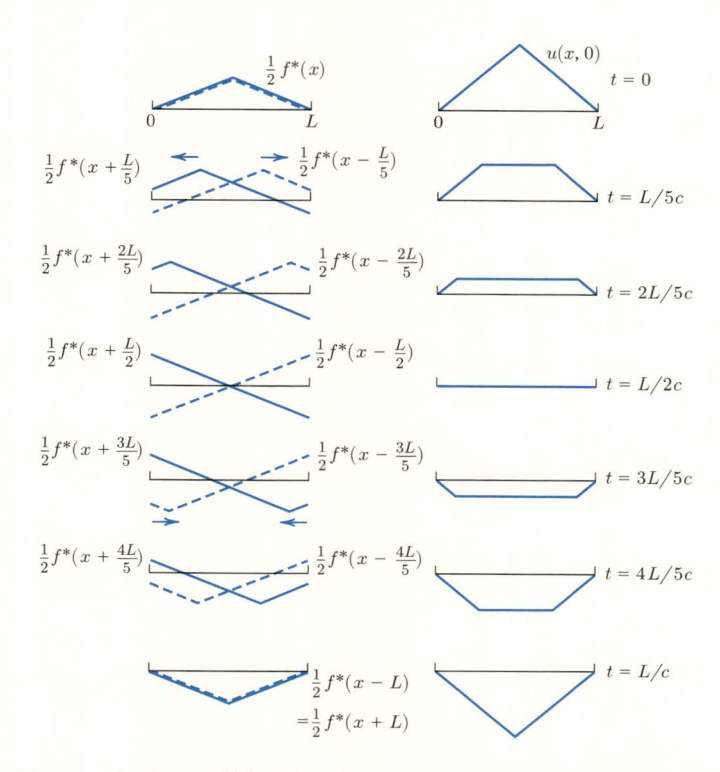

図 3.6　いくつかの t に対する例 1 の解 $u(x,t)$ (右側の図)．左側の図の破線は右へ進行する波で，実線は左へ進行する波である．この 2 つの波を重ね合わせたのが右側の図である．

例 1　初期変位が 3 角形である振動弦　初期変位が 3 角形状で，

$$f(x) = \begin{cases} \dfrac{2k}{L}x & \left(0 < x < \dfrac{L}{2}\right), \\ \dfrac{2k}{L}(L-x) & \left(\dfrac{L}{2} < x < L\right) \end{cases}$$

のように表されるとき，波動方程式 (1) の解を求めよ．ただし，初速度は 0 とする．(図 3.6 の 1 番上に $f(x) = u(x,0)$ を示した．)

[解]　$g(x) \equiv 0$ であるので，式 (12) で $B_n{}^* = 0$ である．2.4 節の例 3 から B_n は，2.4 節の式 (7) で与えられる．したがって，式 (12) は，

$$u(x,t) = \dfrac{8k}{\pi^2}\left(\dfrac{1}{1^2}\sin\dfrac{\pi}{L}x\cos\dfrac{\pi c}{L}t - \dfrac{1}{3^2}\sin\dfrac{3\pi}{L}x\cos\dfrac{3\pi c}{L}t + -\cdots\right)$$

の形になる．解のグラフを描くためには，$u(x,0) = f(x)$ と式 (17) の 2 つの関数についての前述の解釈を利用すればよい．このようにすると図 3.6 のグラフが得られる．◀

❖❖❖❖❖　問題 3.3　❖❖❖❖❖

1. (**振動数**)　振動する弦の基本モードの振動数は，弦の長さによってどう変化するか．また，単位長さあたりの質量によってはどうか．張力によってはどうか．張力を 2 倍にすると振動数はどうなるか．

弦の変位 $u(x,t)$

初速度が 0，初期変位がつぎのように与えられるとき，振動弦の変位 $u(x,t)$ を求めよ．ただし，長さは $L = \pi$ であり，$c^2 = 1$ とする．

2. $0.01 \sin 3x$　　　　　　　　　　**3.** $k(\sin x - \frac{1}{2}\sin 2x)$
4. $0.1x(\pi - x)$　　　　　　　　　**5.** $0.1x(\pi^2 - x^2)$

6.

7.

8.

9.

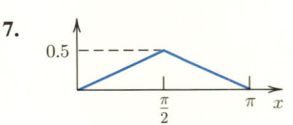

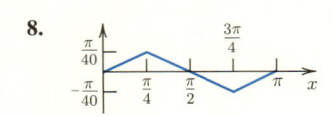

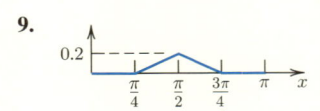

10. (**0 でない初期速度**)　つぎの条件のときの変位 $u(x,t)$ を求めよ．弦の長さが $L = \pi$，$c^2 = 1$，初期変化が 0，3 角形の初期速度，すなわち，$0 \leqq x \leqq \pi/2$ のとき $u_t(x,0) = 0.01x$，$\pi/2 \leqq x \leqq \pi$ のとき $u_t(x,0) = 0.01(\pi - x)$ である．($u_t(x,0) \neq 0$ の初期条件は実際には実現しにくい．)

11. [**CAS プロジェクト**]　**正規モードの図示**　図 3.3 に似せて $L = \pi$ のときの u_n の図を描くプログラムをかけ．そのプログラムを u_2, u_3, u_4 に適用せよ．これらの関数を xt 平面上に立体的な曲面として図示せよ．これら 2 種類の図の関係を説明せよ．

変数分離法

変数分離法により，つぎの方程式の解 $u(x,y)$ を求めよ．

12. $u_x + u_y = 0$
13. $u_x - u_y = 0$
14. $y^2 u_x - x^2 u_y = 0$
15. $u_x + u_y = (x+y)u$
16. $u_{xx} + u_{yy} = 0$
17. $u_{xy} - u = 0$
18. $u_{xx} - u_{yy} = 0$
19. $xu_{xy} + 2yu = 0$

20. [協同プロジェクト] **弾性弦の強制振動** 以下を証明せよ．

(a) 次式
$$u(x,t) = \sum_{n=1}^{\infty} G_n(t) \sin \frac{n\pi x}{L} \qquad (L = \text{弦の長さ}) \tag{18}$$

を，自由振動を記述する波動方程式 (1) に代入すると，
$$\ddot{G}_n + \lambda_n{}^2 G = 0 \qquad \lambda_n = \frac{cn\pi}{L}$$

が得られる (式 (11*) 参照)．

(b) 単位長さあたりの弦に垂直な外力 $P(x,t)$ がはたらくとき，弦の強制振動は，
$$u_{tt} = c^2 u_{xx} + \frac{P}{\rho} \tag{19}$$

で表される．

(c) 正弦的な力 $P = A\rho \sin \omega t$ に対して，
$$\frac{P}{\rho} = \sum_{n=1}^{\infty} k_n(t) \sin \frac{n\pi x}{L}, \quad k_n(t) = \begin{cases} (4A/n\pi) \sin \omega t & (n \text{ 奇数}), \\ 0 & (n \text{ 偶数}) \end{cases} \tag{20}$$

とする．式 (18) と式 (20) を式 (19) に代入すると，
$$\ddot{G}_n + \lambda_n{}^2 G_n = \frac{2A}{n\pi}(1 - \cos n\pi) \sin \omega t.$$

もし $\lambda_n{}^2 \neq \omega^2$ のとき解は，
$$G_n(t) = B_n \cos \lambda_n t + B_n{}^* \sin \lambda_n t + \frac{2A(1 - \cos n\pi)}{n\pi(\lambda_n{}^2 - \omega^2)} \sin \omega t.$$

u が初期条件 $u(x,0) = f(x)$, $u_t(x,0) = 0$ を満たすように B_n と $B_n{}^*$ を求めよ．

(d) (**共振**) もし $\lambda_n = \omega$ のとき，
$$G_n(t) = B_n \cos \omega t + B_n{}^* \sin \omega t - \frac{A}{n\pi\omega}(1 - \cos n\pi) t \cos \omega t$$

が成立することを示せ．

(e) (**境界条件の変更**) 式 (1)–(4) で境界条件を複雑にして，$u(0,t) = 0$, $u(L,t) = h(t)$ とする．この場合，新しい関数 $v(x,t)$ を導入して，条件 $v(0,t) = v(L,t) = 0$, $v(x,0) = f_1(x)$, $v_t(x,0) = g_1(x)$ を満たすようにすればよいことを示せ．ただし，v に対する方程式は非同次波動方程式になる．

[ヒント] $u = v + w$ とおいて w を適切に決めよ．

3.4 波動方程式のダランベールの解

波動方程式

$$\frac{\partial^2 u}{\partial t^2} = c^2 \frac{\partial^2 u}{\partial x^2} \quad \left(c^2 = \frac{T}{\rho}\right) \tag{1}$$

の解が 3.3 節の式 (17) で与えられた．式 (1) をつぎのような方法で変形すると，式 (17) が直接に得られることを示そう．新しい独立変数[1]

$$v = x + ct, \quad z = x - ct \tag{2}$$

を導入すると，u が v と z の関数になり，式 (1) の偏導関数が v と z についての偏導関数で表される．その場合，第 2 巻 3.8 節の連鎖法則を用いる．偏微分を下付添字で表すと，式 (2) から $v_x = 1$, $z_x = 1$ である．$u(x,t)$ は v と z の関数でもあるので，単に u と書くと連鎖法則から，

$$u_x = u_v v_x + u_z z_x = u_v + u_z$$

となる．右辺にふたたび連鎖法則を適用する．ここで現れるすべての偏微分が連続とすると $u_{zv} = u_{vz}$ である．$v_x = 1$ と $z_x = 1$ を用いると，

$$u_{xx} = (u_v + u_z)_x = (u_v + u_z)_v v_x + (u_v + u_z)_z z_x = u_{vv} + 2u_{vz} + u_{zz}$$

となる．式 (1) の u_{tt} も同じ方法で変形すると，

$$u_{tt} = c^2(u_{vv} - 2u_{vz} + u_{zz})$$

となる．これらの 2 つの結果を式 (1) に代入すると，

$$\boxed{u_{vz} \equiv \frac{\partial^2 u}{\partial z \partial v} = 0} \tag{3}$$

となる (付録 A3.2 の脚注 3) を参照せよ)．

この方法の利点は，積分を 2 回繰り返せば，式 (3) が簡単に解けることである．事実，z について積分すると，

$$\frac{\partial u}{\partial v} = h(v)$$

となる．ただし，$h(v)$ は v の任意関数である．v について積分すると，

$$u = \int h(v)\, dv + \psi(z)$$

となる．ただし，$\psi(z)$ は z の任意関数である．積分は v のみの関数なので，たとえば $\phi(v)$ とすると，u の解は $u = \phi(v) + \psi(z)$ の形になる．式 (2) を用いると，

---

[1] 偏微分方程式の一般理論によると，偏微分方程式を簡単にするこのような変換を見つける系統的方法がある．付録 1 の [C5] 参照．

3.4 波動方程式のダランベールの解

$$u(x,t) = \phi(x+ct) + \psi(x-ct) \tag{4}$$

となる．これが波動方程式 (1) の**ダランベール[2]の解**である．

このダランベールの解の導出は，3.3 節の方法より洗練されている．しかし，ダランベールの方法は限定的であるのに対して，フーリエ級数はいろいろな方程式に適用できる．このことは以下の節からわかるであろう．

初期条件を満たすダランベールの解

$$u(x,0) = f(x), \tag{5}$$

$$u_t(x,0) = g(x). \tag{6}$$

これらの式は 3.3 節のものと同じである．式 (4) を微分すると，

$$u_t(x,t) = c\phi'(x+ct) - c\psi'(x-ct). \tag{7}$$

ただし，プライム $'$ は，引き数 $x+ct$ と $x-ct$ についての微分である．式 (4)–(7) から，

$$u(x,0) = \phi(x) + \psi(x) = f(x), \tag{8}$$

$$u_t(x,0) = c\phi'(x) - c\psi'(x) = g(x). \tag{9}$$

式 (9) を c で割って，x で積分すると，

$$\phi(x) - \psi(x) = k(x_0) + \frac{1}{c}\int_{x_0}^{x} g(s)\,ds \quad (k(x_0) = \phi(x_0) - \psi(x_0)) \tag{10}$$

となる．上式と式 (8) を加えると ψ が消去される．つぎに 2 で割ると，

$$\phi(x) = \frac{1}{2}f(x) + \frac{1}{2c}\int_{x_0}^{x} g(s)\,ds + \frac{1}{2}k(x_0). \tag{11}$$

同様に，式 (8) から式 (10) を引いて，2 で割ると，

$$\psi(x) = \frac{1}{2}f(x) - \frac{1}{2c}\int_{x_0}^{x} g(s)\,ds - \frac{1}{2}k(x_0). \tag{12}$$

式 (11) で x を $x+ct$ でおきかえると，積分は x_0 から $x+ct$ までになる．式 (12) で x を $x-ct$ でおきかえると，積分は x_0 から $x-ct$ までになるが，積分の符号を変えると積分は $x-ct$ から x_0 までになる．こうしておいて $\phi(x+ct)$ と $\psi(x-ct)$ を加えると，式 (4) から $u(x,t)$ が，

$$\boxed{u(x,t) = \frac{1}{2}[f(x+ct) + f(x-ct)] + \frac{1}{2c}\int_{x-ct}^{x+ct} g(s)\,ds} \tag{13}$$

---

[2] Jean le Rond d' Alembert (1717–1783). フランスの数学者．力学の重要な研究でも有名である．

で与えられる．初期速度が 0 ならば，上式は，
$$u(x,t) = \frac{1}{2}[f(x+ct) + f(x-ct)] \tag{14}$$
となる．これは，3.3 節の式 (17) と同じである．3.3 節の境界条件 (2) から，関数 f は奇関数で周期 $2L$ をもつことが示せるであろう．

このように，2 つの初期条件と境界条件 (式 (5) と式 (6) の関数 $f(x)$ と $g(x)$) から解が一意的に決められる．

ラプラス変換法による波動方程式の解は 3.12 節で示される．

❖❖❖❖❖ 問題 3.4 ❖❖❖❖❖

1. (速さ) 式 (4) の 2 つの波の速さは c であることを示せ．

2. (速さ) 長さが 2 m，重さが 82 g の鉄製のワイヤが張力 20.5 kg 重で引っ張られている．このワイヤの横波の速さはいくらか．

3. (振動数) 問題 2 の固有関数の振動数を求めよ．

4. (周期性) 3.3 節の境界条件 (2) により，式 (14) の関数 f が周期 $2L$ の奇関数であることを示せ．

異なる初期変位に対する振動

初期速度は 0 で，つぎの初期変位 $f(x)$ ではじまる振動する弦 (長さ $L=1$，両端点は固定，$c=1$) がある．この弦の変位 $u(x,t)$ を図示せよ (図 3.6 のような図を描け)．ただし，k は小さい．たとえば，$k=0.01$ とする．

5. $f(x) = k\sin\pi x$ **6.** $f(x) = kx(1-x)$
7. $f(x) = k(x - x^3)$ **8.** $f(x) = k(1 - \cos 2\pi x)$

線形偏微分方程式の型と正規形

つぎの方程式
$$Au_{xx} + 2Bu_{xy} + Cu_{yy} = F(x,y,u,u_x,u_y) \tag{15}$$
は，$AC - B^2 > 0$ のとき**楕円型**，$AC - B^2 = 0$ のとき**放物型**，$AC - B^2 < 0$ のとき**双曲型**という．(ここで，A, B, C は x と y の関数であることもあるので，式 (15) の型は xy 平面の領域により異なることもありうる．)

9. 以下を示せ．

ラプラスの方程式 $u_{xx} + u_{yy} = 0$ は楕円型である．

熱方程式 $u_t = c^2 u_{xx}$ は放物型である．

波動方程式 $u_{tt} = c^2 u_{xx}$ は双曲型である．

トリコミの方程式 $yu_{xx} + u_{yy} = 0$ は混合型である (xy 平面の上半面では楕円型で，下半面では双曲型)．

10. (トリコミの方程式とエアリーの方程式) 問題 9 のトリコミの方程式を変数分離すると，エアリーの方程式 $G'' - yG = 0$ が得られることを示せ．(この解については，付録 1 の [1] 参照．)

3.4 波動方程式のダランベールの解

11. (**双曲型方程式**) 方程式 (15) が双曲型ならば, $v = \Phi(x,y)$, $z = \Psi(x,y)$ とおくことにより, 式 (15) は正規形 $u_{vz} = F^*(v,z,u,u_v,u_z)$ に変形できることを示せ. ただし, $\Phi = $ 一定 と $\Psi = $ 一定 は, 方程式 $Ay'^2 - 2By' + C = 0$ の解 $y = y(x)$ である (付録 1 の [C5] 参照). 波動方程式 (1) のときは,

$$\Phi = x + ct, \quad \Psi = x - ct$$

となることを示せ.

12. (**放物型方程式**) 式 (15) が放物型ならば, $v = x$, $z = \Psi(x,y)$ (Ψ は問題 11 のように定義されている) とすると, 式 (15) は正規形 $u_{vv} = F^*(v,z,u,u_v,u_z)$ となる. 方程式 $u_{xx} + 2u_{xy} + u_{yy} = 0$ に対してこのことを証明せよ.

正規形 つぎの方程式を正規形に変換して解け. (問題 11 と 12 を利用せよ.)

13. $u_{xx} + 4u_{xy} + 4u_{yy} = 0$
14. $u_{xx} + u_{xy} - 2u_{yy} = 0$
15. $u_{xx} - 4u_{xy} + 3u_{yy} = 0$
16. $u_{xx} - 2u_{xy} + u_{yy} = 0$
17. $4u_{xx} - u_{yy} = 0$
18. 弾性的な媒質中で動く弦の運動は,

$$u_{tt} = c^2 u_{xx} - \gamma^2 u$$

で記述できることもある. ここで, $\gamma^2 (= $ 一定$)$ は媒質の弾性定数に比例する. 弦の長さが L, 両端固定, 初期変位が $f(x)$, 初期速度が 0 のとき, 上の方程式を解け.

19. 弾性的な棒の中の縦波 棒が x 軸方向に置かれている. 棒の中の変位を $u(x,y)$ とすると, 波動方程式 $u_{tt} = c^2 u_{xx}$, $c^2 = E/\rho$ (付録 1 の [C6] 参照) で表される. 棒が一方の端点 $x = 0$ で固定され, もう一方の端点 $x = L$ で自由ならば, $u(0,t) = 0$, $u_x(L,t) = 0$ となる (なぜならば自由端での力は 0 であるから). 初期変位が $u(x,0) = f(x)$, 初期速度が 0 のとき, 変位は,

$$u = \sum_{n=0}^{\infty} A_n \sin p_n x \cos p_n ct, \quad A_n = \frac{2}{L}\int_0^L f(x) \sin p_n x\, dx, \quad p_n = \frac{(2n+1)\pi}{2L}$$

で与えられることを示せ.

20. [**協同プロジェクト**] **梁の振動** 一様で弾性的な梁の微小で自由な垂直振動は, つぎの 4 階の方程式で表される (付録 1 の [C8] 参照).

$$\frac{\partial^2 u}{\partial t^2} + c^2 \frac{\partial^4 u}{\partial x^4} = 0. \tag{16}$$

ただし, $c^2 = EI/\rho A$ である. E はヤング率, I は図 3.7 の y 軸まわりの慣性モーメント, ρ は密度, A は断面積とする. (荷重が加わったときの梁の変位については, 第 1 巻 2.13 節の例 6 を参照せよ.)

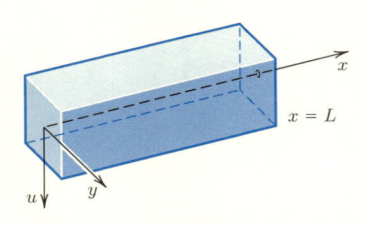

図 3.7 協同プロジェクト 20 の梁 (変形していない)

(a) **変数分離** $u = F(x)G(t)$ を式 (16) に代入して，変数分離すると，
$$\frac{F^{(4)}}{F} = -\frac{\ddot{G}}{c^2 G} = \beta^4 = 一定,$$
$$F(x) = A\cos\beta x + B\sin\beta x + C\cosh\beta x + D\sinh\beta x,$$
$$G(t) = a\cos c\beta^2 t + b\sin c\beta^2 t$$

となることを示せ．

(b) **単純支持梁** (図 3.8(A))　初期速度が 0 であり，初期条件が，

$u(0,t) = 0, \ u(L,t) = 0$ 　　　（すべての t について端点が支持されている），

$u_{xx}(0,t) = 0, \ u_{xx}(L,t) = 0$ 　　　（端点で零モーメント，したがって曲率は 0）

と $u(x,0) = f(x) = x(L-x)$ で与えられる．式 (16) の解を $u_n = F_n(x)G_n(t)$ とおいて求めよ．この解を 3.3 節の問題 4 の解と比較せよ．振動する弦と振動する梁の基本モードの振動数は基本的に異なる．この相違を述べよ．

(c) **固定された梁** (図 3.8(B))　固定された梁に対する境界条件を書け．βL が，
$$\cosh\beta L \cos\beta L = 1 \tag{17}$$
の解のとき，(a) の F が境界条件を満たすことを示せ．また，式 (17) の近似解を求めよ．

(d) **一端が固定された梁** (図 3.8(C))　左端が固定され，右端が自由なときの境界条件は，
$$u(0,t) = 0, \quad u_x(0,t) = 0, \quad u_{xx}(L,t) = 0, \quad u_{xxx}(L,t) = 0$$
となる．βL が，
$$\cosh\beta L \cos\beta L = -1 \tag{18}$$
の解のとき，(a) の F はこれらの境界条件を満たすことを示せ．また，式 (18) の近似解を求めよ．

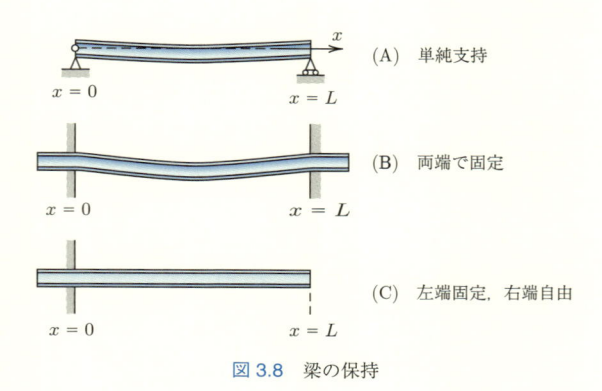

図 3.8　梁の保持

3.5 熱方程式：フーリエ級数解

波動方程式のつぎに重要な方程式である**熱方程式**

$$\frac{\partial u}{\partial t} = c^2 \nabla^2 u \qquad \left(c^2 = \frac{K}{\sigma \rho}\right)$$

を考える．上式は，一様な物質でできている物体の中の温度 $u(x, y, z, t)$ を与える．ただし，c^2 は熱拡散率，K は熱伝導率，σ は比熱，ρ は物体の密度である．$\nabla^2 u$ は u のラプラシアンである．デカルト座標 x, y, z を使うと，

$$\nabla^2 u = \frac{\partial^2 u}{\partial x^2} + \frac{\partial^2 u}{\partial y^2} + \frac{\partial^2 u}{\partial z^2}.$$

(熱方程式は第2巻4.8節で導かれた．)

この重要な応用例として，図3.9のような細長い棒とか線を考えよう．この棒は一様な断面積をもち，均質な物質でできていて，x 軸方向に向いている．棒は側面で完全に断熱されていて，熱が x 軸方向のみに流れるとしよう．こうすると，u が x と t のみに依存して，方程式はいわゆる**1次元熱方程式**

$$\frac{\partial u}{\partial t} = c^2 \frac{\partial^2 u}{\partial x^2} \tag{1}$$

になる．式(1)は波動方程式と少ししか違わないようにみえる．波動方程式では，式(1)の u_t のかわりに u_{tt} がある．ところが，u_t と u_{tt} の違いが，まったく異なる解を与えるのである．

いくつかの重要な境界条件と初期条件に対して，式(1)を解くことにする．まず，棒の両端 $x = 0$ と $x = L$ で温度が0，すなわち境界条件

$$u(0, t) = 0, \quad u(L, t) = 0 \qquad (\text{すべての } t \text{ について}) \tag{2}$$

と初期温度分布

$$u(x, 0) = f(x) \qquad (f(x) \text{ は与えられている}) \tag{3}$$

の場合を考える．ただし，式(2)より $f(0) = 0$，$f(L) = 0$ である．

式(2)と式(3)を満たす式(1)の解 $u(x, t)$ を求めることにする．波動方程式では2つの初期条件が必要であったのに対して，熱方程式では1つの初期条件

図3.9 対象としている棒

で十分である．解法は，3.3 節の波動方程式の解法とよく似ている．まず，**変数分離法**を適用して，つぎにフーリエ級数を使う．2 つの方程式の解法を逐次的に比較するとおもしろいかもしれない．

ステップ 1：2 つの常微分方程式　　次式

$$u(x,t) = F(x)G(t) \tag{4}$$

を式 (1) に代入すると $F\dot{G} = c^2 F'' G$ となる．ただし，$\dot{G} = dG/dt$，$F'' = d^2F/dx^2$ である．変数を分離するために $c^2 FG$ で割ると，

$$\frac{\dot{G}}{c^2 G} = \frac{F''}{F} \tag{5}$$

となり，左辺は t だけに依存して，右辺は x だけに依存する．したがって，両辺は定数 k に等しい必要がある (3.3 節のときと同じ)．$k \geqq 0$ のときは，式 (2) を満たす解 $u = FG$ は $u \equiv 0$ だけである．負の値 $k = -p^2$ に対しては，式 (5) から，

$$\frac{\dot{G}}{c^2 G} = \frac{F''}{F} = -p^2$$

となる．これから 2 つの線形常微分方程式

$$\boxed{F'' + p^2 F = 0,} \tag{6}$$

$$\boxed{\dot{G} + c^2 p^2 G = 0} \tag{7}$$

を得る．

ステップ 2：境界条件を満たすこと　　まず式 (6) を考えると，この一般解は，

$$F(x) = A\cos px + B\sin px \tag{8}$$

である．境界条件 (2) から，

$$u(0,t) = F(0)G(t) = 0, \quad u(L,t) = F(L)G(t) = 0$$

となる．もし $G \equiv 0$ とすると $u \equiv 0$ となってしまうので，$F(0) = 0$，$F(L) = 0$ としなければならない．式 (8) から $F(0) = A$ となるので $A = 0$ である．したがって，$F(L) = B\sin pL = 0$ である．$B = 0$ とすると式 (8) から $F = 0$ となってしまうので，$B \neq 0$ でなければならない．したがって，

$$\sin pL = 0 \quad \text{すなわち} \quad p = \frac{n\pi}{L} \quad (n = 1, 2, \cdots)$$

である．式 (6) の解のうち境界条件 (2) を満たすものを求める．$B = 1$ として

式 (8) から，

$$F_n(x) = \sin \frac{n\pi x}{L} \qquad (n = 1, 2, \cdots)$$

となる．(3.3 節のときと同様に，n が負の整数値の場合は考えなくてよい．)

今までの解法は，3.3 節での解法とまったく同じである．しかし，式 (7) は，3.3 節の式 (7) とは異なるので，以後の解法は異なることになる．今までに得られたように，$p = n\pi/L$ であるので，式 (7) は，

$$\dot{G}(t) + \lambda_n{}^2 G = 0 \qquad \left(\text{ただし } \lambda_n = \frac{cn\pi}{L}\right)$$

となる．この一般解は，

$$G_n(t) = B_n e^{-\lambda_n{}^2 t} \qquad (n = 1, 2, \cdots)$$

である．ただし，B_n は定数である．したがって，関数

$$\boxed{u_n(x, t) = F_n(x) G_n(t) = B_n \sin \frac{n\pi x}{L} e^{-\lambda_n{}^2 t} \qquad (n = 1, 2, \cdots)} \quad (\mathbf{9})$$

が式 (2) を満たす熱方程式 (1) の解である．式 (9) の右辺はこの問題の固有関数であり，固有値は $\lambda_n = cn\pi/L$ である．

ステップ 3：問題の一般解　以上で境界条件 (2) を満たす式 (1) の解 (9) を得た．初期条件 (3) も満たす解を得るために上の固有関数からなる級数

$$\boxed{u(x, t) = \sum_{n=1}^{\infty} u_n(x, t) = \sum_{n=1}^{\infty} B_n \sin \frac{n\pi x}{L} e^{-\lambda_n{}^2 t}} \quad \left(\lambda_n = \frac{cn\pi}{L}\right) \quad (\mathbf{10})$$

を考える．式 (10) と式 (3) から，

$$u(x, 0) = \sum_{n=1}^{\infty} B_n \sin \frac{n\pi x}{L} = f(x)$$

となる．式 (10) が式 (3) を満たすためには，B_n は 2.4 節の式 (6) で与えられるようなフーリエ正弦級数でなければならない．すなわち，

$$\boxed{B_n = \frac{2}{L} \int_0^L f(x) \sin \frac{n\pi x}{L} \, dx \qquad (n = 1, 2, \cdots).} \quad (\mathbf{11})$$

$f(x)$ が区間 $0 \leq x \leq L$ で区分的に連続 (1.1 節) で，この区間内のすべての点で片側微分係数[3]をもつと仮定すれば，この問題の解を確定することができる．すなわち，これらの条件のもとで，式 (11) の係数をもつ級数 (10) が問題の解である．この証明は，級数の一様収束の知識を必要とするので，あとで述べる (第 4 巻 3.5 節の問題 15, 16)．

---

[3] 2.2 節の脚注 8) 参照．

t が無限に大きくなると，指数因子のために式 (10) のすべての項が 0 に近づくが，その減衰率は n とともに大きくなる．

例 1　正弦的な初期温度　長さ 80 cm の銅の棒が横方向に置かれていて，初期温度が $100\sin(\pi x/80)$，両端は $0°$C に保たれ，縦方向には断熱状態である．この棒の温度 $u(x,t)$ を求めよ．棒の中の最高温度が $50°$C に下がるには，どれだけの時間がかかるか．見当をつけてから計算せよ．ただし，銅の物理的データは，密度 ρ が 8.92 gm/cm^3，比熱 σ が 0.092 cal/(gm·°C)，熱伝導率 K が 0.95 cal/(cm·s·°C) である．

　[解]　初期条件から，
$$u(x,0) = \sum_{n=1}^{\infty} B_n \sin\frac{n\pi x}{80} = f(x) = 100\sin\frac{\pi x}{80}$$
となる．したがって，式 (10) で $B_1 = 100$, $B_2 = B_3 = \cdots = 0$ とすればよい．式 (10) で $\lambda_1{}^2 = c^2\pi^2/L^2$ が必要であるが，$c^2 = K/(\sigma\rho) = 0.95/(0.092 \cdot 8.92) = 1.158$ [cm^2/s] である．ゆえに，$\lambda_1{}^2 = 1.158 \cdot 9.870/6400 = 0.001785$ [s^{-1}] である．式 (10) の解は，
$$u(x,t) = 100\sin\frac{\pi x}{80}e^{-0.001785t}$$
となる．また，$100e^{-0.001785t} = 50$ を満たす t は，$t = (\ln 0.5)/(-0.001785) = 388$ [s] ≈ 6.5 [min] である． ◀

例 2　減衰の速さ　初期温度が $100\sin(3\pi x/80)$°C で，ほかのデータが例 1 と同じとき，例 1 の問題を解け．

　[解]　式 (10) で $n = 1$ のかわりに $n = 3$ とする．$\lambda_3{}^2 = 3^2\lambda_1{}^2 = 9 \times 0.001785 = 0.01607$ となる．したがって，解は，
$$u(x,t) = 100\sin\frac{3\pi x}{80}e^{-0.01607t}$$
となる．最高温度が $50°$C に下がるのにかかる時間は，$t = (\ln 0.5)/(-0.01607) \approx 43$ [s] となる．これは例 1 に比べると減衰がかなり速い（例 1 より 9 倍速い）．

　n を大きくすると，減衰はますます速くなる．式 (10) の級数の各項は，独自の減衰率をもつ．n が大きい項は，非常に短い時間で 0 になる．つぎの例でこのことを示す．図 3.10 で，$t = 0.5$ の曲線は正弦曲線に近い．すなわち，$t = 0.5$ の曲線は，式 (10) の第 1 項の曲線と同じである． ◀

例 3　棒の中の 3 角形の初期温度　長さ L の棒が縦方向に断熱状態で，両端は温度 0 に保たれていて，初期温度が，
$$f(x) = \begin{cases} x & (0 < x < L/2), \\ L-x & (L/2 < x < L) \end{cases}$$
とする．（図 3.10 の 1 番上の曲線は，上式で $L = \pi$ としたものである．）

　[解]　式 (11) から，
$$B_n = \frac{2}{L}\left(\int_0^{L/2} x\sin\frac{n\pi x}{L}\,dx + \int_{L/2}^L (L-x)\sin\frac{n\pi x}{L}\,dx\right) \qquad (11^*)$$

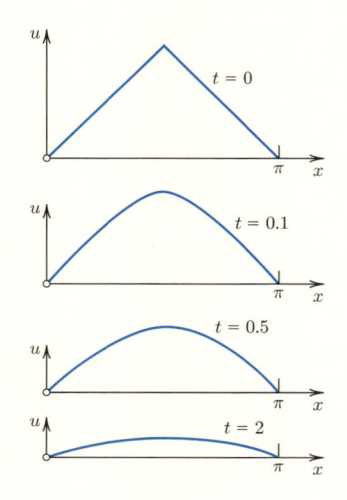

図 3.10 $L=\pi$, $c=1$ で，いくつかの t の値に対する例 3 の解

となる．積分して，n を偶数とすると $B_n = 0$ となり，

$$B_n = \frac{4L}{n^2\pi^2} \quad (n=1,5,9,\cdots) \qquad \text{および} \qquad B_n = -\frac{4L}{n^2\pi^2} \quad (n=3,7,11,\cdots)$$

となる (2.4 節の例 3 で $k=L/2$ とした b_n と同じである)．したがって，解は，

$$u(x,t) = \frac{4L}{\pi^2}\left\{\sin\frac{\pi x}{L}\exp\left[-\left(\frac{c\pi}{L}\right)^2 t\right] - \frac{1}{9}\sin\frac{3\pi x}{L}\exp\left[-\left(\frac{3c\pi}{L}\right)^2 t\right] + -\cdots\right\}$$

となる．図 3.10 は，t が大きくなったときの温度低下を示す．棒の両端での冷却によって熱損失が生じて，温度低下が起こる．

図 3.10 と図 3.6 を比較して，違いを述べよ． ◀

例 4 両端が断熱された棒：固有値は 0　式 (1), (3) の解を求めよ．ただし，棒の両端は断熱状態とする．したがって，条件 (2) とは異なる境界条件を使え．

[**解**]　物理の実験から，熱流は温度勾配に比例する．したがって，棒の両端 $x=0$ と $x=L$ で断熱状態ならば，両端からの熱流がないので，境界条件として，

$$u_x(0,t) = 0, \quad u_x(L,t) = 0 \qquad (\text{すべての } t \text{ について}) \tag{2^*}$$

となる．$u(x,t) = F(x)G(t)$ とすると，式 (2^*) から，

$$u_x(0,t) = F'(0)G(t) = 0, \quad u_x(L,t) = F'(L)G(t) = 0$$

となり，式 (8) を微分すると $F'(x) = -Ap\sin px + Bp\cos px$ となる．したがって，

$$F'(0) = Bp = 0 \qquad \text{および} \qquad F'(L) = -Ap\sin pL = 0$$

となる．上式の 2 番目の式から，

$$p = p_n = \frac{n\pi}{L} \quad (n=0,1,2,\cdots)$$

を得る. これと式 (8) で $A = 1$, $B = 0$ とすると,
$$F_n(x) = \cos\frac{n\pi x}{L} \qquad (n = 0, 1, 2, \cdots)$$
となる. 前と同じ G_n を使うと, 固有関数
$$u_n(x,t) = F_n(x)G_n(t) = A_n \cos\frac{n\pi x}{L} e^{-\lambda_n{}^2 t} \qquad (n = 0, 1, \cdots) \tag{12}$$
を得る. 固有値は, $\lambda_n = cn\pi/L$ である. 固有値は前と同じであるが, この例では新しい付加的な固有値 $\lambda_0 = 0$ と固有関数 $u_0 = $ 一定 が現れた. もし初期温度 $f(x)$ が一定とすると, $u_0 = $ 一定 は問題の解である. これから, 分離定数は 0 になりえて, 0 が固有値になることが示された.

さらに, 式 (9) がフーリエ正弦級数を与えたのに対して, この例はフーリエ余弦級数

$$u(x,t) = \sum_{n=0}^{\infty} u_n(x,t) = \sum_{n=0}^{\infty} A_n \cos\frac{n\pi x}{L} e^{-\lambda_n{}^2 t} \qquad \left(\lambda_n = \frac{cn\pi}{L}\right) \tag{13}$$

を与える. ただし, 係数は初期条件 (3) から得られて,
$$u(x,0) = \sum_{n=0}^{\infty} A_n \cos\frac{n\pi x}{L} = f(x)$$
となる. A_n は $f(x)$ のフーリエ係数で,
$$A_0 = \frac{1}{L}\int_0^L f(x)\,dx, \qquad A_n = \frac{2}{L}\int_0^L f(x)\cos\frac{n\pi x}{L}\,dx \quad (n = 1, 2, \cdots) \tag{14}$$
となる (2.4 節の式 (4)). ◀

例 5 棒の両端が断熱状態で 3 角形の初期温度 例 3 の棒の温度を求めよ. ただし, 両端が断熱状態と仮定する (温度が両端で 0 に保たれているという条件は採用しない).

[解] 3 角形の初期温度に対して, 式 (14) は $A_0 = L/4$,
$$A_n = \frac{2}{L}\left[\int_0^{L/2} x\cos\frac{n\pi x}{L}\,dx + \int_{L/2}^L (L-x)\cos\frac{n\pi x}{L}\,dx\right]$$
$$= \frac{2L}{n^2\pi^2}\left(2\cos\frac{n\pi}{2} - \cos n\pi - 1\right)$$
となる (2.4 節の例 3 で $k = L/2$ としてみよ). したがって, 解 (13) は,
$$u(x,t) = \frac{L}{4} - \frac{8L}{\pi^2}\left\{\frac{1}{2^2}\cos\frac{2\pi x}{L}\exp\left[-\left(\frac{2c\pi}{L}\right)^2 t\right]\right.$$
$$\left. + \frac{1}{6^2}\cos\frac{6\pi x}{L}\exp\left[-\left(\frac{6c\pi}{L}\right)^2 t\right] + \cdots\right\}$$
となる. 時間 t が大きくなると, 上式の右辺第 1 項以外は小さくなる. つまり, $u \to L/4$ となる. $L/4$ は初期温度の平均である. 完全に断熱された両端からは熱が逃げないので, このことは明らかである. これに対して, 例 3 の両端は棒を冷やすので, 熱が失われて, $u \to 0$ となる. 0 は両端の変化しない温度である. ◀

定常な2次元の熱流

2次元熱方程式は,

$$\frac{\partial u}{\partial t} = c^2 \nabla^2 u = c^2 \left(\frac{\partial^2 u}{\partial x^2} + \frac{\partial^2 u}{\partial y^2} \right)$$

である (本節の最初を参照). もし熱流が**定常**ならば (すなわち時間に無関係ならば) $\partial u / \partial t = 0$, そして熱方程式は**ラプラスの方程式**[4)]

$$\nabla^2 u = \frac{\partial^2 u}{\partial x^2} + \frac{\partial^2 u}{\partial y^2} = 0 \tag{15}$$

に帰着する. 熱流問題は2つのものからなる. 1つは xy 平面のある領域 R で成立する式 (15) であり, ほかは R の境界線 C で与えられる境界条件である. これは**境界値問題**といい, つぎのように分類する.

ディリクレの問題: u が境界線 C で与えられる.
ノイマンの問題: 法線導関数 $u_n = \partial u / \partial n$ が C で与えられる.
混合問題: u が C の一部で与えられ, u_n が C のほかの部分で与えられる.

長方形 R でのディリクレの問題 (図 3.11)　　長方形 R の上辺の温度 $u(x, y)$ は $f(x)$, ほかの3つの辺では温度が0と仮定して, 式 (15) に対するディリクレの問題を考える.

この問題を変数分離で解く. 次式

$$u(x, y) = F(x) G(y)$$

を式 (15) に代入して, FG で割ると,

$$\frac{1}{F} \cdot \frac{d^2 F}{dx^2} = -\frac{1}{G} \cdot \frac{d^2 G}{dy^2} = -k$$

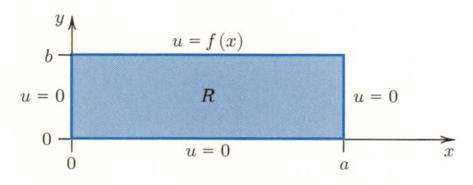

図 3.11　長方形 R と境界値

[4)] このきわめて重要な式は第2巻4.8節にある. また, 本書の3.9, 3.11節と第4巻1.4節, 5章でも説明する.

となり，これと左端および右端の境界条件から，

$$\frac{d^2F}{dx^2} + kF = 0, \quad F(0) = 0, \quad F(a) = 0$$

が成立する．これから $k = (n\pi/a)^2$ となり，$F(x) \neq 0$ の解は，

$$F(x) = F_n(x) = \sin\frac{n\pi}{a}x \quad (n = 1, 2, \cdots) \tag{16}$$

となる．G に対する微分方程式は，

$$\frac{d^2G}{dy^2} - \left(\frac{n\pi}{a}\right)^2 G = 0$$

となり，解は，

$$G(y) = G_n(y) = A_n e^{n\pi y/a} + B_n e^{-n\pi y/a}$$

となる．下端での境界条件 $u = 0$ から $G_n(0) = 0$, すなわち $G_n(0) = A_n + B_n = 0$ または $B_n = -A_n$ となる．これから，

$$G_n(y) = A_n(e^{n\pi y/a} - e^{-n\pi y/a}) = 2A_n \sinh\frac{n\pi y}{a}$$

となる．これと式 (16) から，$2A_n = A_n{}^*$ と書くと，この問題の**固有関数**

$$u_n(x, y) = F_n(x)G_n(y) = A_n{}^* \sin\frac{n\pi x}{a} \sinh\frac{n\pi y}{a} \tag{17}$$

を得る．上式は左端，右端，下端での境界条件 $u = 0$ を満たす．

上端の境界条件

$$u(x, b) = f(x) \tag{18}$$

も満たす解を得るために，級数

$$u(x, y) = \sum_{n=1}^{\infty} u_n(x, y)$$

を考える．これと式 (18)，$y = b$ とした式 (17) から，

$$u(x, b) = f(x) = \sum_{n=1}^{\infty} A_n{}^* \sin\frac{n\pi x}{a} \sinh\frac{n\pi b}{a}$$

となる．上式は，

$$u(x, b) = \sum_{n=1}^{\infty} \left(A_n{}^* \sinh\frac{n\pi b}{a}\right) \sin\frac{n\pi x}{a}$$

のように書ける．括弧の中の表示は，$f(x)$ のフーリエ係数 b_n でなければならない．すなわち，2.4 節の式 (6) から，

$$b_n = A_n{}^* \sinh\frac{n\pi b}{a} = \frac{2}{a}\int_0^a f(x) \sin\frac{n\pi x}{a}\, dx$$

となる．これと式 (17) から，この問題の解は，

$$u(x,y) = \sum_{n=1}^{\infty} A_n{}^* \sin\frac{n\pi x}{a} \sinh\frac{n\pi y}{a}. \tag{19}$$

ただし，

$$A_n{}^* = \frac{2}{a\sinh(n\pi b/a)} \int_0^a f(x) \sin\frac{n\pi x}{a}\, dx \tag{20}$$

である．以上では，形式的に計算して，収束性と u, u_{xx}, u_{yy} の級数の和については考えなかった．もし f と f' が連続で，f'' が区間 $0 \leqq x \leqq a$ で区分的に連続ならば，解が決まる．この証明はやや複雑で，一様収束性による (付録 1 の [C2] に証明がある)．

静電ポテンシャル：弾性膜

電荷がつくる静電ポテンシャルを，電荷がない領域で決めることもラプラスの方程式でできる．このように，本節の定常熱流の問題は静電ポテンシャルの問題でもある．たとえば，式 (19), (20) は長方形 R の中のポテンシャル u を与える．境界条件は，R の上辺のポテンシャルは $f(x)$ で，ほかの 3 つの辺は接地されている．

また，定常状態の 2 次元波動方程式 (3.7 節と 3.8 節で説明する) も式 (15) に帰着する．この場合，式 (19), (20) は長方形の弾性膜 (ゴム薄膜，太鼓の膜) の変位を与える．境界の 3 つの辺は xy 平面に固定されていて，4 番目の辺の変位は $f(x)$ である．

以上のように，数学は広範囲な分野で力を発揮する．まったく異なる物理系が同じ数学的モデルで表され，数学の同じ解法で解けるものである．

❖❖❖❖❖ 問題 3.5 ❖❖❖❖❖

1. [論文プロジェクト] **波動方程式と熱方程式** これら 2 つの方程式の解の一般的な相違について，図 3.6 と図 3.10 の比較を手がかりとして短く論ぜよ．つぎに詳細に論ぜよ．

2. (減衰) もし棒の固有関数 (9) の $n=1$ の項が 20 秒で半分の値になるとすると，拡散率 c^2 の値はいくらか．決まった n に対する固有関数 (9) の減衰率は，物質の比熱，密度，熱伝導率にどのように依存するか述べよ．

断熱状態の棒

銀の棒の中の温度 $u(x,t)$ を求めよ．ただし，棒は長さ 10 cm，1 cm² の一定断面積，密度 10.6 gm/cm³，熱伝導率 1.04 cal/(cm·s·°C)，比熱 0.056 cal/(gm·°C) とする．横

方向には完全に断熱されていて，両端は温度 $0°C$ に保たれていて，棒の初期温度はつぎの $f(x)$ とする．

3. $f(x) = \sin 0.1\pi x$
4. $f(x) = k \sin 0.2\pi x$
5. $f(x) = x(10 - x)$
6. $f(x) = 2 - 0.4|x - 5|$

7. (両端で異なる温度) 棒の両端の温度が $u(0,t) = U_1 =$ 一定 および $u(L,t) = U_2 =$ 一定 に保たれているとする．$t \to \infty$ としたとき，本文中と同じ条件にある棒の最終温度 $u_\mathrm{I}(x)$ はどうなるか．

8. (異なる温度) 問題 7 の棒の任意の時間での温度はどうなるか．

断熱条件およびその他の条件

9. (断熱状態の両端，断熱的境界条件) 棒の両端の面での熱流は，両端の温度勾配 $u_n = \partial u/\partial n$ に比例する．棒の両端 $x = 0$, $x = L$ で完全に断熱状態 (**断熱条件**) にあり，初期温度が $f(x)$ ならば，

$$u_x(0, t) = 0, \quad u_x(L, t) = 0, \quad u(x, 0) = f(x)$$

となり，変数を分離すると解は，

$$u(x,t) = A_0 + \sum_{n=1}^{\infty} A_n \cos \frac{n\pi x}{L} \exp\left[-\left(\frac{cn\pi}{L}\right)^2 t\right]$$

となることを示せ．ただし，$A_n = a_n$ は，2.4 節の式 (4) で与えられる．$t \to \infty$ となると，$u \to A_0$ となることに注意せよ．このことを数式を使わないで説明せよ．

断熱条件 $L = \pi$, $c = 1$, および $f(x)$ が以下のように設定されているとき，問題 9 の棒の温度を求めよ．

10. $f(x) = x$
11. $f(x) = k =$ 一定
12. $f(x) = \cos 2x$
13. $f(x) = 1 - x/\pi$

14. (非同次熱方程式) 方程式

$$u_t - c^2 u_{xx} = Ne^{-\alpha x}$$

と条件 (2), (3) からなる問題を考えよう．つぎのようにすると，この問題が同次方程式の問題に帰着することを示せ．$u(x,t) = v(x,t) + w(x)$ とおき，v が同次方程式を満たすように $w(x)$ を決定せよ．つぎに条件，$v(0,t) = v(L,t) = 0$, $v(x,0) = f(x) - w(x)$ を満たすように v を決定せよ．(右辺の項は，たとえば棒の中の放射性崩壊による加熱を表す．)

15. 長さが π, 式 (1) で $c = 1$ の棒がある．横方向には断熱されていて，左端 $x = 0$ では $0°C$ に保たれている．右端からは一定温度 u_0 の空気に熱が放射されているときは，**熱流境界条件**

$$-u_x(\pi, t) = k[u(\pi, t) - u_0] \tag{21}$$

が成立する．簡単のため $k = 1$, $u_0 = 0$ とする．これらの境界条件を満たす解は，$u(x,t) = \sin(px)e^{-p^2 t}$ であることを示せ．ただし，p は $\tan p\pi = -p$ の解である．この方程式は，無限個の正の解 $p_1, p_2, p_3, \cdots$ をもつことをグラフにより示せ．ただし，

$p_n > n - 1/2$, $\lim_{n \to \infty}(p_n - n + 1/2) = 0$ である．(式 (21) は，放射境界条件としても知られているが，これは誤解を招きやすい．付録1の [C1] 参照．)

16. $x = 0$ 付近での**熱流**は，$\phi(t) = -Ku_x(0, t)$ で定義される．式 (10) が与える熱流を求めよ．$t \to \infty$ のとき，熱流が 0 になることに注意せよ．このことは物理的に理解できるか．理由を述べよ．

2 次元問題

17. (**平板の中の熱流**)　薄い正方形の銅板 (図 3.12, $a = 24$) の表面は，完全に断熱状態にある．上辺は 20°C に保たれ，ほかの辺は 0°C に保たれている．平板の定常温度 $u(x, y)$ を求めよ．(ラプラスの方程式を解け．)

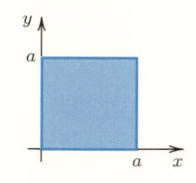

図 3.12　正方形の平板

18. [**CAS プロジェクト**]　**等温線**　図 3.12 の正方形の平板の定常解 (温度) を求めよ．ただし $a = 2$ で，つぎの境界条件のどれかを満足する．等温線を図示せよ．
(a) 上辺で $u = \sin \pi x$，ほかの辺で $u = 0$ である．
(b) 垂直な辺で $u = 0$，ほかの辺では完全に断熱状態である．
(c) 読者が好きなように環境条件を選べ (解が恒等的に 0 になる以外)．

19. (**混合環境値問題**)　問題 17 の平板の定常温度を求めよ．ただし，上辺と下辺は完全に断熱されていて，左側の辺は 0°C に保たれ，右側の辺は $f(y)$ [°C] とする．

20. 図 3.11 の長方形の定常温度を求めよ．ただし，上辺と左側の辺は完全に断熱されている．右側の辺では熱が温度 0 の媒体に流出するが，その熱流は，$u_x(a, y) + hu(a, y) = 0$ ($h > 0$ は定数) で決まる．(下辺での境界条件が与えられていないので，多くの解が得られるはずである．)

3.6　熱方程式：フーリエ積分とフーリエ変換による解

3.5 節の考察は無限長の棒に拡張できる．その場合，フーリエ級数のかわりにフーリエ積分 (2.8 節) を使う．非常に長い棒やワイヤ (長さ 10 m のワイヤなど) を考えている．具体的には，熱方程式

$$\frac{\partial u}{\partial t} = c^2 \frac{\partial^2 u}{\partial x^2} \tag{1}$$

の解を考える．ただし，棒は無限長とする (前と同じように側面では断熱されている)．この場合，境界条件はなく，初期条件

$$u(x,0) = f(x) \qquad (-\infty < x < \infty) \tag{2}$$

だけである．ただし，$f(x)$ は棒の初期温度である．

この問題を解くため，3.5 節と同様に，まず $u(x,t) = F(x)G(t)$ を式 (1) に代入する．こうすると 2 つの常微分方程式

$$F'' + p^2 F = 0 \qquad \text{(3.5 節の式 (6) 参照)}, \tag{3}$$

$$\dot{G} + c^2 p^2 G = 0 \qquad \text{(3.5 節の式 (7) 参照)} \tag{4}$$

を得る．解はそれぞれ

$$F(x) = A\cos px + B\sin px, \qquad G(t) = e^{-c^2 p^2 t}$$

である．ただし，A と B は任意定数である．したがって，式 (1) の解は，

$$u(x,t;\,p) = FG = (A\cos px + B\sin px)\,e^{-c^2 p^2 t} \tag{5}$$

となる．(3.5 節と同様に，分離定数 k は負の値 $k = -p^2$ としなければならない．なぜならば，$k > 0$ のときは式 (5) に時間とともに増加する指数関数が現れ，物理的に無意味になるからである．)

フーリエ積分の利用

式 (5) で p をある固定された数の倍数と考えて，それらを普通の方法で加え合わせると，$t = 0$ のとき x について周期的な関数が得られるだろう．しかし，式 (2) の $f(x)$ に対しては周期性を仮定しなかったので，いまの場合フーリエ級数のかわりにフーリエ積分を用いるほうが自然である．式 (5) で A と B が任意であったので，A と B を p の関数とみなして，$A = A(p)$，$B = B(p)$ と書いてもよい．熱方程式 (1) は線形で同次であるので，

$$\begin{aligned} u(x,t) &= \int_0^\infty u(x,t;\,p)\,dp \\ &= \int_0^\infty [A(p)\cos px + B(p)\sin px]\,e^{-c^2 p^2 t}\,dp \end{aligned} \tag{6}$$

は式 (1) の解である．ただし，右辺の積分が存在して，x について 2 回，t について 1 回だけ微分可能と仮定する．

初期条件から $A(p)$ と $B(p)$ の決定　　式 (6) と式 (2) から，

$$u(x,0) = \int_0^\infty [A(p)\cos px + B(p)\sin px]\,dp = f(x) \tag{7}$$

となる．式 (7) を使うと $f(x)$ から $A(p)$ と $B(p)$ が決まる．2.8 節の式 (4)，(5) から，

3.6 熱方程式：フーリエ積分とフーリエ変換による解

$$A(p) = \frac{1}{\pi}\int_{-\infty}^{\infty} f(v)\cos pv\,dv, \quad B(p) = \frac{1}{\pi}\int_{-\infty}^{\infty} f(v)\sin pv\,dv \qquad (\,\mathbf{8}\,)$$

となる．2.10 節の式 (1*) によると，式 (8) の $A(p)$ と $B(p)$ を使うと，フーリエ積分 (7) は，

$$u(x,0) = \frac{1}{\pi}\int_0^{\infty}\left[\int_{-\infty}^{\infty} f(v)\cos(px-pv)\,dv\right]dp$$

と書ける．また式 (6) は，

$$u(x,t) = \frac{1}{\pi}\int_0^{\infty}\left[\int_{-\infty}^{\infty} f(v)\cos(px-pv)e^{-c^2p^2t}\,dv\right]dp$$

となる．積分の順序を交換できると仮定すると，

$$u(x,t) = \frac{1}{\pi}\int_{-\infty}^{\infty} f(v)\left[\int_0^{\infty} e^{-c^2p^2t}\cos(px-pv)\,dp\right]dv \qquad (\,\mathbf{9}\,)$$

となる．内側の積分を行うため，公式

$$\int_0^{\infty} e^{-s^2}\cos 2bs\,ds = \frac{\sqrt{\pi}}{2}e^{-b^2} \qquad (10)$$

を用いる．（この公式は第 4 巻 4.4 節の協同プロジェクト 30 で導かれる．）式 (10) の右辺で $s = cp\sqrt{t}$ とおいて，さらに，

$$b = \frac{x-v}{2c\sqrt{t}}$$

とすると式 (9) の内側の積分の被積分関数になる．このように変数変換すると $2bs = (x-v)p$．したがって，$ds = c\sqrt{t}\,dp$ となる．そこで式 (10) が，

$$\int_0^{\infty} e^{-c^2p^2t}\cos(px-pv)\,dp = \frac{\sqrt{\pi}}{2c\sqrt{t}}\exp\left\{-\frac{(x-v)^2}{4c^2t}\right\}$$

とおきかえられる．この結果を式 (9) に代入すると，

$$u(x,t) = \frac{1}{2c\sqrt{\pi t}}\int_{-\infty}^{\infty} f(v)\exp\left\{-\frac{(x-v)^2}{4c^2t}\right\}dv \qquad (\mathbf{11})$$

となる．最後に，v のかわりに新しい積分変数 $z = (v-x)/(2c\sqrt{t})$ を導入すると，

$$u(x,t) = \frac{1}{\sqrt{\pi}}\int_{-\infty}^{\infty} f(x+2cz\sqrt{t})e^{-z^2}\,dz \qquad (\mathbf{12})$$

を得る．

もし $f(x)$ がすべての x に対して有界で，すべての有限区間で積分可能であるならば，関数 (11) または (12) が，式 (1) と式 (2) を満たすことがわかる (付録 1 の [C7] 参照)．したがって，関数 (12) の u が求める解である．

例 1　無限に長い棒の温度　初期温度が図 3.13 のように

$$f(x) = \begin{cases} U_0 = \text{一定} & (|x| < 1), \\ 0 & (|x| > 1) \end{cases}$$

のとき，無限に長い棒の温度を求めよ．

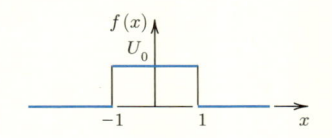

図 3.13　例 1 の初期温度

[**解**]　式 (11) から，

$$u(x,t) = \frac{U_0}{2c\sqrt{\pi t}} \int_{-1}^{1} \exp\left\{-\frac{(x-v)^2}{4c^2 t}\right\} dv$$

となる．v のかわりに新しい積分変数 $z = (v-x)/(2c\sqrt{t})$ を導入すると，v について -1 から 1 への積分が，z について $(-1-x)/(2c\sqrt{t})$ から $(1-x)/(2c\sqrt{t})$ への積分になる．したがって，

$$u(x,t) = \frac{U_0}{\sqrt{\pi}} \int_{-(1+x)/2c\sqrt{t}}^{(1-x)/2c\sqrt{t}} e^{-z^2} dz \qquad (t > 0) \tag{13}$$

となる．この積分は初等関数では表されないが，誤差関数によって表すことができる．誤差関数の値は表になっている．(付録 4 の表 A4，以下の CAS プロジェクト 10 参照.) $U_0 = 100$ [°C]，$c^2 = 1$ [cm^2/s] として，いくつかの t の値に対する $u(x,t)$ を図 3.14 に表した．◀

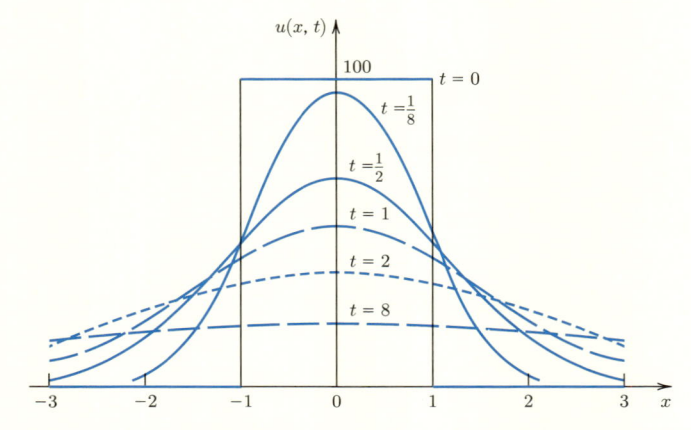

図 3.14　いくつかの t に対する例 1 の解 $u(x,t)$．$U_0 = 100$ [°C]，$c^2 = 1$ [cm^2/s]．

フーリエ変換の利用

フーリエ変換はフーリエ積分と密接に関係している．2.10 節で，フーリエ積分からフーリエ変換が得られた．2.9 節のフーリエ余弦変換およびフーリエ正弦変換はより簡単である．(読者はこのことを復習したほうがよいかもしれない．) 本節の問題または同様の問題を解くために，これらの変換が使えることは予想できる．フーリエ変換はすべての x 軸に関する問題に適用できて，フーリエ余弦変換およびフーリエ正弦変換は x 軸の正の領域にかかわる問題に適用される．典型的な問題をとりあげることにより，これらの変換方法を説明する．

例 2　例 1 の無限長の棒の温度　フーリエ変換を使って例 1 を解け．

[解]　問題は熱方程式 (1) と初期条件

$$f(x) = \begin{cases} U_0 = 一定 & (|x| < 1), \\ 0 & (それ以外) \end{cases}$$

から構成される．熱方程式を x についてフーリエ変換を行い，その結果得られる t についての常微分方程式を解くことにする．具体的にはつぎのようにする．

u を x の関数とみなして，u のフーリエ変換を $\widehat{u} = \mathscr{F}(u)$ と書く．2.10 節の式 (10) から熱方程式 (1) は，

$$\mathscr{F}(u_t) = c^2 \mathscr{F}(u_{xx}) = c^2(-w^2)\mathscr{F}(u) = -c^2 w^2 \widehat{u}$$

となる．左辺で微分演算と積分演算を交換すると，

$$\mathscr{F}(u_t) = \frac{1}{\sqrt{2\pi}} \int_{-\infty}^{\infty} u_t e^{-iwx}\, dx = \frac{1}{\sqrt{2\pi}} \frac{\partial}{\partial t} \int_{-\infty}^{\infty} u e^{-iwx}\, dx = \frac{\partial \widehat{u}}{\partial t}.$$

したがって，

$$\frac{\partial \widehat{u}}{\partial t} = -c^2 w^2 \widehat{u}.$$

この方程式は t についての微分係数だけを含み，x についての微分係数は含まない．したがって，この方程式は 1 階常微分方程式であり，t が独立変数で，w はパラメータである．変数を分離すると (第 1 巻 1.3 節)，一般解

$$\widehat{u}(w,t) = C(w)e^{-c^2 w^2 t}$$

が得られる．ただし，任意の"定数" $C(w)$ はパラメータ w に依存する．初期条件 (2) から，$\widehat{u}(w,0) = C(w) = \widehat{f}(w) = \mathscr{F}(f)$ となる．これで途中の結果

$$\widehat{u}(w,t) = \widehat{f}(w)e^{-c^2 w^2 t}$$

が得られる．2.10 節の逆変換公式 (7) から，解

$$u(x,t) = \frac{1}{\sqrt{2\pi}} \int_{-\infty}^{\infty} \widehat{f}(w) e^{-c^2 w^2 t} e^{iwx}\, dw \tag{14}$$

が得られる．これにフーリエ変換

$$\widehat{f}(w) = \frac{1}{\sqrt{2\pi}} \int_{-\infty}^{\infty} f(v) e^{-ivw}\, dv$$

を代入できるであろう．積分の順番が交換できるとすると，

$$u(x,t) = \frac{1}{2\pi} \int_{-\infty}^{\infty} f(v) \left[\int_{-\infty}^{\infty} e^{-c^2 w^2 t} e^{i(wx-wv)}\, dw \right] dv$$

となる．2.10 節のオイラーの公式 (3) によると，括弧中の被積分関数は，

$$e^{-c^2 w^2 t} \cos(wx - wv) + i e^{-c^2 w^2 t} \sin(wx - wv)$$

に等しい．上式の虚部は w の奇関数であるので，虚部の積分[5]は 0 である．実部は偶関数であるので，積分は 0 から ∞ の積分の 2 倍である．そこで，

$$u(x,t) = \frac{1}{\pi} \int_{-\infty}^{\infty} f(v) \left[\int_{0}^{\infty} e^{-c^2 w^2 t} \cos(wx - wv)\, dw \right] dv$$

となる．これは式 (9) と一致して，式 (11) と式 (12) を与える．◀

例 3　たたみ込みの方法による例 1 の解　例 1 の問題をたたみ込みの方法により解け．
[解]　はじめは例 2 と同様に式 (14) を得る．すなわち，

$$u(x,t) = \frac{1}{\sqrt{2\pi}} \int_{-\infty}^{\infty} \widehat{f}(w) e^{-c^2 w^2 t} e^{iwx}\, dw \tag{15}$$

である．ここで，たたみ込みの考え方を使う．上式を 2.10 節の式 (13) とみなすのである．すなわち，

$$u(x,t) = (f * g)(x) = \int_{-\infty}^{\infty} \widehat{f}(w) \widehat{g}(w) e^{iwx}\, dw. \tag{16}$$

ただし，

$$\widehat{g}(w) = \frac{1}{\sqrt{2\pi}} e^{-c^2 w^2 t} \tag{17}$$

とする．たたみ込みの定義 (2.10 節の式 (11) から)，

$$(f * g)(x) = \int_{-\infty}^{\infty} f(p) g(x-p)\, dp \tag{18}$$

となる．最後の仕上げとして，$\widehat{g}$ のフーリエ逆変換 g を決める必要がある．そのために 2.11 節の表 III の公式 9 を使うと (公式 9 は 2.10 節の例 2 で導いた)，

$$\mathscr{F}(e^{-ax^2}) = \frac{1}{\sqrt{2a}} e^{-w^2/4a}.$$

ただし，a は任意の値である．$c^2 t = 1/4a$ とすると，$a = 1/4c^2 t$ となる．これを上式に代入して，式 (17) を使うと，

$$\mathscr{F}(e^{-x^2/4c^2 t}) = \sqrt{2c^2 t}\, e^{-c^2 w^2 t} = \sqrt{2c^2 t}\, \sqrt{2\pi}\, \widehat{g}(w)$$

となる．したがって，$\widehat{g}$ の逆変換 $g(x)$ は，

$$\frac{1}{\sqrt{2c^2 t}\sqrt{2\pi}} e^{-x^2/4c^2 t}$$

---

[5] 実際には積分の主値である (第 4 巻 4.4 節)．

3.6 熱方程式：フーリエ積分とフーリエ変換による解

である．x を $x - p$ でおきかえて，これを式 (18) に代入すると，最終的に

$$u(x,t) = (f * g)(x) = \frac{1}{2c\sqrt{\pi t}} \int_{-\infty}^{\infty} f(p) \exp\left\{-\frac{(x-p)^2}{4c^2 t}\right\} dp \tag{19}$$

を得る．この解は式 (11) と一致する．本来，g は $g(x,t)$ のように t の関数でもある．しかし，本節では $(f * g)(x)$ のようにパラメータ t を書かなかった．これは，t についての積分が存在しなかったからである．◀

例 4 熱方程式に適用されたフーリエ正弦変換 もし横方向に断熱された棒が $x = 0$ から無限遠まで伸びているとすると，フーリエ正弦級数が使える．初期条件は $u(x,0) = f(x)$，境界条件は $u(0,t) = 0$ とする．$f(0) = u(0,0) = 0$ であるので，熱方程式と 2.9 節の式 (9b) から，

$$\mathscr{F}_s(u_t) = \frac{\partial \widehat{u}_s}{\partial t} = c^2 \mathscr{F}_s(u_{xx}) = -c^2 w^2 \mathscr{F}_s(u) = -c^2 w^2 \widehat{u}_s(w,t)$$

となる．これは $\widehat{u}_s(w,t)$ についての 1 階常微分方程式である．解は，

$$\widehat{u}_s(w,t) = C(w) e^{-c^2 w^2 t}$$

を得る．初期条件 $u(x,0) = f(x)$ から，$\widehat{u}_s(w,0) = \widehat{f}_s(w) = C(w)$ である．したがって，

$$\widehat{u}_s(w,t) = \widehat{f}_s(w) e^{-c^2 w^2 t}$$

となる．上式に定義

$$\widehat{f}_s(w) = \sqrt{\frac{2}{\pi}} \int_0^{\infty} f(p) \sin wp \, dp$$

を代入して，逆フーリエ正弦変換を行うと，

$$u(x,t) = \frac{2}{\pi} \int_0^{\infty} \int_0^{\infty} f(p) \sin wp \, e^{-c^2 w^2 t} \sin wx \, dp dw \tag{20}$$

が得られる． ◀

❖❖❖❖❖ 問題 3.6 ❖❖❖❖❖

1. ［CAS プロジェクト］熱流 (a) 基本的な図である図 3.14 をコンピュータを使って図示せよ．
(b) xt 上半平面に，図 3.14 の $u(x,t)$ を立体的な曲面として図示せよ．

積分形の解

式 (6) を使って，式 (1) の解を積分形で求めよ．初期条件は $u(x,0) = f(x)$ で，$f(x)$ は次式で与えられる．

2. $f(x) = 1/(1+x^2)$ （2.8 節の式 (15) を使え）

3. $f(x) = \begin{cases} 1 & (|x| < 1), \\ 0 & (\text{それ以外}) \end{cases}$

4. $f(x) = e^{-|x|}$ （2.8 節の例 3 を使え）
5. $f(x) = (\sin x)/x$ （2.8 節の問題 2 を使え）

6. 問題 5 の u が初期条件を満たすことを，積分することによって証明せよ．

7. (公式 (12))　$x > 0$ のとき $f(x) = 1$，$x < 0$ のとき $f(x) = 0$ とする．このとき次式を示せ．
$$u(x,t) = \frac{1}{\sqrt{\pi}} \int_{-x/2c\sqrt{t}}^{\infty} e^{-z^2} dz \qquad (t > 0).$$

8. (正規分布)　新しい積分変数として $w = z\sqrt{2}$ を導入すると式 (12) は，
$$u(x,t) = \frac{1}{\sqrt{2\pi}} \int_{-\infty}^{\infty} f(x + cw\sqrt{2t}) e^{-w^2/2} dw$$
となることを示せ．正規分布の密度は $e^{-w^2/2}/\sqrt{2\pi}$ であることが知られているが，上式には正規分布の密度が含まれている (第 7 巻 1.8 節)．

9. (正規分布)　正規分布 (第 7 巻 1.8 節) の分布関数は，誤差関数を使って，つぎのように書けることを示せ．
$$\Phi(x) = \frac{1}{\sqrt{2\pi}} \int_{-\infty}^{x} e^{-s^2/2} ds = \frac{1}{2} + \frac{1}{2} \operatorname{erf}\left(\frac{x}{\sqrt{2}}\right).$$

10. [CAS プロジェクト]　誤差関数
$$\operatorname{erf} x = \frac{2}{\sqrt{\pi}} \int_0^x e^{-w^2} dw. \tag{21}$$

この関数は応用数学と物理学 (確率論，熱力学など) で重要であり，この関数を使うと本節の記述は簡単になる．積分で定義された特殊な関数 (21) を理解するために，つぎの問題を解け (ふつうの積分法では関数 (21) の積分はできない)．

(a)　釣鐘形曲線 (関数 (21) の被積分関数の曲線) を図示せよ．$\operatorname{erf} x$ は奇関数であることを示せ．また，次式も示せ．
$$\int_a^b e^{-w^2} dw = \frac{\sqrt{\pi}}{2}(\operatorname{erf} b - \operatorname{erf} a), \qquad \int_{-b}^b e^{-w^2} dw = \sqrt{\pi}\operatorname{erf} b.$$

(b)　被積分関数を展開したあと，項別に積分して，$\operatorname{erf} x$ のマクローリン級数を求めよ．この級数を使って $x = 0, 0.01, 0.02, \cdots, 3$ のときの $\operatorname{erf} x$ の表をつくれ．

(c)　CAS プロジェクトの積分プログラムによって，(b) の値を求めよ．精度を互いに比較せよ．

(d)　$\operatorname{erf}(\infty) = 1$ を示せ．大きな x に対して $\operatorname{erf} x$ を計算して，実際にこれを確認せよ．

(e)　誤差関数を使って，温度 (13) を表せ．

(f)　$\operatorname{erf}(\infty) = 1$ を使って，問題 7 の公式を誤差関数で表せ．

3.7 モデル化：膜，2次元波動方程式

振動の分野における別の重要な問題として，太鼓の面のように張られた膜の運動を考えよう．その考え方は，振動弦の2次元版といえる．事実，扱いは3.2節のものと類似している．

物理学上の仮定　つぎの仮定をおく．

1. 膜の単位面積あたりの質量は一定である(均質な膜)．膜は完全なたわみ性をもち，曲げに対する抵抗がない．
2. 膜は張られてから xy 平面上の全境界に沿って固定される．膜を張ることにより張力が生じるが，単位長さあたりの張力 T は，すべての点で，すべての方向に等しく，運動の途中で変化しない．
3. 運動の間の膜の変位 $u(x, y, t)$ は膜の寸法に比べて小さく，膜の傾角も小さい．

これらの仮定は実際上正確には実現できないけれども，薄い弾性膜の微小横振動は比較的正確にこれらの仮定を満たすであろう．たとえば，太鼓の膜などに対してはよいモデルになる．

微分方程式の導出　図 3.15 の膜の微小な部分にはたらく力を考えて，膜の運動を記述する微分方程式を求める．膜の変位と傾角が小さいため，変位した微小部分の辺の長さは Δx と Δy に近似的に等しい．張力 T は単位長さあたりの力であるので，微小部分の辺にはたらく力はほぼ $T\Delta x$ と $T\Delta y$ である．膜が完全なたわみ性をもつから，これらの力は膜の接線方向にはたらく．

力の水平方向成分　まず力の水平方向成分を考えよう．膜の傾角の余弦を力に掛けると，力の水平方向成分を得る．傾角が小さいので，余弦は1に近い．したがって，対辺にはたらく2つの力の水平方向成分はほぼ等しい．したがって，膜の微小要素の水平方向の運動は無視できる．これから，膜の運動は横方向のみである，すなわち膜の微小要素の運動は垂直方向にのみであると結論できる．いいかえると，微小要素は垂直方向に動く．

力の垂直方向成分　y 軸と平行な辺を考えよう．この辺にはたらく力の垂直方向成分は (図 3.15)，

$$T\Delta y \sin\beta \quad \text{と} \quad -T\Delta y \sin\alpha$$

である[6]．ここで負の記号が現れたのは，左辺にはたらく力が下向きのためである．傾角が小さいので，正弦を正接でおきかえてもよい．したがって，これ

---

[6] 傾角は辺に沿って変わるので，α と β は辺の適当な点での値を表す．

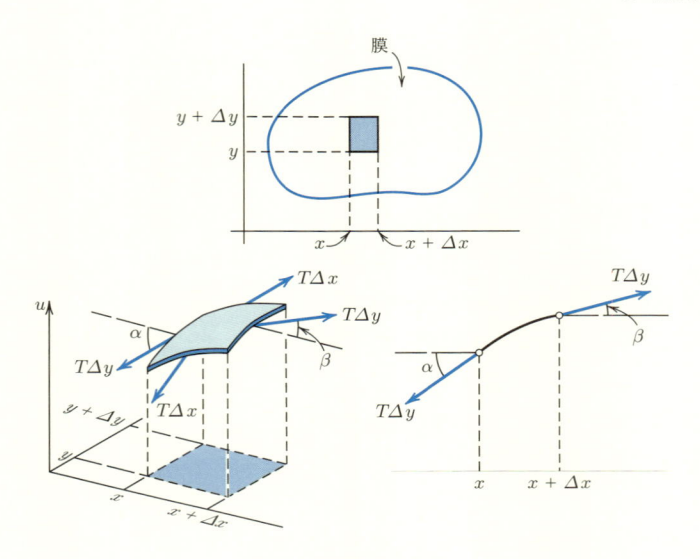

図 3.15 振動する膜

ら 2 つの垂直方向成分の合力は，

$$T\Delta y(\sin\beta - \sin\alpha) \approx T\Delta y(\tan\beta - \tan\alpha)$$
$$= T\Delta y[u_x(x+\Delta x, y_1) - u_x(x, y_2)] \quad (1)$$

となる．ただし，下付添字 x は偏微分を表し，y_1 と y_2 は y と $y+\Delta y$ の間の適当な y の値である．同様に，この微小部分のほかの 2 辺にはたらく力の垂直方向成分は，

$$T\Delta x[u_y(x_1, y+\Delta y) - u_y(x_2, y)] \quad (2)$$

となる．ただし，x_1 と x_2 は x と $x+\Delta x$ の中間の値である．

ニュートンの第 2 法則から微分方程式を得ること　ニュートンの第 2 法則（第 1 巻 2.5 節）によると，式 (1) と式 (2) で与えられる力の和は，微小部分の質量 $\rho\Delta A$ に加速度 $\partial^2 u/\partial t^2$ を掛けたものに等しい．ただし，ρ は変位していない膜の単位面積あたりの質量で，$\Delta A = \Delta x \Delta y$ は変位していない微小部分の面積である．このようにして，

$$\rho\Delta x\Delta y\frac{\partial^2 u}{\partial t^2} = T\Delta y[u_x(x+\Delta x, y_1) - u_x(x, y_2)]$$
$$+ T\Delta x[u_y(x_1, y+\Delta y) - u_y(x_2, y)]$$

を得る．ただし，左辺の偏導関数は微小部分内の適当な点 $(\tilde{x}, \tilde{y})$ での値である．

$\rho \Delta x \Delta y$ で割ると,

$$\frac{\partial^2 u}{\partial t^2} = \frac{T}{\rho}\left[\frac{u_x(x+\Delta x, y_1) - u_x(x, y_2)}{\Delta x} + \frac{u_y(x_1, y+\Delta y) - u_y(x_2, y)}{\Delta y}\right]$$

となる．Δx と Δy を 0 に接近させると，偏微分方程式

$$\frac{\partial^2 u}{\partial t^2} = c^2\left(\frac{\partial^2 u}{\partial x^2} + \frac{\partial^2 u}{\partial y^2}\right) \qquad \left(c^2 = \frac{T}{\rho}\right) \tag{3}$$

を得る．この方程式を **2次元波動方程式**とよぶ．括弧の中は u のラプラシアン $\nabla^2 u$ であるので (3.5節)，式 (3) は，

$$\frac{\partial^2 u}{\partial t^2} = c^2 \nabla^2 u \tag{3'}$$

と書ける．次節で解を求めて，解の説明をする．

3.8 長方形膜：2重フーリエ級数の利用

振動膜の問題を解くには，**2次元波動方程式**

$$\frac{\partial^2 u}{\partial t^2} = c^2\left(\frac{\partial^2 u}{\partial x^2} + \frac{\partial^2 u}{\partial y^2}\right) \qquad \left(c^2 = \frac{T}{\rho}\right) \tag{1}$$

の解 $u(x, y, t)$ を求めなければならない．解は，**境界条件**

$$u = 0 \qquad \text{(膜の境界上で，すべての } t \geqq 0 \text{ に対して)} \tag{2}$$

と2つの**初期条件**

$$u(x, y, 0) = f(x, y) \qquad (f(x, y) \text{ は与えられた初期変位)}, \tag{3}$$

$$\left.\frac{\partial u}{\partial t}\right|_{t=0} = g(x, y) \qquad (g(x, y) \text{ は与えられた初速度)} \tag{4}$$

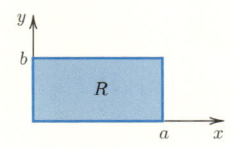

図 3.16 長方形膜

を満たす必要がある．$u(x,y,t)$ は，時間 t で点 (x,y) での静止状態からの膜の変位である．条件 (2)–(4) は，振動弦のときとよく似ている．

最初の重要な場合として，図 3.16 に示された長方形膜を考えよう．

ステップ 1：3 つの常微分方程式

変数分離法を適用して，式 (1) の解で，まず境界条件 (2) を満たすものを求めるため，

$$u(x,y,t) = F(x,y)G(t) \tag{5}$$

から始める．これを波動方程式 (1) に代入すると，

$$F\ddot{G} = c^2(F_{xx}G + F_{yy}G)$$

となる．ただし，下付添字は偏微分を表し，$\cdot$（ドット）は t に関する微分を表す．変数を分離するため，両辺を $c^2 FG$ で割ると，

$$\frac{\ddot{G}}{c^2 G} = \frac{1}{F}(F_{xx} + F_{yy})$$

となる．左辺の関数が t のみに依存して，右辺の関数が t に依存しないので，両辺の式は定数に等しいはずである．少し調べてみると，境界条件 (2) を満たし，恒等的に $u = 0$ とはならない解を得るには，定数が負でなければならないことがわかる．これは 3.3 節のときと似ている．この負の定数を $-\nu^2$ と書くと，

$$\frac{\ddot{G}}{c^2 G} = \frac{1}{F}(F_{xx} + F_{yy}) = -\nu^2$$

となる．これから，つぎのように 2 つの方程式を得る．**時間の関数** $G(t)$ に対しては，常微分方程式

$$\boxed{\ddot{G} + \lambda^2 G = 0} \qquad (\text{ただし } \lambda = c\nu) \tag{6}$$

を得る．もう 1 つは，**振幅の関数** $F(x,y)$ に対する偏微分方程式

$$F_{xx} + F_{yy} + \nu^2 F = 0 \tag{7}$$

である．式 (7) は，2 次元ヘルムホルツ[7]の**方程式**として知られている．

ヘルムホルツの方程式の変数分離は，

$$F(x,y) = H(x)Q(y) \tag{8}$$

で行われる．これを式 (7) に代入すると，

---

7) Hermann von Helmholtz (1821–1894). ドイツの物理学者．熱力学，流体力学，音響学で重要な業績をあげたことで知られている．

3.8 長方形膜：2 重フーリエ級数の利用

$$\frac{d^2 H}{dx^2} Q = -\left(H \frac{d^2 Q}{dy^2} + \nu^2 H Q\right)$$

となる．変数を分離するため，両辺を HQ で割ると，

$$\frac{1}{H} \frac{d^2 H}{dx^2} = -\frac{1}{Q}\left(\frac{d^2 Q}{dy^2} + \nu^2 Q\right)$$

となる．左辺の関数が x のみに依存して，他方右辺の関数が y のみに依存するので，両辺は定数に等しいはずである．式 (2) を満たし，恒等的に $u = 0$ とはならない解を得るためには，定数は負，たとえば $-k^2$ でなければならない．このようにして，

$$\frac{1}{H} \frac{d^2 H}{dx^2} = -\frac{1}{Q}\left(\frac{d^2 Q}{dy^2} + \nu^2 Q\right) = -k^2$$

となる．これから H と Q について，2 つの常微分方程式

$$\boxed{\frac{d^2 H}{dx^2} + k^2 H = 0,} \tag{9}$$

$$\boxed{\frac{d^2 Q}{dy^2} + p^2 Q = 0} \qquad (\text{ただし } p^2 = \nu^2 - k^2) \tag{10}$$

を得る．

ステップ 2：境界条件を満たすこと

式 (9) と式 (10) の一般解は，

$$H(x) = A \cos kx + B \sin kx, \qquad Q(y) = C \cos py + D \sin py$$

である．ただし，A, B, C, D は定数である．式 (5) と式 (2) から，$F = HQ$ が境界で 0 でなければならない．すなわち，$x = 0$，$x = a$，$y = 0$，$y = b$ で $F = 0$ ある．これについては，図 3.16 を参照せよ．これから条件

$$H(0) = 0, \qquad H(a) = 0, \qquad Q(0) = 0, \qquad Q(b) = 0$$

を得る．したがって，$H(0) = A = 0$ となる．また，

$$H(a) = B \sin ka = 0$$

となるが，$B = 0$ ならば $H \equiv 0$，$F \equiv 0$ となってしまうので，$B \neq 0$ とする．したがって，$\sin ka = 0$ または $ka = m\pi$ である．すなわち，

$$k = \frac{m\pi}{a} \qquad (m \text{ は整数})$$

である．まったく同じ手法で $C = 0$ となり，p の値が $p = n\pi/b$ (n は整数) に

限られることがわかる．このようにして解

$$H_m(x) = \sin\frac{m\pi x}{a}, \qquad Q_n(y) = \sin\frac{n\pi y}{b} \qquad \begin{pmatrix} m = 1, 2, \cdots, \\ n = 1, 2, \cdots \end{pmatrix}$$

を得る (振動弦のときと同様に，$m, n = -1, -2, \cdots$ の場合を考える必要はない．なぜならば，m と n が負のときと正のときの違いは解の符号だけで，本質的に同じ解を与えるからである．) このようにして，関数

$$F_{mn}(x, y) = H_m(x)Q_n(y) = \sin\frac{m\pi x}{a}\sin\frac{n\pi y}{b} \qquad \begin{pmatrix} m = 1, 2, \cdots, \\ n = 1, 2, \cdots \end{pmatrix} \quad (11)$$

は方程式 (7) の解で，長方形膜の境界で 0 になることがわかる．

固有関数と固有値　　式 (7) との関連において，式 (6) を考える．式 (10) で $p^2 = \nu^2 - k^2$ であり，式 (6) で $\lambda = c\nu$ であるので，

$$\lambda = c\sqrt{k^2 + p^2}$$

となる．したがって，$k = m\pi/a$, $p = n\pi/b$ に対して，上式は，

$$\boxed{\lambda = \lambda_{mn} = c\pi\sqrt{\frac{m^2}{a^2} + \frac{n^2}{b^2}}} \qquad \begin{pmatrix} m = 1, 2, \cdots, \\ n = 1, 2, \cdots \end{pmatrix} \quad (12)$$

となる．式 (6) の一般解は，

$$G_{mn}(t) = B_{mn}\cos\lambda_{mn}t + B_{mn}^*\sin\lambda_{mn}t$$

である．したがって，$u_{mn}(x, y, t) = F_{mn}(x, y)G_{mn}(t)$ と書くと，式 (12) で与えられる λ_{mn} に対して，

$$\boxed{u_{mn}(x, y, t) = (B_{mn}\cos\lambda_{mn}t + B_{mn}^*\sin\lambda_{mn}t)\sin\frac{m\pi x}{a}\sin\frac{n\pi y}{b}} \quad (13)$$

となる．これが波動方程式 (1) の解で，図 3.16 の長方形膜の境界上で 0 である．これらの関数を振動膜の**固有関数**または**特性関数**とよび，λ_{mn} を**固有値**とよぶ．u_{mn} の振動数は $\lambda_{mn}/2\pi$ である．

固有関数について　　F_{mn} が a と b に依存するので，m と n が異なっても同じ固有値に対応することがあるのは興味深い．物理的にいうと，同じ振動数の振動でも，**節曲線** (膜の動かない点からなる曲線) がまったく異なることがある．このことをつぎの例で明らかにする．

例 1　正方形膜の固有値と固有関数　　$a = b = 1$ である正方形膜を考えよう．式 (12) から固有値は，

$$\lambda_{mn} = c\pi\sqrt{m^2 + n^2} \tag{14}$$

となる．したがって，

3.8 長方形膜：2重フーリエ級数の利用

$$\lambda_{mn} = \lambda_{nm}$$

となる．$m \neq n$ とすると，これらの固有値に対応する関数

$$F_{mn} = \sin m\pi x \sin n\pi y, \qquad F_{nm} = \sin n\pi x \sin m\pi y$$

はたしかに異なる関数である．たとえば，$\lambda_{12} = \lambda_{21} = c\pi\sqrt{5}$ にはつぎの2つの関数が対応する．

$$F_{12} = \sin \pi x \sin 2\pi y, \qquad F_{21} = \sin 2\pi x \sin \pi y.$$

したがって，これに対応する解は，

$$u_{12} = (B_{12} \cos c\pi\sqrt{5}t + B_{12}^* \sin c\pi\sqrt{5}t)F_{12},$$
$$u_{21} = (B_{21} \cos c\pi\sqrt{5}t + B_{21}^* \sin c\pi\sqrt{5}t)F_{21}$$

となる．それぞれの節曲線は，$y = 1/2$ と $x = 1/2$ である (図 3.17)．$B_{12} = 1$，$B_{12}^* = B_{21}^* = 0$ とすると，

$$u_{12} + u_{21} = \cos c\pi\sqrt{5}t(F_{12} + B_{21}F_{21}) \tag{15}$$

となる．これは固有値 $c\pi\sqrt{5}$ に対応する別の振動を表す．この関数の節曲線は，方程式

$$F_{12} + B_{21}F_{21} = \sin \pi x \sin 2\pi y + B_{21} \sin 2\pi x \sin \pi y = 0$$

の解である．$\sin 2\alpha = 2 \sin \alpha \cos \alpha$ であるので，上式は，

$$\sin \pi x \sin \pi y \, (\cos \pi y + B_{21} \cos \pi x) = 0 \tag{16}$$

となる．この解は B_{21} の値によって変わる (図 3.18)．

式 (14) からわかるように，λ_{mn} の同じ数値に2つ以上の関数が対応する場合がある．たとえば，

$$1^2 + 8^2 = 4^2 + 7^2 = 65$$

であるから，4つの関数 $F_{18}, F_{81}, F_{47}, F_{74}$ が $\lambda_{18} = \lambda_{81} = \lambda_{47} = \lambda_{74} = c\pi\sqrt{65}$ に対応している．このようなことが起こるのは，65 という数を，2つの自然数の2乗の和として表す方法が2通り以上あるからである．ガウスのある定理によると，2つの平方数の和を因数分解したときに，異なる素数因子の中に，$4n+1$ (n は正の整数) の形のものが

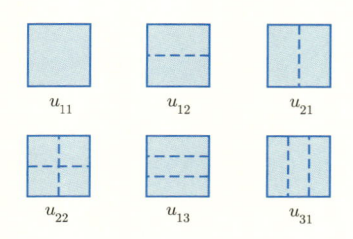

図 3.17 正方形膜の場合の解 $u_{11}, u_{12}, u_{21}, u_{22}, u_{13}, u_{31}$ の節曲線

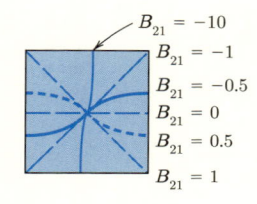

図 3.18 B_{21} を変えたときの解 (15) の節曲線

少なくとも 2 つ以上存在するときには，つねにこのようになる．この例の場合には，
$$65 = 5 \cdot 13 = (4+1)(12+1)$$
である． ◀

ステップ 3：問題の一般的な解，2 重フーリエ級数

初期条件 (3) と (4) も満たす解を得るため，3.3 節と似た方法を用いる．2 重級数

$$\begin{aligned} u(x,y,t) &= \sum_{m=1}^{\infty} \sum_{n=1}^{\infty} u_{mn}(x,y,t) \\ &= \sum_{m=1}^{\infty} \sum_{n=1}^{\infty} (B_{mn} \cos \lambda_{mn} t + B_{mn}^* \sin \lambda_{mn} t) \sin \frac{m\pi x}{a} \sin \frac{n\pi y}{b} \end{aligned} \quad (17)$$

を考える[8]．これを式 (3) から，

$$u(x,y,0) = \sum_{m=1}^{\infty} \sum_{n=1}^{\infty} B_{mn} \sin \frac{m\pi x}{a} \sin \frac{n\pi y}{b} = f(x,y) \quad (18)$$

となる．これは **2 重フーリエ級数** とよぶ．$f(x,y)$ を式 (18) のように展開できると仮定しよう[9]．式 (18) で $f(x,y)$ のフーリエ級数 B_{mn} を決めるため，まず

$$K_m(y) = \sum_{n=1}^{\infty} B_{mn} \sin \frac{n\pi y}{b} \quad (19)$$

とおき，式 (18) を

$$f(x,y) = \sum_{m=1}^{\infty} K_m(y) \sin \frac{m\pi x}{a}$$

と書く．y を固定すると，これは $f(x,y)$ を x の関数と考えたときのフーリエ正弦級数である．2.4 節の式 (6) から，展開係数 $K_m(y)$ は，

$$K_m(y) = \frac{2}{a} \int_0^a f(x,y) \sin \frac{m\pi x}{a} \, dx \quad (20)$$

となる．さらに，式 (19) は $K_m(y)$ のフーリエ正弦級数である．2.4 節の式 (6) から，係数 B_{mn} が，

$$B_{mn} = \frac{2}{b} \int_0^b K_m(y) \sin \frac{n\pi y}{b} \, dy$$

で与えられる．この式に式 (20) を代入すると，

---

[8] ここでは収束性と一意性の問題は考えない．
[9] 対象としている長方形領域 R で，f, $\partial f/\partial x$, $\partial f/\partial y$, $\partial^2 f/\partial x \partial y$ が連続であることが十分条件である．

3.8 長方形膜：2重フーリエ級数の利用

$$B_{mn} = \frac{4}{ab}\int_0^b \int_0^a f(x,y) \sin\frac{m\pi x}{a} \sin\frac{n\pi y}{b}\,dxdy \quad \begin{pmatrix} m=1,2,\cdots, \\ n=1,2,\cdots \end{pmatrix}$$
(**21**)

となる．これが**一般化されたオイラーの公式**であり，式 (18) のように $f(x,y)$ を 2 重フーリエ級数に展開したときのフーリエ係数を与える．

このように，式 (17) の B_{mn} が $f(x,y)$ を用いて定められる．つぎに B_{mn}^* を決めるため，式 (17) を項別に t で微分する．式 (4) を用いると，

$$\left.\frac{\partial u}{\partial t}\right|_{t=0} = \sum_{m=1}^\infty \sum_{n=1}^\infty B_{mn}^* \lambda_{mn} \sin\frac{m\pi x}{a} \sin\frac{n\pi y}{b} = g(x,y)$$

となる．$g(x,y)$ が 2 重フーリエ級数に展開できるとすると，B_{mn} のときと同じようにして，

$$B_{mn}^* = \frac{4}{ab\lambda_{mn}}\int_0^b \int_0^a g(x,y) \sin\frac{m\pi x}{a} \sin\frac{n\pi y}{b}\,dxdy \quad \begin{pmatrix} m=1,2,\cdots, \\ n=1,2,\cdots \end{pmatrix}$$
(**22**)

を得る．式 (17) が初期条件 (3) と (4) を満たすためには，係数 B_{mn} と B_{mn}^* を式 (21) と式 (22) に従って選ばなければならない．

例 2 長方形膜の振動 辺の長さが $a = 4$ [ft] と $b = 2$ [ft] の長方形の膜の振動を求めよ (図 3.19)．ただし，張力は 12.5 lb/ft，密度は 2.5 slugs/ft^2 (軽いゴムのようなもの)，初期速度は 0，初期変位は

$$f(x,y) = 0.1(4x - x^2)(2y - y^2) \text{ [ft]} \tag{23}$$

とする[10]．

[解]　$c^2 = T/\rho = 12.5/2.5 = 5$ [ft^2/s^2]．また，$g(x,y) = 0$ であるので，式 (22) から $B_{mn}^* = 0$．式 (21) と式 (23) から，

$$\begin{aligned}
B_{mn} &= \frac{4}{4\cdot 2}\int_0^2 \int_0^4 0.1(4x-x^2)(2y-y^2)\sin\frac{m\pi x}{4}\sin\frac{n\pi y}{2}\,dxdy \\
&= \frac{1}{20}\int_0^4 (4x-x^2)\sin\frac{m\pi x}{4}\,dx \int_0^2 (2y-y^2)\sin\frac{n\pi y}{2}\,dy.
\end{aligned}$$

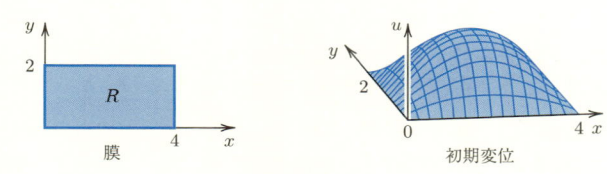

図 3.19　例 2

---

10) (訳注)　1 [ft] = 0.305 [m]，1 [lb] = 4.45 [Newton]，1[slug] = 14.59 [質量 kg]．

右辺の最初の積分に対して部分積分すると，
$$\frac{128}{m^3\pi^3}[1-(-1)^m] = \frac{256}{m^3\pi^3} \qquad (m \text{ は奇数}).$$
右辺の2番目の積分に対して部分積分すると，
$$\frac{16}{n^3\pi^3}[1-(-1)^n] = \frac{32}{n^3\pi^3} \qquad (n \text{ は奇数}).$$
m と n が偶数のとき，上の2つの積分は0である．したがって，m または n が偶数ならば，$B_{mn}=0$ である．そして，
$$B_{mn} = \frac{256 \cdot 32}{20 m^3 n^3 \pi^6} \approx \frac{0.426050}{m^3 n^3} \qquad (m \text{ と } n \text{ は両方とも奇数}).$$
これと式 (17) から，
$$\begin{aligned}
u(x,y,t) &= 0.426050 \sum_{m,n \text{ は奇数}} \sum \frac{1}{m^3 n^3} \cos\left(\frac{\sqrt{5}\pi}{4}\sqrt{m^2+4n^2}\right) t \sin\frac{m\pi x}{4} \sin\frac{n\pi y}{2} \\
&= 0.426050 \Bigg(\cos\frac{\sqrt{5}\pi\sqrt{5}}{4} t \sin\frac{\pi x}{4} \sin\frac{\pi y}{2} + \frac{1}{27}\cos\frac{\sqrt{5}\pi\sqrt{37}}{4} t \sin\frac{\pi x}{4} \sin\frac{3\pi y}{2} \\
&\quad + \frac{1}{27}\cos\frac{\sqrt{5}\pi\sqrt{13}}{4} t \sin\frac{3\pi x}{4} \sin\frac{\pi y}{2} \\
&\quad + \frac{1}{729}\cos\frac{\sqrt{5}\pi\sqrt{45}}{4} t \sin\frac{3\pi x}{4} \sin\frac{3\pi y}{2} + \cdots \Bigg)
\end{aligned} \qquad (24)$$

となる．最初の項は膜の初期の形に非常に似ていて，節曲線をもたない．2番目の項の係数はかなり小さいので，最初の項が支配的である．2番目の項は2本の水平な節曲線をもつ ($y=\frac{2}{3},\frac{4}{3}$)．3番目の項は2本の垂直な節曲線をもつ ($x=\frac{4}{3},\frac{8}{3}$)．4番目の項は2本の水平な節曲線と2本の垂直な節曲線をもつ．5番目以降の項についても同様に考察できる．◀

❖❖❖❖❖ 問題 3.8 ❖❖❖❖❖

1. (**振動数**)　膜の張力が増えると，解 (13) の振動数はどのように変化するか．

2. (**フーリエ係数**)　例2の B_{mn} を証明せよ．(実際に部分積分せよ．)

3. (**フーリエ係数**)　例2の B_{mn} は2つの積分の積である．これらの値を示せ．

正方形膜

4. (**節曲線**)　$a=b=1$，$m=1,2,3,4$，$n=1,2,3,4$ のとき，解 (13) の節曲線を求めて図示せよ．

5. (**固有値**)　辺の長さが1の正方形膜の固有値を求めよ．ただし，これらの固有値には4個の (比例しない独立した) 異なる固有関数が対応する．

2重フーリエ級数　級数 (18) により以下の $f(x,y)$ を表せ．ただし，$0<x<\pi$，$0<y<\pi$ とする．(問題9の f は通常の境界条件 (2) を満たす．ほかの f は満たさない．)

6. $f(x,y) = 1$　　　　　　　　　　**7.** $f(x,y) = y$

8. $f(x,y) = xy$　　　　　　　　　**9.** $f(x,y) = xy(\pi-x)(\pi-y)$

10.　[CAS プロジェクト]　2重フーリエ級数　(a) 式 (18) の部分和を与えるプログラムをかけ．問題 9 の初期条件にプログラムを適用して，最初のいくつかの部分和を，xy 平面上の立体的な曲面として図示せよ．式 (18) の 1 つ 1 つの項も図示せよ．なぜ収束が速いのか述べよ．

(b) 問題 6 の初期条件に対して (a) と同じことを行え．ある領域 (たとえば，$0 < x < \pi/2$, $0 < y < \pi/2$) で，いくつかの部分和を図示せよ．その場合，(b) の解を (a) の解と同じ座標軸を使って図示せよ．こうすると (a) と (b) の違いがわかる．

(c) 読者が適当な例を選んで (b) と同じことを行え．

変位　$a = b = 1$ と $c = 1$, 初期速度が 0, 初期変位がつぎで与えられるとき，正方形膜の変位 $u(x, y, t)$ を求めよ．

11. $0.1 \sin 3\pi x \sin 4\pi y$ 　　　　**12.** $k \sin \pi x \sin \pi y$

13. $kxy(1-x)(1-y)$ 　　　　**14.** $k \sin^2 \pi x \sin^2 \pi y$

長方形膜

15. (節曲線)　$a = 3$ と $b = 1$ のとき，問題 4 と同じことを行え．

16. (最小振動数)　面積 $A = ab$ と c が同じとき，多くの長方形膜の中で正方形膜がもっとも小さい u_{11} (式 (13)) の振動数をもつことを示せ．

17. (最小振動数)　m と n を任意の値に固定して，式 (13) の u_{mn} 振動数に対して問題 16 と同じような結果 (a と b の比) を見つけよ．

18. (固有値)　辺が $a = 2$, $b = 1$ のとき，2 つ以上の異なる (独立な) 固有関数が，同じ固有値に対応するような固有値を見つけよ．

変位　辺の長さが a と b, $c = 1$ の長方形膜の $u(x, y, t)$ を求めよ．ただし，初期速度は 0, 初期変位はつぎのようにする．

19. $\sin \dfrac{2\pi x}{a} \sin \dfrac{3\pi y}{b}$ 　　　　**20.** $xy(a-x)(b-y)$

3.9　極座標でのラプラシアン

偏微分方程式の境界値問題を解くとき，境界が簡単に表せるように座標系を選ぶのが一般的な原則である．次節で円形膜 (太鼓の膜) を考えるが，その場合

$$x = r\cos\theta, \quad y = r\sin\theta$$

で定義される極座標 r, θ を用いるのが便利である．なぜならば，円形膜の境界が簡単な方程式 $r =$ 一定 で表されるからである．r と θ を使うので，波動方程式の中のラプラシアン

$$\nabla^2 u = \frac{\partial^2 u}{\partial x^2} + \frac{\partial^2 u}{\partial y^2}$$

を r と θ で表す必要がある．

ある座標系で表した偏導関数をほかの座標系で表すことは，応用上しばしば要求される．したがって，この節の考え方は注意深く学んでおかなければならない．

$u(x,y,t)$ は，r,θ,t の関数でもあるので単に u と書き，偏微分を下付添字で表す．3.4 節の連鎖法則を適用すると，

$$u_x = u_r r_x + u_\theta \theta_x$$

となる．これをふたたび x で微分する．積についての微分公式と連鎖法則を使うと，

$$\begin{aligned} u_{xx} &= (u_r r_x)_x + (u_\theta \theta_x)_x \\ &= (u_r)_x r_x + u_r r_{xx} + (u_\theta)_x \theta_x + u_\theta \theta_{xx} \\ &= (u_{rr} r_x + u_{r\theta} \theta_x) r_x + u_r r_{xx} + (u_{\theta r} r_x + u_{\theta\theta} \theta_x) \theta_x + u_\theta \theta_{xx}. \end{aligned} \quad (1)$$

偏導関数 r_x と θ_x を決めるために

$$r = \sqrt{x^2 + y^2}, \quad \theta = \arctan \frac{y}{x}$$

を微分して，

$$r_x = \frac{x}{\sqrt{x^2+y^2}} = \frac{x}{r}, \quad \theta_x = \frac{1}{1+(y/x)^2}\left(-\frac{y}{x^2}\right) = -\frac{y}{r^2}$$

を得る．これら 2 つの式をふたたび微分すると，

$$r_{xx} = \frac{r - xr_x}{r^2} = \frac{1}{r} - \frac{x^2}{r^3} = \frac{y^2}{r^3}, \quad \theta_{xx} = -y\left(-\frac{2}{r^3}\right)r_x = \frac{2xy}{r^4}$$

となる．これらすべての式を式 (1) に代入する．1 階と 2 階の偏導関数が連続であると仮定すると，$u_{r\theta} = u_{\theta r}$ であるから，計算結果を簡単にすると，

$$u_{xx} = \frac{x^2}{r^2} u_{rr} - 2\frac{xy}{r^3} u_{r\theta} + \frac{y^2}{r^4} u_{\theta\theta} + \frac{y^2}{r^3} u_r + 2\frac{xy}{r^4} u_\theta \quad (2)$$

を得る．同様にして，

$$u_{yy} = \frac{y^2}{r^2} u_{rr} + 2\frac{xy}{r^3} u_{r\theta} + \frac{x^2}{r^4} u_{\theta\theta} + \frac{x^2}{r^3} u_r - 2\frac{xy}{r^4} u_\theta \quad (3)$$

となる．式 (2) と式 (3) を加えると，**極座標で書かれたラプラシアンは**，

$$\boxed{\nabla^2 u = \frac{\partial^2 u}{\partial r^2} + \frac{1}{r}\frac{\partial u}{\partial r} + \frac{1}{r^2}\frac{\partial^2 u}{\partial \theta^2}} \quad (\mathbf{4})$$

となることがわかる．次節でこの微分公式を太鼓の膜 (円形膜) の振動の解析に適用する．

極座標 (r,θ) のほかに，3 番目の空間座標として z をとると，円筒座標を得る．こうして，式 (4) から**円筒座標での u のラプラシアン**

3.9 極座標でのラプラシアン

$$\nabla^2 u = u_{rr} + \frac{1}{r}u_r + \frac{1}{r^2}u_{\theta\theta} + u_{zz} \qquad (5)$$

を得る.

❖❖❖❖❖ 問題 3.9 ❖❖❖❖❖

1. (式 (4) の導出) 式 (2) と式 (3) を得るためのくわしい計算を実際に行え.

2. 式 (4) を逆にデカルト座標に変換せよ.

3. 式 (4) の別の表示

$$\nabla^2 u = \frac{1}{r}\frac{\partial}{\partial r}\left(r\frac{\partial u}{\partial r}\right) + \frac{1}{r^2}\frac{\partial^2 u}{\partial \theta^2}$$

を導け.

4. (θ に無関係) もし u が θ に無関係ならば, 式 (4) は $\nabla^2 u = u_{rr} + u_r/r$ となる. u が θ に無関係と仮定して, デカルト座標で書かれたラプラシアンから直接この結果を導け.

5. (r のみに依存) u が $r = \sqrt{x^2 + y^2}$ だけに依存するとき, $\nabla^2 u = 0$ の解は, $u = a \ln r + b$ だけであることを示せ. ただし, a と b は定数である.

6. [協同プロジェクト] ディリクレの問題およびノイマンの問題を表す級数

(a) $\nabla^2 u$ が式 (4) で与えられるとき, $u_n = r^n \cos n\theta$, $u_n = r^n \sin n\theta$ $(n = 0, 1, \cdots)$ は, ラプラス方程式 $\nabla^2 u = 0$ の解であることを示せ. (デカルト座標では u_n はどうなるか. n が小さいときを考えよ.)

(b) (ディリクレの問題) 項別微分が可能と仮定して, 円内 $r < R$ のラプラスの方程式の解のうち, 境界条件 $u(R, \theta) = f(\theta)$ ($f(\theta)$ は与えられている) を満たすものは,

$$u(r, \theta) = a_0 + \sum_{n=1}^{\infty}\left[a_n\left(\frac{r}{R}\right)^n \cos n\theta + b_n\left(\frac{r}{R}\right)^n \sin n\theta\right] \qquad (6)$$

であることを示せ. ただし, a_n と b_n は f のフーリエ係数である (2.2 節).

(c) (ディリクレの問題) 式 (6) を使ってディリクレの問題を解け. ただし, $R = 1$, 境界条件は $-\pi < \theta < 0$ で $u(\theta) = -100$ [V], $0 < \theta < \pi$ で $u(\theta) = 100$ [V] である. (円内の u を図示して, 境界値を示せ.)

(d) (ノイマンの問題) $r < R$ で $\nabla^2 u = 0$, $u_n(R, \theta) = f(\theta)$ (n は円周から外向きの法線, $u_n = \partial u/\partial n$) のときノイマンの問題の解は,

$$u(r, \theta) = A_0 + \sum_{n=1}^{\infty} r^n(A_n \cos n\theta + B_n \sin n\theta)$$

であることを示せ. ただし, A_0 は任意で,

$$A_n = \frac{1}{\pi n R^{n-1}}\int_{-\pi}^{\pi} f(\theta)\cos n\theta\, d\theta, \qquad B_n = \frac{1}{\pi n R^{n-1}}\int_{-\pi}^{\pi} f(\theta)\sin n\theta\, d\theta$$

である.

(e) (整合性条件) $\iint_R \nabla^2 w\, dxdy = \oint_C \frac{\partial w}{\partial n} ds$ (第 2 巻 4.4 節の式 (9)) から, (d) の

$f(\theta)$ が整合性条件

$$\int_{-\pi}^{\pi} f(\theta)\, d\theta = 0$$

を満たさなければならないことを示せ．

静電ポテンシャル：定常熱問題

静電ポテンシャル u は，電荷がない任意の領域でラプラス方程式 $\nabla^2 u = 0$ を満たす．また，温度が時間 t によって変化しないとき(**定常の場合**)，熱方程式 $u_t = c^2 \nabla^2 u$ (3.5 節)はラプラスの方程式に帰着する．つぎの境界値のとき，静電ポテンシャルを求めよ(定常温度分布を求めるのと同じ)．

7. $u(\theta) = \sin^3 \theta$ **8.** $u(\theta) = 10\cos^2 \theta$

9. $u(\theta) = \begin{cases} \theta & (-\pi/2 < \theta < \pi/2), \\ 0 & (\pi/2 < \theta < 3\pi/2) \end{cases}$ **10.** $u(\theta) = \begin{cases} -\theta & (-\pi < \theta < 0), \\ \theta & (0 < \theta < \pi) \end{cases}$

11. (**ポテンシャル**) 問題 10 で x 軸上のポテンシャル u を表す式を求めて，図示せよ．

薄い半円形板の温度 線分 $-1 < x < 1$ では $0°\mathrm{C}$ に保たれ，$r = 1$ の半円の境界ではつぎの温度に保たれるとき，$r < 1$, $y > 0$ での温度 u を求めよ．

12. $100\sin^3 \theta$ **13.** $u_0 = $ 一定   **14.** $10\theta(\pi - \theta)$

15. (**不変量**) 平行移動 $x^* = x + a$, $y^* = y + b$ と回転 $x^* = x\cos\alpha - y\sin\alpha$, $y^* = x\sin\alpha + y\cos\alpha$ に対して，$\nabla^2 u$ は不変であることを示せ．

3.10 円形膜：フーリエ・ベッセル級数の利用

円形膜は，太鼓，ポンプ，マイクロフォン，電話などで使われる．このように円形膜は工学上重要である．円形膜が平らで，材料が弾性的で，曲げに対して抵抗がないときは(したがって薄い金属膜は除かれる)，振動は 3.7 節の式 (3′) の 2 次元波動方程式で表される．$x = r\cos\theta$, $y = r\sin\theta$ で定義される極座標で，この方程式を

$$\frac{\partial^2 u}{\partial t^2} = c^2 \left(\frac{\partial^2 u}{\partial r^2} + \frac{1}{r}\frac{\partial u}{\partial r} + \frac{1}{r^2}\frac{\partial^2 u}{\partial \theta^2} \right)$$

の形で書く (3.9 節の式 (4) 参照)．図 3.20 は半径 R の膜を示す．θ に無関係で，半径方向にのみ変化する解を求める[11]．こうすると波動方程式は，

$$\frac{\partial^2 u}{\partial t^2} = c^2 \left(\frac{\partial^2 u}{\partial r^2} + \frac{1}{r}\frac{\partial u}{\partial r} \right) \tag{1}$$

と書ける．

---

11) θ に依存する解については，本節の問題を参照せよ．

3.10 円形膜：フーリエ・ベッセル級数の利用

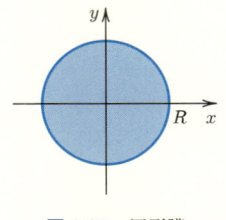

図 3.20 円形膜

境界条件と初期条件　境界 $r = R$ に沿って膜が固定されているので，境界条件は，

$$u(R, t) = 0 \qquad (\text{すべての } t \geq 0 \text{ について}) \tag{2}$$

となる．もし初期条件が θ に依存しないとき，すなわち初期条件が，

$$u(r, 0) = f(r) \qquad (f(r) \text{ は初期変位}), \tag{3}$$

$$\left.\frac{\partial u}{\partial t}\right|_{t=0} = g(r) \qquad (g(r) \text{ は初速度}) \tag{4}$$

の形をしていると，θ に依存しない解が得られるであろう．

ステップ1：常微分方程式．ベッセルの方程式

境界条件 (2) を満たす式 (1) の解を

$$u(r, t) = W(r) G(t) \tag{5}$$

の形で求める．式 (5) とその導関数を式 (1) に代入して，$c^2 WG$ で割ると，

$$\frac{\ddot{G}}{c^2 G} = \frac{1}{W}\left(W'' + \frac{1}{r}W'\right)$$

となる．ただし，$\cdot$（ドット）は t についての微分を表し，$'$（プライム）は r についての微分を表す．両辺は定数のはずである．境界条件を満たし，かつ恒等的に 0 でない解を得るためには，定数が負，たとえば $-k^2$ でなければならない．こうして，

$$\frac{\ddot{G}}{c^2 G} = \frac{1}{W}\left(W'' + \frac{1}{r}W'\right) = -k^2$$

となり，つぎの2つの線形常微分方程式が得られる．

$$\ddot{G} + \lambda^2 G = 0 \qquad (\lambda = ck), \tag{6}$$

$$W'' + \frac{1}{r}W' + k^2 W = 0. \qquad (7)$$

$s = kr$ とすると,つぎのように式 (7) はベッセルの方程式になる (第 1 巻 4.5 節).連鎖法則から,

$$W' = \frac{dW}{dr} = \frac{dW}{ds}\frac{ds}{dr} = \frac{dW}{ds}k \quad \text{および} \quad W'' = \frac{d^2W}{ds^2}k^2.$$

上式を式 (7) に代入して,共通因子 k^2 を除くと,

$$\frac{d^2W}{ds^2} + \frac{1}{s}\frac{dW}{ds} + W = 0. \qquad (7^*)$$

これは,第 1 巻 4.5 節のベッセルの方程式 (1) で,$\nu = 0$ としたものである.

ステップ 2:境界条件を満たすこと

式 (7^*) の解は,第 1 種と第 2 種のベッセル関数 J_0 と Y_0 である (第 1 巻 4.5, 4.6 節).ところで,$s = 0$ で $Y_0(s)$ は無限大になる.膜の変位はいつも有限なので,Y_0 は解になりえない.そこで,

$$W(r) = J_0(s) = J_0(kr) \qquad (s = kr) \qquad (8)$$

となる.境界 $r = R$ では式 (2) から,$W(R) = J_0(kR) = 0$ となる (なぜならば,$G \equiv 0$ とすると,式 (5) から $u \equiv 0$ となるからである).J_0 は (無限に多い) 正の零点 $s = \alpha_1, \alpha_2, \cdots$ をもっている (図 3.21).数値を示すと,

$\alpha_1 = 2.4048, \quad \alpha_2 = 5.5201, \quad \alpha_3 = 8.6537, \quad \alpha_4 = 11.7915, \quad \alpha_5 = 14.9309$

である (付録 1 の [1] には,くわしい表が載っている).上の数値は等間隔ではなく不規則に分布している.$J_0(kR) = 0$ を満たす k は,

$$kR = \alpha_m \quad \text{したがって} \quad k = k_m = \frac{\alpha_m}{R} \quad (m = 1, 2, \cdots) \qquad (9)$$

で与えられる.

したがって,関数

$$W_m(r) = J_0(k_m r) = J_0\left(\frac{\alpha_m}{R}r\right) \qquad (m = 1, 2, \cdots) \qquad (10)$$

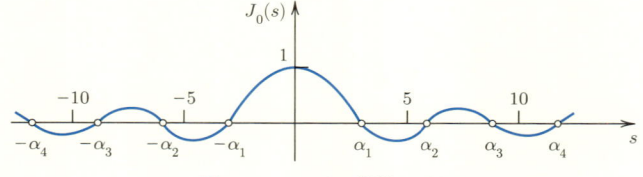

図 3.21 ベッセル関数 $J_0(s)$

3.10 円形膜：フーリエ・ベッセル級数の利用

が式 (7) の解で，$r = R$ で $W_m(r) = 0$ になる．

固有関数と固有値　式 (10) の W_m に対応する式 (6) の一般解は，$\lambda = \lambda_m = ck_m = c\alpha_m/R$ として，

$$G_m(t) = a_m \cos \lambda_m t + b_m \sin \lambda_m t$$

である．したがって，

$$\begin{aligned} u_m(r,t) &= W_m(r)G_m(t) \\ &= (a_m \cos \lambda_m t + b_m \sin \lambda_m t)J_0(k_m r) \end{aligned} \quad (m=1,2,\cdots) \quad \textbf{(11)}$$

が波動方程式 (1) の解で，かつ境界条件 (2) を満たす．これらの u_m がこの場合の**固有関数**で，λ_m が対応する**固有値**である．

u_m に対応する膜の振動を第 m **標準モード**とよぶ．この振動数は $\lambda_m/2\pi$ である．J_0 の零点が軸上を規則的に分布していないので (振動弦のときは正弦関数が現れて，正弦関数の零点は規則的に等間隔で分布していた)，太鼓の音はバイオリンの音と完全に異なる．標準モードの形が図 3.21 から簡単に得られる．それらを図 3.22 に示した．$m = 1$ に対しては，膜のすべての点が同時に上方 (または下方) へ動く．$m = 2$ に対しては，状況はつぎのようになる．関数

$$W_2(r) = J_0\left(\frac{\alpha_2}{R}r\right)$$

は，$\alpha_2 r/R = \alpha_1$ すなわち $r = \alpha_1 R/\alpha_2$ のとき 0 である．したがって，円 $r = \alpha_1 R/\alpha_2$ は節曲線である．ある瞬間に，膜の中央部が上方へ動くと，外側

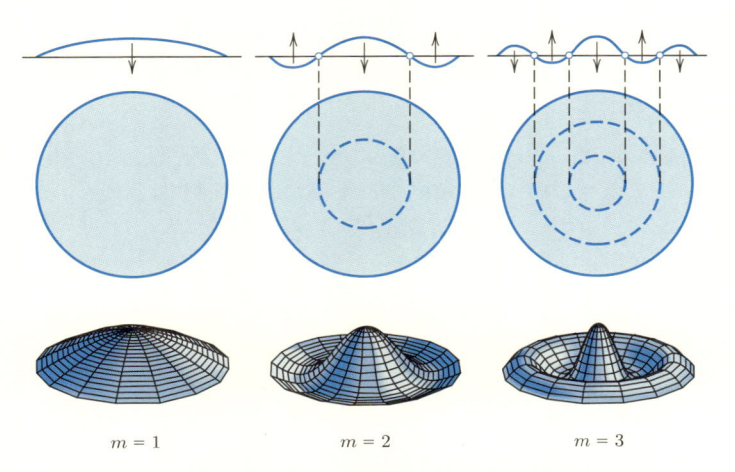

図 3.22　円形膜の基本モード (角度に依存しない振動の場合)

$(R > r > \alpha_1 R/\alpha_2)$ は下方へ動く．膜の中央部が逆に下方へ動くとき，外側は上方へ動く．一般に解 $u_m(r,t)$ は $m-1$ 本の節曲線をもち，それらはすべて同心円である (図 3.22)．

ステップ 3：問題の一般的な解

初期条件 (3) と (4) を満たす解を得るため，振動弦のときと同じようにする．すなわち，級数

$$u(r,t) = \sum_{m=1}^{\infty} W_m(r) G_m(t)$$
$$= \sum_{m=1}^{\infty} (a_m \cos \lambda_m t + b_m \sin \lambda_m t) J_0 \left(\frac{\alpha_m}{R} r \right) \quad (12)$$

を考える[12]．$t = 0$ として式 (3) を用いると，

$$u(r,0) = \sum_{m=1}^{\infty} a_m J_0 \left(\frac{\alpha_m}{R} r \right) = f(r) \quad (13)$$

となる．したがって，式 (12) が式 (3) を満たすためには，a_m は $f(r)$ の $J_0(\alpha_m r/R)$ による**フーリエ・ベッセル級数**の係数でなければならない．すなわち (第 1 巻 4.8 節の式 (10))，

$$\boxed{a_m = \frac{2}{R^2 J_1{}^2(\alpha_m)} \int_0^R r f(r) J_0 \left(\frac{\alpha_m}{R} r \right) dr} \quad (m = 1, 2, \cdots) \quad \textbf{(14)}$$

である．区間 $0 \leqq r \leqq R$ で $f(r)$ が微分可能なことが，式 (13) の展開が存在する十分条件である (付録 1 の [A7] 参照)．式 (12) の係数 b_m も式 (4) から同じようにして決まる．a_m と b_m の数値を得るためには，J_0 と J_1 についての数表を用いて，数値積分を行えばよい．つぎの例が示すように数値計算を行わなくてすむこともある．

例 1 円形膜の振動 円形の太鼓の膜の振動を求めよ．ただし，半径 R は 1 ft，密度 ρ は 2 slugs/ft^2，張力 T は 8 lb/ft，初期速度は 0，初期変位は

$$f(r) = 1 - r^2 \text{ [ft]}$$

とする[13]．

[解] $c^2 = T/\rho = 8/2 = 4$ [ft^2/s^2]．また，初期速度が 0 であるので $b_m = 0$．式 (14) と第 1 巻 4.8 節の例 3 で $R = 1$ とすると，

$$a_m = \frac{2}{J_1{}^2(\alpha_m)} \int_0^1 r(1 - r^2) J_0(\alpha_m r) \, dr = \frac{4 J_2(\alpha_m)}{\alpha_m{}^2 J_1{}^2(\alpha_m)} = \frac{8}{\alpha_m{}^3 J_1(\alpha_m)}$$

---

[12] 収束性と一意性の問題については考えない．
[13] (訳注) slugs, lb については，3.8 節の脚注 10) 参照．

3.10 円形膜：フーリエ・ベッセル級数の利用　　　　　　　　　　　　　　179

となる．ただし，最後の等式が成立するのは，つぎの理由による．第1巻4.5節の式 (26) で $\nu = 1$ とすると，

$$J_2(\alpha_m) = \frac{2}{\alpha_m} J_1(\alpha_m) - J_0(\alpha_m) = \frac{2}{\alpha_m} J_1(\alpha_m).$$

付録1の [1] にある表は α_m と $J_0'(\alpha_m)$ を与える．これと第1巻4.5節の式 (25) で $\nu = 0$ とすると，$J_1(\alpha_m) = -J_0'(\alpha_m)$ となる．これらから a_m を計算すると以下の表のようになる．

m	α_m	$J_1(\alpha_m)$	$J_2(\alpha_m)$	a_m
1	2.40483	0.51915	0.43176	1.10801
2	5.52008	−0.34026	−0.12328	−0.13978
3	8.65373	0.27145	0.06274	0.04548
4	11.79153	−0.23246	−0.03943	−0.02099
5	14.93092	0.20655	0.02767	0.01164
6	18.07106	−0.18773	−0.02078	−0.00722
7	21.21164	0.17327	0.01634	0.00484
8	24.35247	−0.16170	−0.01328	−0.00343
9	27.49348	0.15218	0.01107	0.00253
10	30.63461	−0.14417	−0.00941	−0.00193

このようにして，

$$f(r) = 1.108 J_0(2.4048r) - 0.140 J_0(5.5201r) + 0.045 J_0(8.6537r) - \cdots$$

となる．上式の係数は比較的ゆっくり減少することがわかる．表で与えられた係数 a_m の和は 0.99915 である．すべての係数の和は 1 になるはずである (なぜか)．したがって，付録A3.3のライプニッツの判定法から，これらの項の部分和は，振幅 $f(r)$ についてほぼ小数点以下 3 桁の精度をもつ．

$$\lambda_m = c k_m = \frac{c \alpha_m}{R} = 2 \alpha_m$$

であるので，式 (12) から，

$$u(r,t) = 1.108 J_0(2.4048r) \cos 4.8097t - 0.140 J_0(5.5201r) \cos 11.0402t$$
$$+ 0.045 J_0(8.6537r) \cos 17.3075t - \cdots$$

の解を得る (r はフィート，t は秒で計測)．

図 3.22 で，$m = 1$ は上の級数の最初の項の運動の様子を表し，$m = 2$ は 2 番目の項の運動，$m = 3$ は 3 番目の項の運動を表す．このようにして，3.3節のバイオリンの弦と同じように，本節の結果を解釈できる． ◀

❖❖❖❖❖ 問題 3.10 ❖❖❖❖❖

1. (**太鼓の大きさ**) 太鼓の膜の張力と密度は同じとすると，小さい太鼓は大きい太鼓より高い基本振動数をもつ．本節の公式からこれを説明せよ．

2. (**基本振動数**) 円形の太鼓の基本振動数の公式を求めよ．(α_1 の数値を使え．)

3. (**張力**) 円形の太鼓で所定の基本振動数を生じさせたい．このための張力を求める公式をつくれ．

4. (**極座標**) なぜ極座標を使うのか．

5. (**振動数**) 膜の張力を増やすと太鼓の振動数はどうなるか．

6. [**CAS プロジェクト**] **標準形** (a) $r\theta$ 平面上の立体的な曲面として，基本形 u_m ($m = 1, \cdots, 4$, $R = 1$) を図示せよ．

(b) 例 1 の a_m を計算するプログラムを作成して，表を $m = 15$ まで拡張せよ．$\alpha_m \approx (m - \frac{1}{4})\pi$ であることを数値的に示して，誤差を計算せよ．

(c) 例 1 の初期変形を立体的な曲面として図示せよ．

7. (**0 でない初期速度**) 式 (12) が式 (4) を満たすためには，

$$b_m = \frac{2}{c\alpha_m R J_1^2(\alpha_m)} \int_0^R rg(r) J_0(\alpha_m r/R)\, dr \qquad (m = 1, 2, \cdots) \qquad (15)$$

であることを示せ．

8. (**0 でない初期速度**) 太鼓の膜の初期変位が 0 で，初期速度が 0 でないような状態が考えられるか．式 (15) の応用として，$R = 1$, $c = 1$, $g(r) = 1$ の場合を計算せよ．

[ヒント] $\frac{d}{dx}[x^\nu J_\nu(x)] = x^\nu J_{\nu-1}(x)$ で $\nu = 1$ とせよ．

9. (**節曲線**) c と R を固定したとき，異なる節曲線をもつ 2 つ以上の u_m (式 (11)) が同じ固有値に対応できるか．(理由を書け．)

10. (**係数の和**) 例 1 で $a_1 + a_2 + \cdots = 1$ となるのはなぜか．小数点以下 3 桁が正しくなるまで最初のいくつかの部分和を計算せよ．

r と θ に依存する円形膜の振動

11. (**最初の変数分離**) 波動方程式

$$u_{tt} = c^2 \left(u_{rr} + \frac{1}{r} u_r + \frac{1}{r^2} u_{\theta\theta} \right) \qquad (16)$$

に $u = F(r, \theta) G(t)$ を代入すると，

$$\ddot{G} + \lambda^2 G = 0 \qquad (\lambda = ck), \qquad (17)$$

$$F_{rr} + \frac{1}{r} F_r + \frac{1}{r^2} F_{\theta\theta} + k^2 F = 0 \qquad (18)$$

が得られることを証明せよ．

12. (**2 番目の変数分離**) 式 (18) に $F = W(r) Q(\theta)$ を代入すると，

$$Q'' + n^2 Q = 0, \qquad (19)$$

$$r^2 W'' + r W' + (k^2 r^2 - n^2) W = 0 \qquad (20)$$

が得られることを証明せよ．

13. (周期性) $Q(\theta)$ は周期 2π の周期関数でなければならないこと,したがって,式 (19) と式 (20) で $n = 0, 1, 2, \cdots$ であることを示せ.さらに解として,$Q_n = \cos n\theta$, $Q_n^* = \sin n\theta$, $W_n = J_n(kr)$ $(n = 0, 1, 2, \cdots)$ が得られることを示せ.

14. (境界条件) 境界条件

$$u(R, \theta, t) = 0 \tag{21}$$

から $k = k_{mn} = \alpha_{mn}/R$ が得られることを示せ.ただし,$J_n(s)$ の m 番目の正の零点を $s = \alpha_{mn}$ とする.

15. (r と θ に依存する解) 式 (21) を満たす式 (16) の解が,

$$\begin{cases} u_{mn} = (A_{mn} \cos ck_{mn}t + B_{mn} \sin ck_{mn}t) J_n(k_{mn}r) \cos n\theta, \\ u_{mn}^* = (A_{mn}^* \cos ck_{mn}t + B_{mn}^* \sin ck_{mn}t) J_n(k_{mn}r) \sin n\theta \end{cases} \tag{22}$$

であることを示せ (図 3.23).

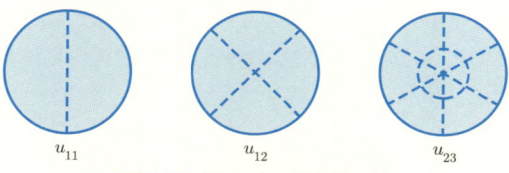

図 3.23 解 (22) の節曲線の例

16. (初期条件) 式 (22) で初期条件 $u_t(r, \theta, 0) = 0$ から $B_{mn} = 0$, $B_{mn}^* = 0$ となることを示せ.

17. $u_{m0}^* \equiv 0$ を示せ.また u_{m0} が式 (11) と同じことであることを示せ.

18. (半円形の膜) u_{11} が半円形の膜の基本モードを表すことを示し,$c^2 = 1$, $R = 1$ のときの u_{11} の振動数を求めよ.

3.11 円筒座標および球座標でのラプラスの方程式.ポテンシャル

ラプラスの方程式

$$\nabla^2 u = u_{xx} + u_{yy} + u_{zz} = 0 \tag{1}$$

は物理学とその工学的応用でもっとも重要な偏微分方程式の 1 つである.x, y, z は空間のデカルト座標である (図 3.24).また,$u_{xx} = \partial^2 u/\partial x^2$ などと定義される.$\nabla^2 u$ の表示は u のラプラシアンという.式 (1) を解く理論を**ポテンシャル理論**という.式 (1) の解で,2 階偏導関数が連続なものを**調和関数**という.

ラプラスの方程式は,おもに**重力**,**静電学** (第 2 巻 3.9 節の例 3),**定常熱流** (3.5 節),**流体** (第 4 巻 5 章) の理論に現れる.点 (X, Y, Z) にある質点により生

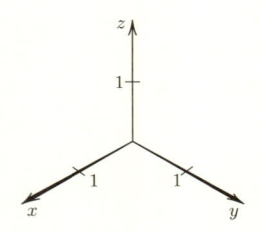

図 3.24　デカルト座標系

じる点 (x,y,z) の重力ポテンシャル $u(x,y,z)$ は，

$$u(x,y,z) = \frac{c}{r} = \frac{c}{\sqrt{(x-X)^2 + (y-Y)^2 + (z-Z)^2}} \qquad (r>0) \qquad (\mathbf{2})$$

で与えられる (第 2 巻 3.9 節)．式 (2) の u は式 (1) を満たす．同様に，空間の領域 T に密度 $\rho(X,Y,Z)$ の物質が分布しているとき，物質が存在しない点 (x,y,z) でのポテンシャルは，

$$u(x,y,z) = k \iiint_T \frac{\rho(X,Y,Z)}{r} \, dX\,dY\,dZ \qquad (3)$$

で与えられる．$\nabla^2(1/r) = 0$ (第 2 巻 3.9 節) が成立して，さらに ρ は x,y,z の関数ではないので，式 (3) は式 (1) を満たす．

ラプラスの方程式が現れる実際上の問題は，境界面 S をもつ領域 T での境界値問題である (または曲線で囲まれた平面の領域でもよい)．この問題は，つぎのように名前がつけられている (3.5 節).

> (**I**) u が S 上で与えられているときは，**第 1 境界値問題**または**ディリクレの問題**.
> (**II**) 法線方向の微分 $u_n = \partial u/\partial n$ が S 上で与えられているときは，**第 2 境界値問題**または**ノイマンの問題**.
> (**III**) S のある部分で u が与えられ，S の残りの部分で u_n が与えられているときは，**第 3 境界値問題**または**混合境界値問題**.

円筒座標でのラプラシアン

境界値問題を解く第 1 段階は，最適な座標を導入して，境界面 S を簡単に表せるようにすることである．円筒対称 (領域 T としては円柱) の問題では円筒座標 r, θ, z を使う．r, θ, z と x, y, z は，

$$x = r\cos\theta, \quad y = r\sin\theta, \quad z = z \qquad \text{(図 3.25)} \qquad (\mathbf{4})$$

3.11 円筒座標および球座標でのラプラスの方程式．ポテンシャル

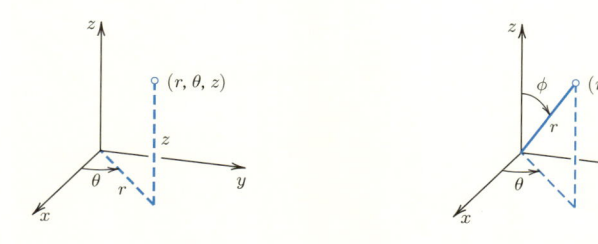

図 3.25 円筒座標

図 3.26 球座標

の関係がある．この場合には，3.9 節の式 (4) に u_{zz} を加えると簡単に $\nabla^2 u$ が得られる．すなわち，

$$\nabla^2 u = \frac{\partial^2 u}{\partial r^2} + \frac{1}{r}\frac{\partial u}{\partial r} + \frac{1}{r^2}\frac{\partial^2 u}{\partial \theta^2} + \frac{\partial^2 u}{\partial z^2} \tag{5}$$

である．

球座標でのラプラシアン

球対称 (領域 T としては球面 S で囲まれたボール内部) では，球座標 r, θ, ϕ を使う．r, θ, ϕ と x, y, z は，

$$x = r\cos\theta\sin\phi, \quad y = r\sin\theta\sin\phi, \quad z = r\cos\phi \quad (\text{図 3.26}) \tag{6}$$

の関係がある[14]．連鎖法則 (3.9 節) を使うと球座標の $\nabla^2 u$ は，

$$\nabla^2 u = \frac{\partial^2 u}{\partial r^2} + \frac{2}{r}\frac{\partial u}{\partial r} + \frac{1}{r^2}\frac{\partial^2 u}{\partial \phi^2} + \frac{\cot\phi}{r^2}\frac{\partial u}{\partial \phi} + \frac{1}{r^2\sin^2\phi}\frac{\partial^2 u}{\partial \theta^2} \tag{7}$$

となる．式 (7) についてのくわしいことは応用問題で述べる．式 (7) をつぎのように，

$$\nabla^2 u = \frac{1}{r^2}\left[\frac{\partial}{\partial r}\left(r^2\frac{\partial u}{\partial r}\right) + \frac{1}{\sin\phi}\frac{\partial}{\partial \phi}\left(\sin\phi\frac{\partial u}{\partial \phi}\right) + \frac{1}{\sin^2\phi}\frac{\partial^2 u}{\partial \theta^2}\right] \tag{7'}$$

と表すと便利なことが多い．

---

14) 変換 (6) は微分演算で使われるが，よく知られた極座標の延長である．不幸にも，何冊かの本では θ と ϕ が入れ替っていることがある．この理由は，記号法 $x = r\cos\phi$, $y = r\sin\phi$ を球座標に延長したからである (ヨーロッパのいくつかの国で使われている)．

球座標での境界値問題

もし半径 R の球面 S 上の境界条件が θ に無関係なとき，すなわち，
$$u(R, \theta, \phi) = f(\phi) \tag{8}$$
を考えよう．たとえば，球面 S での静電ポテンシャル(または温度)を表す．式 (8) が成立するとき，θ に独立なラプラスの方程式の解 $u(r, \phi)$ がありうるであろう．すなわち，式 $(7')$ で $u_{\theta\theta} = 0$ が成立する．したがって，ラプラスの方程式は，

$$\nabla^2 u = \frac{\partial}{\partial r}\left(r^2 \frac{\partial u}{\partial r}\right) + \frac{1}{\sin\phi}\frac{\partial}{\partial \phi}\left(\sin\phi \frac{\partial u}{\partial \phi}\right) = 0. \tag{9}$$

無限遠ではポテンシャルは 0 であろう．すなわち，
$$\lim_{r\to\infty} u(r, \phi) = 0 \tag{10}$$
となる．

ディリクレの問題：式 (8), (9), (10) の解法

この問題を変数分離で解くために $u(r, \phi) = G(r)H(\phi)$ とする．これを式 (9) に代入して GH で割ると，
$$\frac{1}{G}\frac{d}{dr}\left(r^2 \frac{dG}{dr}\right) = -\frac{1}{H\sin\phi}\frac{d}{d\phi}\left(\sin\phi \frac{dH}{d\phi}\right)$$
となる．独立変数が左右に分離された．いつもの議論から上の方程式の両辺は定数，たとえば k でなければならない．こうして，
$$\frac{1}{\sin\phi}\frac{d}{d\phi}\left(\sin\phi \frac{dH}{d\phi}\right) + kH = 0, \tag{11}$$
$$\frac{1}{G}\frac{d}{dr}\left(r^2 \frac{dG}{dr}\right) = k \tag{12}$$
を得る．

式 (12) をまず解くために両辺に G を掛けると，$(r^2 G')' = kG$ となる．もし $k = n(n+1)$ と書くと，この解は簡単になるのである．すなわち，$(r^2 G')' = r^2 G'' + 2rG'$ であるので，

$$r^2 G'' + 2rG' - n(n+1)G = 0 \tag{13}$$

となる．これは**オイラー・コーシーの方程式**である (第 1 巻 2.6 節)．$G = r^a$ を代入して，共通因子 r^a を省くと，上式から $a(a-1) + 2a - n(n+1) = 0$ となる．この解は，$a = n$ または $a = -n-1$ である．ただし，n は任意である．こ

3.11 円筒座標および球座標でのラプラスの方程式．ポテンシャル

れから解

$$G_n(r) = r^n, \quad G_n{}^*(r) = \frac{1}{r^{n+1}} \tag{14}$$

が得られる．

さて，式 (11) を解くことにする．$\cos\phi = w$ とおくと，$\sin^2\phi = 1 - w^2$ となり，

$$\frac{d}{d\phi} = \frac{dw}{d\phi}\frac{d}{dw} = -\sin\phi\frac{d}{dw}$$

である．したがって，式 (11) で $k = n(n+1)$ とおくと，

$$\frac{d}{dw}\left[(1-w^2)\frac{dH}{dw}\right] + n(n+1)H = 0 \tag{15}$$

となる．したがって，

$$(1-w^2)\frac{d^2H}{dw^2} - 2w\frac{dH}{dw} + n(n+1)H = 0 \tag{15'}$$

となる．これは**ルジャンドルの方程式** (第 1 巻 4.3 節) である．

フーリエ・ルジャンドル級数を使う解法

整数 n が $n = 0, 1, \cdots$ のとき[15)]，ルジャンドルの多項式

$$H = P_n(w) = P_n(\cos\phi) \quad (n = 0, 1, \cdots)$$

はルジャンドルの方程式 (15) の解である．ラプラスの方程式の解は $u = GH$ であるので，2 つの解

$$\begin{cases} u_n(r,\phi) = A_n r^n P_n(\cos\phi), \\ u_n{}^*(r,\phi) = \dfrac{B_n}{r^{n+1}} P_n(\cos\phi) \end{cases} \quad (n = 0, 1, \cdots) \tag{16*}$$

を得る．ただし，A_n と B_n は定数である．

内部問題の解　この問題は，式 (8) を満たす球の内部の解を式 (9) から求めることである．このため級数[16)]

$$u(r,\phi) = \sum_{n=0}^{\infty} A_n r^n P_n(\cos\phi) \tag{16}$$

---

15) 今までのところでは，k が任意であるので n も任意であった．区間 $-1 \leqq w \leqq 1$ すなわち $0 \leqq \phi \leqq \pi$ で，式 (15) の解とその 1 階導関数が連続であるためには，n を整数に限らなければならない．

16) 収束性は考えない．もし $f(\phi)$ と $f'(\phi)$ が区間 $0 \leqq \phi \leqq \pi$ で区分的に連続であるとすると，係数 (18) をもつ級数 (16) は r と ϕ について項別に 2 回微分可能である．その結果得られる級数は収束して，それぞれ $\partial^2 u/\partial r^2$ と $\partial^2 u/\partial\phi^2$ を与える．したがって，係数 (18) をもつ級数 (16) は，球の内部での問題の解である．

を考える．式 (16) が式 (8) を満たすためには，

$$u(R, \phi) = \sum_{n=0}^{\infty} A_n R^n P_n(\cos \phi) = f(\phi) \tag{17}$$

でなければならない．すなわち，式 (17) はルジャンドルの多項式による $f(\phi)$ の**フーリエ・ルジャンドル級数**でなければならない．第 1 巻 4.8 節の式 (7) から，

$$A_n R^n = \frac{2n+1}{2} \int_{-1}^{1} \widetilde{f}(w) P_n(w) \, dw \tag{18*}$$

となる．ただし，$\widetilde{f}(w)$ は $f(\phi)$ を $w = \cos\phi$ の関数として表したものである．$dw = -\sin\phi \, d\phi$ であり，積分の下限 -1 と上限 1 が，それぞれ $\phi = \pi$ と $\phi = 0$ に対応するので，

$$\boxed{A_n = \frac{2n+1}{2R^n} \int_0^\pi f(\phi) P_n(\cos\phi) \sin\phi \, d\phi} \qquad (n = 0, 1, \cdots) \tag{18}$$

となる．係数 (18) をもつ級数 (16) が，球の内部の各点に対する問題の解である．

外部問題の解　球の外部での解を求めるときには，式 (16*) の $u_n(r, \phi)$ は式 (10) を満たさないので，$u_n(r,\phi)$ を使うことはできない．そこで，式 (10) を満たす式 (16*) の $u_n{}^*(r,\phi)$ を用いると，前と同じように議論を進めることができる．その結果，解として，

$$\boxed{u(r, \phi) = \sum_{n=0}^{\infty} \frac{B_n}{r^{n+1}} P_n(\cos\phi)} \qquad (r \geqq R) \tag{19}$$

が得られる．ただし，係数 B_n は，

$$\boxed{B_n = \frac{2n+1}{2} R^{n+1} \int_0^\pi f(\phi) P_n(\cos\phi) \sin\phi \, d\phi} \tag{20}$$

で与えられる．

例 1　球面コンデンサ　半径が 1 ft の 2 つの金属の半球があり，絶縁のため狭いすき間で 2 つに分離されている．上の半球は 110 V に保たれ，下の半球は接地されている (図 3.27)．この球面コンデンサの内部と外部のポテンシャルを求めよ．

[解]　与えられた境界条件は (図 3.26 を思い出せ)，

$$f(\phi) = \begin{cases} 110 & (0 \leqq \phi < \pi/2), \\ 0 & (\pi/2 < \phi \leqq \pi). \end{cases}$$

$R = 1$ であるので，式 (18) から，

$$A_n = \frac{2n+1}{2} \cdot 110 \int_0^{\pi/2} P_n(\cos\phi) \sin\phi \, d\phi$$

3.11 円筒座標および球座標でのラプラスの方程式．ポテンシャル

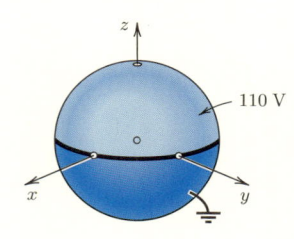

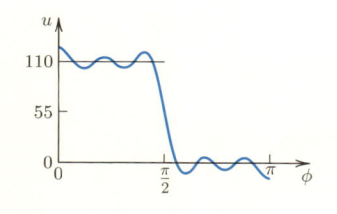

図 3.27 例 1 の球面コンデンサ

図 3.28 $r = R = 1$ のとき式 (22) の最初の 6 項の部分和

を得る．$w = \cos\phi$ とすると，$P_n(\cos\phi)\sin\phi\,d\phi = -P_n(w)\,dw$ となり，積分は 1 から 0 になる．積分を 0 から 1 にして，負の記号を消す．第 1 巻 4.3 節の式 (11) から，

$$A_n = 55(2n+1)\sum_{m=0}^{M}(-1)^m \frac{(2n-2m)!}{2^n m!\,(n-m)!\,(n-2m)!}\int_0^1 w^{n-2m}\,dw$$

となる．ただし，n が偶数のとき $M = n/2$，n が奇数のとき $M = (n-1)/2$ である．積分は $1/(n-2m+1)$ となる．こうして，

$$A_n = \frac{55(2n+1)}{2^n}\sum_{m=0}^{M}(-1)^m \frac{(2n-2m)!}{m!\,(n-m)!\,(n-2m+1)!} \tag{21}$$

となる．$n = 0$ のときは $A_0 = 55$ である（$0! = 1$ であるので）．$n = 1, 2, 3, \cdots$ のときは，

$$A_1 = \frac{165}{2}\cdot\frac{2!}{0!\,1!\,2!} = \frac{165}{2},$$

$$A_2 = \frac{275}{4}\left(\frac{4!}{0!\,2!\,3!} - \frac{2!}{1!\,1!\,1!}\right) = 0,$$

$$A_3 = \frac{385}{8}\left(\frac{6!}{0!\,3!\,4!} - \frac{4!}{1!\,2!\,2!}\right) = -\frac{385}{8}, \quad \text{など}$$

となる．したがって，球面内部のポテンシャル (16) は（$P_0 = 1$ であるので），

$$u(r,\phi) = 55 + \frac{165}{2}rP_1(\cos\phi) - \frac{385}{8}r^3 P_3(\cos\phi) + \cdots \tag{22}$$

となる．第 1 巻 4.3 節の式 (11′) で $P_1, P_3, \cdots$ が与えられる．$R = 1$ であるので，式 (18) と式 (20) から $B_n = A_n$ となる．こうして，式 (19) から球面外部のポテンシャルは，

$$u(r,\phi) = \frac{55}{r} + \frac{165}{2r^2}P_1(\cos\phi) - \frac{385}{8r^4}P_3(\cos\phi) + \cdots \tag{23}$$

となる．これら級数の部分和は，ポテンシャルの近似値を計算するために使われる．球面から遠く離れた点では，ポテンシャルは点電荷がつくるもので近似できることがわかる．すなわち，ポテンシャルが $55/r$ になることは興味深い．（第 2 巻 3.9 節の例 3 と比較せよ．） $r = 1$ のときは式 (22) と式 (23) は同じ値を与える．式 (22) の部分和の例を図 3.28 に示した．　◀

問題 3.11

1. (**円筒座標**) 式 (5) の $\nabla^2 u$ をデカルト座標に逆変換して式 (5) が正しいことを証明せよ．

2. (**球座標**) デカルト座標の $\nabla^2 u$ から式 (7) を導け．

r だけに依存するポテンシャル

3. (**次元 2**) $r = \sqrt{x^2 + y^2}$ だけに依存するラプラスの方程式の解は $u = c \ln r + k$ だけであることを示せ．ただし，c と k は定数である．

4. (**ディリクレの問題**) 2つの同軸円筒があり，円筒の半径は $r_1 = 2$ [cm], $r_2 = 4$ [cm] で，それぞれ電圧は $U_1 = 220$ [V], $U_2 = 140$ [V] に保たれている．円筒間の静電ポテンシャルを求めよ．

5. (**次元 3**) $u = c/r$ ($r = \sqrt{x^2 + y^2 + z^2}$) が球座標でのラプラスの方程式を満たすことを示せ．

6. (**次元 3**) $r = \sqrt{x^2 + y^2 + z^2}$ だけに依存するラプラスの方程式の解は，$u = c/r + k$ だけであることを示せ．

7. (**ディリクレの問題**) 2つの同心球面があり，球面の半径は $r_1 = 2$ [cm], $r = 4$ [cm] で，それぞれ電圧は $U_1 = 220$ [V], $U_2 = 140$ [V] に保たれている．球面間の静電ポテンシャルを求めよ．問題 4 と問題 7 の等ポテンシャル線を図示し，2つの図を比較してその違いを述べよ．

8. (**証明**) 問題 5 のように，u が r だけの関数 $u(r)$ のときは，$u_{xx} + u_{yy} + u_{zz} = 0$ が $u'' + 2u'/r = 0$ になることを示せ．この式は式 (7) から得られる．

9. (**熱問題**) 球 $r^2 = x^2 + y^2 + z^2 \leq R^2$ の表面が温度 0 に保たれ，球の内部の初期温度が $f(r)$ とする．球の内部の温度は $u_t = c^2(u_{rr} + 2u_r/r)$ の解で，$u(R, t) = 0$, $u(r, 0) = f(r)$ を満たすことを示せ．また，$v = ru$ とすると，$v_t = c^2 v_{rr}$, $v(R, t) = 0$, $v(r, 0) = rf(r)$ であることを示せ．条件 $v(0, t) = 0$ も加えて ($r = 0$ で u が有限であるので，この条件が導かれる)，変数分離により問題を解け．

球座標での境界値問題

r, θ, ϕ は，本節で使われている球座標とする．半径 $R = 1$ の球の内部のポテンシャルを求めよ．球の内部には電荷がないとして，$R = 1$ の球面でのポテンシャルは以下のようにする．

10. $f(\phi) = \cos \phi$ **11.** $f(\phi) = 1$ **12.** $f(\phi) = 1 - \cos^2 \phi$
13. $f(\phi) = \cos 2\phi$ **14.** $f(\phi) = 10 \cos^3 \phi - 3 \cos^2 \phi - 5 \cos \phi - 1$

15. 問題 11 で球の外部のポテンシャルは，点電荷が原点にあるときと同じであることを示せ．

16. 問題 10 と問題 13 で，球の外部のポテンシャルを求めよ．

17. 問題 10 の等ポテンシャル面を求めて，xz 平面との交線を図示せよ．

18. 本文中の例 1 の A_0, A_1, A_2, A_3 の値を証明して，$A_4, \cdots, A_{10}$ を計算せよ．式 (22) の部分和が，与えられた境界での関数をうまく近似することをグラフを使って示せ．

3.11 円筒座標および球座標でのラプラスの方程式. ポテンシャル

19. 半径が 1 の一様な球があり, 下半分の半球表面は温度が $0°C$ に保たれ, 上半分の半球表面の温度は $20°C$ に保たれている. 球の内部の温度を求めよ.

20. (**変換**) r, θ, ϕ を球座標とする. $u(r, \theta, \phi)$ が $\nabla^2 u = 0$ を満たすとすると, $v(r, \theta, \phi) = r^{-1} u(r^{-1}, \theta, \phi)$ が $\nabla^2 v = 0$ を満たすことを示せ.

21. (**変換**) $u(r, \theta)$ が $\nabla^2 u = 0$ を満たすとすると, $v(r, \theta) = u(r^{-1}, \theta)$ は $\nabla^2 v = 0$ を満たすことを示せ. (r と θ は極座標である.)

22. (**変換**) 問題 21 で $u = r^2 \cos\theta \sin\theta$ とするとどうなるか. v を x と y で表せ.

23. (**フーリエ・ルジャンドル級数**) 問題 20 の結果を式 (16*) の関数に適用すると何が得られるか. その結果を使って, 問題 20 の変換を幾何学的に解釈せよ.

24. [**協同プロジェクト**] **送電線と関連方程式** 長いケーブルまたは電話線を考えよう (図 3.29). これは不完全にしか絶縁されていないので, ケーブル全線で漏電が起こる. ケーブルに電流 $i(x, t)$ を流す電源 S が $x = 0$ にあり, 受電端 T が $x = l$ にある. 電流は S から T へ流れ, T から負荷を通って大地へ帰る. 単位長さあたりのケーブルの抵抗, インダクタンス, 対地キャパシタンス, 大地コンダクタンスを, それぞれ R, L, C, G とする.

図 3.29 送電線

(a) $$-\frac{\partial u}{\partial x} = Ri + L\frac{\partial i}{\partial t} \quad (\text{第 1 送電線方程式})$$

を示せ. ただし, $u(x, t)$ はケーブルの電位である.

[**ヒント**] x と $x + \Delta x$ の間のケーブルの微小部分に対して, キルヒホッフの電圧法則を適用せよ (「x と $x + \Delta x$ の電位差」=「抵抗による降下」+「インダクタンスによる降下」).

(b) ケーブルについて,

$$-\frac{\partial i}{\partial x} = Gu + C\frac{\partial u}{\partial t} \quad (\text{第 2 送電線方程式})$$

を示せ.

[**ヒント**] キルヒホッフの電流法則を使え (「x と $x + \Delta x$ の電流の差」=「大地への漏れによる損失」+「キャパシタンスによる損失」).

(c) (**2 階の方程式**) 送電線方程式から i または u を消去すると,
$$u_{xx} = LCu_{tt} + (RC + GL)u_t + RGu,$$
$$i_{xx} = LCi_{tt} + (RC + GL)i_t + RGi$$

となることを示せ.

(d) (**電信方程式**) 海底ケーブルに対しては G が無視できて, 周波数は低い. このとき, いわゆる**海底ケーブル方程式**または**電信方程式**

が得られることを示せ．海底ケーブルの両端 $(x=0,\ x=l)$ が接地されていて，初期電圧分布が $U_0=$ 一定 で与えられるとする．ケーブル中の電位を求めよ．

(e) (**高周波回路方程式**) 高周波の交流に対して，(c) の方程式がいわゆる**高周波回路方程式**

$$u_{xx} = LCu_{tt}, \quad i_{xx} = LCi_{tt}$$

で近似されることを示せ．初期ポテンシャルが $U_0\sin(\pi x/l)$ に等しく，$u_t(x,0)=0$ であり，また，すべての t に対して，ケーブルの両端 $(x=0,\ x=l)$ で $u=0$ であるとき，上式の最初の方程式を解け．

25. [**協同プロジェクト**] **2 次元ポテンシャルの問題** 3 つの空間座標のうち 2 つだけに関数が依存する問題は，**複素解析** (第 4 巻の 1.5 節と 4 章) の方法でうまく解ける．

(a) $f(x,y)$ が以下のように与えられているとき[17]，関数 $u=f(x,y)$ がラプラスの方程式を満たすことを証明せよ．また，等ポテンシャル線 $u=$ 一定 の例をいくつか図示せよ．

$$f(x,y) = xy,\ x^2-y^2,\ \frac{x}{x^2+y^2},\ e^x\cos y,\ e^x\sin y,$$
$$\cos x\cosh y,\ \ln(x^2+y^2),\ \arctan\frac{y}{x}.$$

(b) 一般的な調和関数 $ax^3+bx^2y+cxy^2+ky^3$ の係数を決定せよ．

3.12 ラプラス変換による解法

ラプラス変換を学んだ読者は，ラプラス変換が偏微分方程式の解法にも使えないかと考えるであろう．答えはイエスなのである．とくに，独立変数の 1 つが正の値しかもたないときにラプラス変換が使える (解法は第 3 巻 1 章のときとよく似ている)．2 つの変数をもつ方程式に対しては，

1. 2 つの変数のうちの 1 つの変数，ふつうは t についてラプラス変換を行う．こうすると，変換された未知関数に対する常微分方程式が得られる．こうなるのは，残りの変数についての導関数が，変換された方程式に残るからである．変換された方程式は，境界条件および初期条件をもつ．
2. 常微分方程式を解いて変換された未知関数を決める．
3. 逆変換を行って与えられた問題の解を得る．

例 1 **半無限の弦** つぎの条件下で弾性弦の変位 $w(x,t)$ を求めよう．
(i) 弦が x 軸に沿って $x=0$ から ∞ にわたり張られている (半無限の弦)．弦は初期には静止している．

---

[17] (訳注) $f(x,y)$ は適当な複素関数 $g(z)\ (z=x+iy)$ の実部か虚部である．

3.12 ラプラス変換による解法

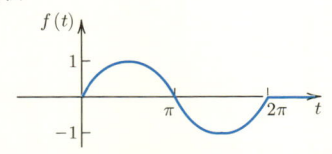

図 3.30 例 1 の弦の左端の運動 (時間 t の関数として表す)

(ii) 時間 $t > 0$ で弦の左端を

$$w(0,t) = f(t) = \begin{cases} \sin t & (0 \leqq t \leqq 2\pi), \\ 0 & (それ以外) \end{cases}$$

のように動かす (図 3.30).

(iii) さらに,

$$\lim_{x \to \infty} w(x,t) = 0 \qquad (t \geqq 0 \text{ に対して})$$

とする.

もちろん, 無限の弦などは実際には存在しないが, x 軸上のはるか右端で固定された長いひもやロープはこのモデルで記述される. (重さは無視できるとする. u のかわりに w を用いたのは, 単位階段関数を u で表したいからである.)

[解] 波動方程式 (3.2 節)

$$\frac{\partial^2 w}{\partial t^2} = c^2 \frac{\partial^2 w}{\partial x^2} \qquad \left(c^2 = \frac{T}{\rho} \right) \tag{1}$$

を境界条件

$$w(0,t) = f(t), \quad \lim_{x \to \infty} w(x,t) = 0 \qquad (t \geqq 0) \tag{2}$$

および初期条件

$$w(x,0) = 0, \tag{3}$$

$$\left. \frac{\partial w}{\partial t} \right|_{t=0} = 0 \tag{4}$$

のもとに解く必要がある. 式 (2) の $f(t)$ は, この例 1 のはじめに与えられた. t についてラプラス変換すると, 1.2 節の式 (2) から,

$$\mathscr{L}\left\{ \frac{\partial^2 w}{\partial t^2} \right\} = s^2 \mathscr{L}\{w\} - sw(x,0) - \left. \frac{\partial w}{\partial t} \right|_{t=0} = c^2 \mathscr{L}\left\{ \frac{\partial^2 w}{\partial x^2} \right\}$$

となる. 式 (3) と式 (4) により中辺の 2 つの項は 0 になる. 積分と微分が交換できると仮定すると,

$$\mathscr{L}\left\{ \frac{\partial^2 w}{\partial x^2} \right\} = \int_0^\infty e^{-st} \frac{\partial^2 w}{\partial x^2} \, dt = \frac{\partial^2}{\partial x^2} \int_0^\infty e^{-st} w(x,t) \, dt = \frac{\partial^2}{\partial x^2} \mathscr{L}\{w(x,t)\}$$

となる. $W(x,s) = \mathscr{L}\{w(x,t)\}$ と書くと,

$$s^2 W = c^2 \frac{\partial^2 W}{\partial x^2}.$$

すなわち,
$$\frac{\partial^2 W}{\partial x^2} - \frac{s^2}{c^2}W = 0$$
となる．この方程式は x についての導関数のみを含むので，$W(x,s)$ を x の関数と考えると，$W(x,s)$ についての常微分方程式とみなされる．一般解は，
$$W(x,s) = A(s)e^{sx/c} + B(s)e^{-sx/c} \qquad (5)$$
である．$F(s) = \mathscr{L}\{f(t)\}$ と書くと，式 (2) から，
$$W(0,s) = \mathscr{L}\{w(0,t)\} = \mathscr{L}\{f(t)\} = F(s)$$
となる．t についての積分と $x \to \infty$ の極限をとる操作において，順序が交換できると仮定すると，
$$\lim_{x\to\infty} W(x,s) = \lim_{x\to\infty} \int_0^\infty e^{-st} w(x,t)\,dt$$
$$= \int_0^\infty e^{-st} \lim_{x\to\infty} w(x,t)\,dt = 0$$
となる．$c > 0$ だから，$s > 0$ に対して x が増加すると $e^{sx/c}$ も増加する．したがって，式 (5) で $A(s) = 0$ である．ある固定された k より大きいすべての s に対して，ラプラス変換が一般に存在するので，$s > 0$ と仮定してよいであろう (1.2 節)．したがって，
$$W(0,s) = B(s) = F(s)$$
となり，式 (5) は，
$$W(x,s) = F(s)e^{-sx/c}$$
となる．第 2 移動定理 (1.3 節) で $a = x/c$ とおくと，逆変換
$$w(x,t) = f\left(t - \frac{x}{c}\right) u\left(t - \frac{x}{c}\right) \qquad (6)$$
を得る (図 3.31)．すなわち，$x/c < t < x/c + 2\pi$，または $ct > x > (t - 2\pi)c$ のとき
$$w(x,t) = \sin\left(t - \frac{x}{c}\right)$$
であり，それ以外では w は 0 である．これは，速さ c で右へ進行する単一の正弦波である．点 x の弦は時間 $t \leqq x/c$ では静止している．弦の左端を $t = 0$ に出発した波が速度

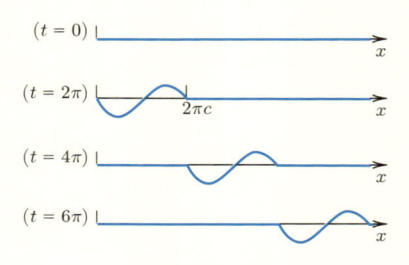

図 3.31　例 1 の進行波

c で進行するとき，点 x に到達するのに要する時間が $t = x/c$ である．この結果は物理的直観と一致する．ここでは形式的に計算したので，式 (6) が与えられた条件を満たすかどうか確認する必要があるが，これは容易であろう．◀

これで 3 章は終わりである．本章で物理学と工学でもっとも重要な偏微分方程式について述べた．

これらの方程式が，基礎工学の分野でいろいろな応用面を担っていることがわかった．この理由から，これらの多くは進行中の研究プロジェクトの課題となっている．

偏微分方程式の数値解法は，第 5 巻 3.4–3.7 節で述べる．

さらに違った自然現象を通して**複素解析**について述べる (第 4 巻)．例と問題が示すように，複素解析もまた工学上で非常に重要である．複素解析は (2 次元) ラプラスの方程式の別の解法である (第 4 巻 5 章).

❖❖❖❖❖ **問題 3.12** ❖❖❖❖❖

1. 例 1 の解を確認せよ．例 1 で，もし左端で正弦運動を $t = 0$ で開始して，永久に続けると進行波はどうなるか．

2. 例 1 の波の速さは，弦の張力と質量にどのように依存するか．

3. $c = 1$ とする．f は 3.3 節の例 1 の "3 角形" で $k = L/2 = 1$ としたものとする．図 3.31 のようなグラフを示せ．

ラプラス変換を用いてつぎの問題を解け．

4. $\dfrac{\partial u}{\partial x} + 2x\dfrac{\partial u}{\partial t} = 2x, \quad u(x,0) = 1, \quad u(0,t) = 1$

5. $x\dfrac{\partial u}{\partial x} + \dfrac{\partial u}{\partial t} = xt, \quad u(x,0) = 0 \;\; (x \geqq 0), \quad u(0,t) = 0 \;\; (t \geqq 0)$

6. 問題 5 をほかの方法で解け．

熱問題

側面で断熱された半無限の棒が x 軸に沿って $x = 0$ から ∞ まで伸びている．つぎの条件のときの棒の温度 $w(x,t)$ を求めたい．棒の初期温度は 0 で，すべての $t \geqq 0$ について $x \to \infty$ で $w(x,t) \to 0$ である．また，$w(0,t) = f(t)$ である．つぎの手順で計算せよ．

7. 数学的モデルをつくり，ラプラス変換によって，

$$sW(x,s) = c^2 \dfrac{\partial^2 W}{\partial x^2} \qquad (W = \mathscr{L}\{w\}),$$
$$W(x,s) = F(s)e^{-\sqrt{s}x/c} \qquad (F = \mathscr{L}\{f\})$$

となることを示せ．

8. たたみ込みの定理を問題 7 に適用して，
$$w(x,t) = \frac{x}{2c\sqrt{\pi}} \int_0^t f(t-\tau) \tau^{-3/2} e^{-x^2/4c^2\tau} \, d\tau$$
となることを示せ．

9. $w(0,t) = f(t) = u(t)$ とする．ただし，u は単位階段関数 (1.3 節) である．このときの w, W, F を w_0, W_0, F_0 と書くと，問題 8 の結果が，
$$w_0(x,t) = \frac{x}{2c\sqrt{\pi}} \int_0^t \tau^{-3/2} e^{-x^2/4c^2\tau} \, d\tau = 1 - \mathrm{erf}\left(\frac{x}{2c\sqrt{t}}\right)$$
となることを示せ．誤差関数 erf は 3.6 節の問題で定義されている．

10. (デュアメル[18])の公式) 問題 9 で,
$$W_0(x,s) = \frac{1}{s} e^{-\sqrt{s}x/c}$$
を示せ．また，たたみ込みの定理から，
$$w(x,t) = \int_0^t f(t-\tau) \frac{\partial w_0}{\partial \tau} \, d\tau$$
となることを示せ．上式がデュアメルの公式である．

3 章の復習

1. どのような問題が常微分方程式で表されるか．偏微分方程式についてはどうか．

2. もっとも重要な偏微分方程式の名前を 3 つか 4 つあげて，それらの形を書き，おもな応用例を説明せよ．

3. どのような物理の法則から振動弦の方程式が得られるか．この方程式の名前を述べよ．

4. 振動弦の固有関数と振動数について述べよ．

5. なぜ極座標や球座標を使うのか．

6. ベッセルの方程式が使われる理由と応用例を述べよ．ルジャンドルの方程式についてはどうか．

7. 変数分離法について説明せよ．使われる例をあげよ．

8. 変数分離を 2 回続けて行う必要がある例をあげよ．

9. ダランベールの方法とは何か．どのような方程式に適用されるか．

10. 3 種類の境界値問題の名前をあげて説明せよ．

11. 本章でフーリエ級数はどのような役割をしたか．この方法を使わないとすると何ができるか．

12. 波動方程式に対する付加的な条件を述べよ．熱方程式についてはどうか．

---

18) Jean Marie Constant Duhamel (1797–1872), フランスの数学者.

3章の復習

13. どのような問題にフーリエ積分が応用されるか．フーリエ変換についてはどうか．

14. どのような偏微分方程式が常微分方程式の解法で解けるか．例をあげよ．

15. ラプラス変換を偏微分方程式に適用するときの考え方を述べよ．

16. 重ね合わせの原理を説明して，その有用性を述べよ．

17. 楕円型，放物線型，双曲線型方程式について説明せよ．例をあげよ．

18. 円形膜の固有関数について述べよ．円形膜の振動数と振動弦の振動数の基本的差異を述べよ．

19. 熱方程式を変数分離すると指数関数が現れるが，なぜか．波動方程式の場合はなぜこうならないのか．(物理的理由でなく数学的理由を述べよ．)

20. 誤差関数について述べよ．なぜ誤差関数が必要になるか．また，どのような場合に必要になるか．

以下の問題を解け．

21. $u_{xx} + 9u = 0$ **22.** $u_{xy} + u_x + x = 0$ **23.** $u_{yy} + 3u_y - 4u = 12$

24. $u_{xx} + u_x = 0$, $u(0,y) = f(y)$, $u_x(0,y) = g(y)$

25. 変数分離して，$u_x = yu_y$ の解を求めよ．

26. 2つの独立変数をもつラプラスの方程式がある．$u(x,y) = F(x)G(y)$ とおいて得られるすべての解を求めよ．

標準形に変換して，以下の問題を解け．

27. $u_{xx} - 4u_{yy} = 0$ **28.** $u_{xx} + 6u_{xy} + 9u_{yy} = 0$ **29.** $u_{xy} = u_{yy}$

長さ π の振動弦があり，$c^2 = T/\rho = 4$，初期速度は 0，初期変位は以下で与えられるとき，変位 $u(x,t)$ を求めて図示せよ (図 3.6 のように)．

30. $\sin^3 x$ **31.** $\sin 5x$ **32.** $\frac{1}{2}\pi - |x - \frac{1}{2}\pi|$

横方向に断熱された細い銅の棒 ($c^2 = K/\sigma\rho = 1.158$ [cm^2/s]) の温度分布を求めよ．ただし，長さ 100 cm で，断面積は一定，両端 $x = 0$ と $x = 100$ で温度は $0°$C に保たれ，初期温度は以下である．

33. $\sin 0.01\pi x$ **34.** $50 - |50 - x|$ **35.** $\sin^3 0.01\pi x$

長さ π，$c^2 = 1$ で，横方向に断熱された棒の温度 $u(x,t)$ を求めよ．ただし，断熱境界条件 (3.5 節の問題) が適用できて，初期温度は以下である．

36. $15x^2$ **37.** $250\cos 2x$ **38.** $2\pi - 4|x - \frac{1}{2}\pi|$

薄い金属製の正方形の平板があり，辺の長さは $a = 12$，表面は断熱されていて，左右の辺と下辺は $0°$C に保たれていて，上辺は以下の温度 (単位は $°$C) である．温度 $u(x,y)$ を求めよ．

39. $\sin(\pi x/12)$ **40.** 100 **41.** $\sin(\pi x/4)$

42. 問題 39 の等温線のいくつかを図示せよ．等温線の一般的な形について物理的に説明せよ．

面積が 1，$c^2 = 1$ の膜の基本形の振動数 (小数点以下 4 桁) は以下であることを示せ．互いに比較せよ．

43. 円：$\alpha_1/2\sqrt{\pi} = 0.6784$ **44.** 正方形：$1/\sqrt{2} = 0.7071$
45. 長方形 (辺の長さの比は 1：2)：$\sqrt{5/8} = 0.7906$
46. 半円：$3.832/\sqrt{8\pi} = 0.7644$
47. 4 分円：$\alpha_{12}/4\sqrt{\pi} = 0.7244$ ($\alpha_{12} = 5.13562 = J_2$ の最初の正の零点)

つぎの静電ポテンシャルを求めよ．

48. 半径 r_0 と r_1 の 2 つの同心球面の間のポテンシャル．ただし，それぞれのポテンシャルは u_0 と u_1 である．

49. 半径 r_0 と r_1 の 2 つの同軸円筒の間のポテンシャル．ただし，それぞれのポテンシャルは u_0 と u_1 である．(問題 48 と比較せよ．)

50. 半径 1 の球の内部 (電荷はない) のポテンシャル．球面のポテンシャルは $f(\phi) = \cos 3\phi + 3\cos\phi$ である (座標はふつうの球座標)．

3 章のまとめ

1 つの独立変数だけで表される問題では**常微分方程式**が現れるのに対して，2 つ以上の独立変数 (複数の空間座標，または時間 t と 1 つ以上の空間座標など) を含む問題では**偏微分方程式**が現れる．したがって，技術者や物理学者にとって偏微分方程式は重要である．

本章では，物理学や工学でもっとも重要な偏微分方程式について述べた．すなわち，

$$u_{tt} = c^2 u_{xx} \qquad \text{(\textbf{1 次元波動方程式}：3.2–3.4 節)}, \qquad (1)$$

$$u_{tt} = c^2 (u_{xx} + u_{yy}) \qquad \text{(\textbf{2 次元波動方程式}：3.7–3.10 節)}, \qquad (2)$$

$$u_t = c^2 u_{xx} \qquad \text{(\textbf{1 次元熱方程式}：3.5, 3.6 節)}, \qquad (3)$$

$$\nabla^2 u = u_{xx} + u_{yy} = 0 \qquad \text{(\textbf{2 次元ラプラスの方程式}：3.5, 3.9 節)}, \quad (4)$$

$$\nabla^2 u = u_{xx} + u_{yy} + u_{zz} = 0 \qquad \text{(\textbf{3 次元ラプラスの方程式}：3.11 節)}. \quad (5)$$

式 (1) と式 (2) は双曲線型，式 (3) は放物線型，式 (4) と式 (5) は楕円型である．(3.4 節の問題を参照せよ．)

実際には，与えられた領域で成立して，与えられた付加的条件を満たす方程式の解を得ることが目的である．付加的条件とは，**初期条件** ($t=0$ での条件)，**境界条件** (境界の表面 S, 領域の境界線 C で解 u の値やその導関数が与えられる)，またはその両方である．式 (1) と式 (2) に対しては，2 つの初期条件 (初期変位と初期速度) を与える．式 (3) に対しては，初期温度分布を与える．式 (4) と式 (5) に対しては，境界条件を与えるが，境界条件の種類により以下のように分類する (3.5 節).

ディリクレの問題：u が S で与えられる．
ノイマンの問題：$u_n = \partial u/\partial n$ が S で与えられる．
混合問題：u が S の一部で与えられ，u_n が残りの部分で与えられる．

偏微分方程式を解く一般的な方法は，**変数分離の方法**または**積の方法**である．この方法では，未知関数が 1 つの変数の関数の積で表されるとする．式 (1) は，3.3 節の式 (5) のように，

$$u(x,t) = F(x)G(t)$$

とおいて解く．上式を方程式 (1) に代入すると，F と G に対する**常微分方程式**が得られる．この常微分方程式から無限個の解 $F = F_n$ と $G = G_n$ が得られる．そして，

$$u_n(x,t) = F_n(x)G_n(t)$$

が偏微分方程式の解で，境界条件を満たす．上式の u_n は問題の**固有関数**であり，対応する**固有値**は振動の振動数を与える (熱方程式 (3) の場合は温度の低下率を与える)．初期条件も満たすために u_n の無限級数を考える．この係数は，初期条件を表す関数 f と g のフーリエ係数である (3.3, 3.5 節)．このように，**フーリエ級数** (と**フーリエ積分**) は根本的に重要である (3.3, 3.5, 3.6, 3.8 節).

解が時間 t に依存しない問題を**定常問題**という．このとき，熱方程式 $u_t = c^2 \nabla^2 u$ はラプラスの方程式になる．

初期値問題または境界値問題を解くとき，座標系を変換して，境界条件の境界を簡単な式で表せるようにすることがある．$x = r\cos\theta,\ y = r\sin\theta$ で与えられる極座標では，**ラプラシアン**は (3.9 節),

$$\nabla^2 u = u_{rr} + \frac{1}{r}u_r + \frac{1}{r^2}u_{\theta\theta} \qquad (6)$$

となる．球座標のときは，3.11 節を参照せよ．変数分離すると，式 (2) と式 (6) から**ベッセルの方程式**を得て (振動する円形膜：3.10 節)，式 (5) を球座標に変換すると**ルジャンドルの方程式**を得る (3.11 節).

無限領域に対する偏微分方程式を解くとき，**演算子法** (フーリエ変換，ラプラス変換) が役にたつ (3.6, 3.12 節).

付録 1

参考文献

数学一般

[1] Abramowitz, M. and I. A. Stegun (eds.), *Handbook of Mathematical Functions*. 10th printing, with corrections. Washington, DC: National Bureau of Standards, 1972. (Also New York: Dover, 1965.)
[2] Cajori, F., *A History of Mathematics*. 3rd ed. New York: Chelsea, 1980.
[3] *CRC Handbook of Mathematical Sciences*. 6th ed. Boca Raton, FL: CRC Press, 1987.
[4] Courant, R. and D. Hilbert, *Methods of Mathematical Physics*. 2 vols. New York: Wiley-Interscience, 1989.
[5] Courant, R., *Differential and Integral Calculus*. 2 vols. New York: Wiley, 1988.
[6] Erdélyi, A., W. Magnus, F. Oberhettinger and F. G. Tricomi, *Higher Transcendental Functions*. 3 vols. New York: McGraw-Hill, 1953, 1955.
[7] Graham, R. L., D. E. Knuth and O. Patashnik, *Concrete Mathematics*. 2nd ed. Reading, MA: Addison-Wesley, 1994.
[8] Itô, K. (ed.), *Encyclopedic Dictionary of Mathematics*. 4 vols. 2nd ed. Cambridge, MA: MIT Press, 1987[1)].
[9] Kreyszig, E., *Introductory Functional Analysis with Applications*. New York: Wiley, 1989.
[10] Kreyszig, E., *Differential Geometry*. Mineola, NY: Dover, 1991.
[11] Magnus, W., F. Oberhettinger and R. P. Soni, *Formulas and Theorems for the Special Functions of Mathematical Physics*. 3rd ed. New York: Springer, 1966.
[12] Szegö, G., *Orthogonal Polynomials*. 4th ed. New York: American Mathematical Society, 1975. (9th printing 1995.)
[13] Thomas, G. B. and R. L. Finney, *Calculus and Analytic Geometry*. 9th ed. Reading, MA: Addison-Wesley, 1996.

---

1) (訳注) 日本数学会編, 岩波数学辞典 第3版, 岩波書店, 1985 の英語版.

A. 常微分方程式 (ラプラス変換を含む，1章)

[A1] Birkhoff, G. and G.-C. Rota, *Ordinary Differential Equations*. 4th ed. New York: Wiley, 1989.

[A2] Churchill, R. V., *Operational Mathematics*. 3rd ed. New York: McGraw-Hill, 1972.

[A3] Coddington, E. A. and N. Levinson, *Theory of Ordinary Differential Equations*. New York: McGraw-Hill, 1955.

[A4] Erdélyi, A., W. Magnus, F. Oberhettinger and F. Tricomi, *Tables of Integral Transforms*. 2 vols. New York: McGraw-Hill, 1954.

[A5] Ince, E. L., *Ordinary Differential Equations*. New York: Dover, 1956.

[A6] Oberhettinger, F. and L. Badii, *Tables of Laplace Transforms*. New York: Springer, 1973.

[A7] Watson, G. N., *A Treatise on the Theory of Bessel Functions*. 2nd ed. Cambridge: University Press, 1944. (Reprinted 1966.)

[A8] Widder, D. V., *The Laplace Transform*. Princeton, NJ: Princeton University Press, 1941.

[A9] Zwillinger, D., *Handbook of Differential Equations*. 2nd ed. New York: Academic Press, 1992.

C. フーリエ解析と偏微分方程式 (2, 3章)

[C1] Carslaw, H. S. and J. C. Jaeger, *Conduction of Heat in Solids*. 2nd ed. Oxford: Clarendon, 1959. (Reprinted 1986.)

[C2] Churchill, R. V. and J. W. Brown, *Fourier Series and Boundary Value Problems*. 4th ed. New York: McGraw-Hill, 1987.

[C3] Erdélyi, A., W. Magnus, F. Oberhettinger and F. Tricomi, *Tables of Integral Transforms*. 2 vols. New York: McGrow-Hill, 1954.

[C4] Hanna, J. R. and J. H. Rowland, *Fourier Series, Transforms and Boundary Value Problems*. 2nd ed. New York: Wiley, 1990.

[C5] John, F., *Partial Differential Equations*. 4th ed. New York: Springer, 1982.

[C6] Tolstov, G.P., *Fourier Series*. New York: Dover, 1976.

[C7] Widder, D. V., *The Heat Equation*. New York: Academic Press, 1975.

[C8] Zauderer, E., *Partial Differential Equations of Applied Mathematics*. 2nd ed. New York: Wiley, 1989.

[C9] Zygmund, A., *Trigonometric Series*. 2nd ed., reprinted with corrections. Cambridge: University Press, 1988.

付録 2

奇数番号の問題の解答

問題 1.1

1. $2/s^2 + 6/s$
3. $\pi/(s^2 + \pi^2)$
5. $e^a/(s+b)$
7. $(\omega \cos \delta + s \sin \delta)/(s^2 + \omega^2)$
9. $1/s + (e^{-s} - 1)/s^2$
11. $k(1 - e^{-cs})/s$
13. $(1 - e^{-ks})/s^2 - ke^{-ks}/s$
15. $\frac{1}{2}(e^{-s} - 1)/s^2 - e^{-s}/2s + 1/s$
17. $0.1 \cos 1.8t + 0.5 \sin 1.8t$
19. $3e^{-t} - 4e^{2t}$
21. $0.4t^3 - 1.9t^5$
23. $[\cos(n\pi t/L)]/L^2$
25. $\sum_{k=1}^{5} a_k e^{-k^2 t}$
27. $(e^{\sqrt{3}t} - e^{-\sqrt{2}t})/(\sqrt{3} + \sqrt{2})$
29. $2/(s+3)^3$
31. $10/[(s-2)^2 - 4]$
33. $(s^2 - 2)/(s^4 + 4)$
35. te^{-t}
37. $e^{-3t} \sin 3t$
39. $e^{-t/2}(\cos t - \frac{1}{2} \sin t)$

問題 1.2

1. $y = e^{-3t} - \cos t + 3 \sin t$
3. $y = 0.05t - 0.25$
5. $y = 2e^{-2at} + 4e^{at}$
7. $y = 2t + e^t - e^{3t}$
9. $y = -2e^{-2t} + \frac{11}{2}e^{-3t} - \frac{3}{2}e^t$
11. $(s^2 + 2)/(s^3 + 4s)$
13. $\frac{1}{4}(1 - e^{-4t})$
15. $(1 - \cos \omega t)/\omega^2$
17. $\cosh t - 1$
19. $1 + t - \cos 3t - \frac{1}{3} \sin 3t$

問題 1.3

3. e^{-s}/s^2
5. $e^{-s}(2s^{-3} + 2s^{-2} + s^{-1})$
7. $-4e^{-\pi s}s/(s^2 + 1)$
9. $\omega(1 + e^{-\pi s/\omega})/(s^2 + \omega^2)$
11. $(1 - e^{1-s})/(s - 1)$
13. $-10s(e^{-s} + e^{-2s})/(s^2 + \pi^2)$
15. $\frac{1}{2}(t - 3)^2 u(t - 3)$
17. $[1 + u(t - \pi)] \sin 3t$
19. $(\cos \pi t)u(t - 2)$
21. $\frac{1}{3}(e^t - 1)^3 e^{-5t}$
23. $\sin 3t + \sin t$ $(0 < t < \pi)$, $\frac{4}{3} \sin 3t$ $(t > \pi)$
25. $e^t - \sin t$ $(0 < t < 2\pi)$, $e^t - \frac{1}{2} \sin 2t$ $(t > 2\pi)$
27. $\sin t$ $(0 < t < \pi)$, 0 $(\pi < t < 2\pi)$, $-\sin t$ $(t > 2\pi)$

29. $3e^{-3t} - 2e^{-t} + 2e^t$ $(0 < t < \frac{1}{2})$,
$3e^{-3t} - 2e^{-t} + 2e^t + \frac{1}{4}(-e^{-3t+3/2} + e^{t-1/2})$ $(t > \frac{1}{2})$
31. $L(e^{-Rt/L} - 1)/R^2 + t/R$ $(0 < t < 4\pi)$,
$Le^{-Rt/L}/R^2 + (4\pi/R - L/R^2)e^{-(t-4\pi)R/L}$ $(t > 4\pi)$
33. $sI + I/s = (1-e^{-s})/s^2$ [答] $1 - \cos t$ $(0 < t < 1)$, $\cos(t-1) - \cos t$ $(t > 1)$
35. $\frac{1}{2}(e^{-t} - \cos t + \sin t)$ $(0 < t < \pi)$, $\frac{1}{2}[-(1+e^{-\pi})\cos t + (3-e^{-\pi})\sin t]$ $(t > \pi)$
37. 0 $(t < 1)$, $e^{-0.1(t-1)}$ $(1 < t < 2)$, $e^{-0.1(t-1)} - e^{-0.1(t-2)}$ $(t > 2)$
39. 0 $(t < 2)$, $(10e^{-(t-2)} - e^{-0.1(t-2)})/900e^2$ $(t > 2)$

問題 1.4
1. $1/(s-1)^2$
3. $(2s^3 + 6\pi^2 s)/(s^2 - \pi^2)^3$
5. $(s^2 - \omega^2)/(s^2 + \omega^2)^2$
7. $2(s+1)/(s^2+2s+2)^2$
9. $\frac{1}{2}t^2 e^{3t}$
11. $t\cos \pi t$
13. $2t^{-1}(e^t - \cos t)$
15. $\frac{1}{4}t\sin 2t$

問題 1.5
1. t
3. $\sinh t$
5. $\frac{1}{2}t\sin \omega t$
7. $e^t - t - 1$
9. $\frac{1}{2}(1 - e^{-2(t-3)})u(t-3)$
11. $e^t - t - 1$
13. $\frac{1}{4} - \frac{1}{4}\cos 2t$
15. $(t\sin \pi t)/2\pi$
17. $(\omega t - \sin \omega t)/\omega^2$
19. $y = \cos t - \cos 2t$
21. $y = \frac{1}{4}(1 + 3\cos 2t) + \frac{1}{4}[\cos(2t-2) - 1]u(t-1)$
23. $y = e^{-t}(\cos t + \sin t) + [-2\cos t + \sin t + e^{-(t+2\pi)}(2\cos t + \sin t)]u(t - 2\pi)$
25. $y = [t - \cos(t-1) - \sin(t-1)]u(t-1) + [-t + 2\cos(t-2) + \sin(t-2)]u(t-2)$
27. e^t
29. $\cos t$
31. $\sinh t$
33. $\cosh t$

問題 1.6
1. $e^{4t} - e^{-2t}$
3. $1 + 3\sinh 3t$
5. $\cos 3t + \cosh 3t$
7. $\frac{1}{2}(t^2 e^{-t} + t^3)$
9. $e^{-2t}(1 + t^2 - 2t^3)$

問題 1.7
1. $y_1 = e^{-t}\cos t$, $y_2 = -e^{-t}\sin t$
3. $y_1 = 4e^{2t} - e^{-5t}$, $y_2 = 3e^{2t} + e^{-5t}$
5. $y_1 = \sin t$, $y_2 = \cos t$
7. $y_1 = e^t + e^{2t}$, $y_2 = e^{2t}$
9. $y_1 = e^t$, $y_2 = e^{-t}$, $y_3 = e^t - e^{-t}$
11. $y_1 = -1 + \cos t + \sin t + u(t-1)[1 - \cos(t-1) - \sin(t-1)]$,
$y_2 = 1 - \cos t + \sin t + u(t-1)[-1 + \cos(t-1) - \sin(t-1)]$
13. $y_1 = -e^{-2t} + 4e^t + \frac{1}{3}u(t-1)(-e^{3-2t} + e^t)$,
$y_2 = -e^{-2t} + e^t + \frac{1}{3}u(t-1)(-e^{3-2t} + e^{-t})$
17. $y_1 = 50 - 49.955e^{-0.12t} + 0.015e^{-0.04t} - 0.060\cos 2t - 1.497\sin 2t$,
$y_2 = 50 + 99.910e^{-0.12t} + 0.030e^{-0.04t} + 0.060\cos 2t - 0.005\sin 2t$
19. $i_1 = 2e^{-8t} + 13e^{-2t} - 15\cos t + 42\sin t$,
$i_2 = -e^{-8t} + 13e^{-2t} - 12\cos t + 18\sin t$

付録 2 奇数番号の問題の解答

1 章の復習

17. $(s^2+2)/[s(s^2+4)]$ **19.** $e^{-2s+2}/(s-1)$ **21.** $1/[s^2(s+3)]$
23. $s/(s^2-0.01)$ **25.** $\cos 3t + \sin 3t$ **27.** $tu(t-1)$
29. $e^t - 2e^{2t} + 2$ **31.** $\cosh 2t - \sinh t$ **33.** $e^{-2t}(3\cos t - 2\sin t)$
35. $\cos 2t + \frac{1}{2}u(t-3)\sin^2(t-3)$ **37.** $[1-u(t-\pi)]\sin^3 t$
39. $y_1 = \cos t,\ y_2 = \sin t$ **41.** $y_1 = 4e^t - e^{-2t},\ y_2 = e^t - e^{-2t}$
45. $1 - e^{-t}\ (0 < t < 4),\ (e^4-1)e^{-t}(t>4)$
47. $i(t) = e^{-4t}(\frac{3}{26}\cos 3t - \frac{10}{39}\sin 3t) - \frac{3}{26}\cos 10t + \frac{8}{65}\sin 10t$
49. $i_1 = e^{-4t} + t,\ i_2 = -4e^{-4t} + \frac{1}{5}$

問題 2.1

1. $2\pi, 2\pi, \pi, \pi, 2, 2, 1, 1$

問題 2.2

1. $\dfrac{1}{2} + \dfrac{2}{\pi}\left(\cos x - \dfrac{1}{3}\cos 3x + \dfrac{1}{5}\cos 5x - + \cdots\right)$

3. $\dfrac{k}{2} + \dfrac{2k}{\pi}\left(\sin x + \dfrac{1}{3}\sin 3x + \dfrac{1}{5}\sin 5x + \cdots\right)$

5. $2\left(\sin x - \dfrac{1}{2}\sin 2x + \dfrac{1}{3}\sin 3x - \dfrac{1}{4}\sin 4x + - \cdots\right)$

7. $\dfrac{\pi^2}{3} - 4\left(\cos x - \dfrac{1}{4}\cos 2x + \dfrac{1}{9}\cos 3x - \dfrac{1}{16}\cos 4x + - \cdots\right)$

9. $2\left[\left(\dfrac{\pi^2}{1} - \dfrac{6}{1^3}\right)\sin x - \left(\dfrac{\pi^2}{2} - \dfrac{6}{2^3}\right)\sin 2x + \left(\dfrac{\pi^2}{3} - \dfrac{6}{3^3}\right)\sin 3x - + \cdots\right]$

11. $-\dfrac{4}{\pi}\left(\sin x + \dfrac{1}{3}\sin 3x + \dfrac{1}{5}\sin 5x + \cdots\right)$

13. $\dfrac{4}{\pi}\left(\cos x - \dfrac{1}{3}\cos 3x + \dfrac{1}{5}\cos 5x - + \cdots\right)$

15. $\dfrac{2}{\pi}\sin x + \dfrac{1}{2}\sin 2x - \dfrac{2}{9\pi}\sin 3x - \dfrac{1}{4}\sin 4x + \dfrac{2}{25\pi}\sin 5x + \cdots$

問題 2.3

1. $\dfrac{4}{\pi}\left(\sin \pi x + \dfrac{1}{3}\sin 3\pi x + \dfrac{1}{5}\sin 5\pi x + \cdots\right)$

3. $1 + \dfrac{4}{\pi}\left(\sin \dfrac{\pi x}{2} + \dfrac{1}{3}\sin \dfrac{3\pi x}{2} + \dfrac{1}{5}\sin \dfrac{5\pi x}{2} + \cdots\right)$

5. $\dfrac{4}{\pi}\left(\sin \pi x - \dfrac{1}{2}\sin 2\pi x + \dfrac{1}{3}\sin 3\pi x - + \cdots\right)$

7. $1 - \dfrac{12}{\pi^2}\left(\cos \pi x - \dfrac{1}{4}\cos 2\pi x + \dfrac{1}{9}\cos 3\pi x - \dfrac{1}{16}\cos 4\pi x + - \cdots\right)$

9. $\dfrac{1}{4} - \dfrac{2}{\pi^2}\left(\cos \pi x + \dfrac{1}{9}\cos 3\pi x + \cdots\right) + \dfrac{1}{\pi}\left(\sin \pi x - \dfrac{1}{2}\sin 2\pi x + - \cdots\right)$

11. $4\left(\dfrac{1}{2} - \dfrac{1}{1\cdot 3}\cos 2\pi x - \dfrac{1}{3\cdot 5}\cos 4\pi x - \dfrac{1}{5\cdot 7}\cos 6\pi x - \cdots\right)$

問題 2.4

1. 偶 : $|x^3|$, $x^2\cos nx$, $\cosh x$.　　奇 : $x\cos nx$, $\sinh x$, $x|x|$.

3. どちらでもない　　**5.** 偶　　**7.** 奇　　**9.** どちらでもない

11. $\dfrac{k}{2} + \dfrac{2k}{\pi}\left(\cos x - \dfrac{1}{3}\cos 3x + \dfrac{1}{5}\cos 5x - + \cdots\right)$

13. $\dfrac{4}{\pi}\left(\sin x - \dfrac{1}{9}\sin 3x + \dfrac{1}{25}\sin 5x - + \cdots\right)$

15. $\dfrac{\pi^2}{6} - 2\left(\cos x - \dfrac{1}{4}\cos 2x + \dfrac{1}{9}\cos 3x - \dfrac{1}{16}\cos 4x + - \cdots\right)$

21. $\dfrac{L}{2} - \dfrac{4L}{\pi^2}\left(\cos\dfrac{\pi x}{L} + \dfrac{1}{9}\cos\dfrac{3\pi x}{L} + \dfrac{1}{25}\cos\dfrac{5\pi x}{L} + \cdots\right)$,

$\dfrac{2L}{\pi}\left(\sin\dfrac{\pi x}{L} - \dfrac{1}{2}\sin\dfrac{2\pi x}{L} + \dfrac{1}{3}\sin\dfrac{3\pi x}{L} - + \cdots\right)$

23. $\dfrac{\pi}{2} + \dfrac{4}{\pi}\left(\cos x + \dfrac{1}{3^2}\cos 3x + \dfrac{1}{5^2}\cos 5x + \cdots\right)$,

$2\left(\sin x + \dfrac{1}{2}\sin 2x + \dfrac{1}{3}\sin 3x + \cdots\right)$

25. $a_0 = \dfrac{1}{L}(e^L - 1)$, $a_n = \dfrac{2L}{L^2 + n^2\pi^2}[(-1)^n e^L - 1]$,

$b_n = \dfrac{2n\pi}{L^2 + n^2\pi^2}[1 - (-1)^n e^L]$

問題 2.5

3. $i\displaystyle\sum_{\substack{n=-\infty,\\ n\neq 0}}^{\infty} \dfrac{(-1)^n}{n} e^{inx}$　　**5.** $\pi + i\displaystyle\sum_{\substack{n=-\infty,\\ n\neq 0}}^{\infty} \dfrac{1}{n} e^{inx}$　　**7.** 式 (7) を使え

問題 2.6

3. $y = C_1\cos\omega t + C_2\sin\omega t + A(\omega)\sin t$, $A(\omega) = 1/(\omega^2 - 1)$,
$A(0.5) = -1.33$, $A(0.7) = -1.96$, $A(0.9) = -5.3$, $A(1.1) = 4.8$,
$A(1.5) = 0.8$, $A(2) = 0.33$, $A(10) = 0.01$

5. $y = C_1\cos\omega t + C_2\sin\omega t + \displaystyle\sum_{n=1}^{N} \dfrac{b_n}{\omega^2 - n^2}\sin nt$

7. $y = C_1\cos\omega t + C_2\sin\omega t + \dfrac{\pi}{2\omega^2} + \dfrac{4}{\pi}\left(\dfrac{1}{\omega^2 - 1}\cos t + \dfrac{1}{9(\omega^2 - 9)}\cos 3t + \cdots\right)$

11. $y = \displaystyle\sum_{n=1}^{N}(A_n\cos nt + B_n\sin nt)$,
$A_n = [(1 - n^2)a_n - ncb_n]/D_n$, $B_n = [(1 - n^2)b_n + nca_n]/D_n$,
$D_n = (1 - n^2)^2 + n^2 c^2$

13. $y = \displaystyle\sum_{n=1}^{\infty}\left[\dfrac{(-1)^n c}{n^2 D_n}\cos nt - \dfrac{(-1)^n(1 - n^2)}{n^3 D_n}\sin nt\right]$, $D_n = (1 - n^2)^2 + n^2 c^2$

15. $I = \displaystyle\sum_{n=1}^{\infty}(A_n\cos nt + B_n\sin nt)$,
$A_n = (-1)^{n+1}\dfrac{240(10 - n^2)}{n^2 D_n}$, $B_n = \dfrac{(-1)^{n+1} 2400}{nD_n}$, $D_n = (10 - n^2)^2 + 100n^2$

付録 2 奇数番号の問題の解答

問題 2.7

1. $F = \dfrac{4}{\pi}\left(\sin x + \dfrac{1}{3}\sin 3x + \cdots + \dfrac{1}{N}\sin Nx\right)$ (N は奇数),

$E^* = 1.19, 1.19, 0.62, 0.62, 0.42$

3. $F = 2\left(\sin x - \dfrac{1}{2}\sin 2x + \cdots + \dfrac{(-1)^{N+1}}{N}\sin Nx\right)$,

$E^* \approx 8.1, 5.0, 3.6, 2.8, 2.3$

5. $F = 2\left[(\pi^2-6)\sin x - \dfrac{1}{8}(4\pi^2-6)\sin 2x + \dfrac{1}{27}(9\pi^2-6)\sin 3x - + \cdots\right]$,

$E^* = 863, 675, 455, 326, 266, 219$

7. $F = \dfrac{2}{\pi}\sin x + \dfrac{1}{2}\sin 2x - \dfrac{2}{9\pi}\sin 3x - \dfrac{1}{4}\sin 4x + \dfrac{2}{25\pi}\sin 5x + \cdots$,

$E^* = \dfrac{\pi^3}{12} - \pi\left(\dfrac{4}{\pi^2} + \dfrac{1}{4} + \dfrac{4}{81\pi^2} - \dfrac{1}{16} + \dfrac{4}{625\pi^2} + \cdots\right)$,

$1.311, 0.525, 0.509, 0.313, 0.311$

9. $N = 13$

15. フーリエ級数 $\cos^3 x = \dfrac{3}{4}\cos x + \dfrac{1}{4}\cos 3x$ を使え.

問題 2.8

7. $\dfrac{2}{\pi}\displaystyle\int_0^\infty \dfrac{\sin w \cos xw}{w}\,dw$ **9.** $\dfrac{2}{\pi}\displaystyle\int_0^\infty \left(\dfrac{a\sin aw}{w} + \dfrac{\cos aw - 1}{w^2}\right)\cos xw\,dw$

11. $A = \dfrac{2}{\pi}\displaystyle\int_0^\infty \dfrac{\cos wv}{1+v^2}\,dv = e^{-w}$ ($w > 0$), $f(x) = \displaystyle\int_0^\infty e^{-w}\cos wx\,dw$

13. $\dfrac{2}{\pi}\displaystyle\int_0^\infty \dfrac{1-\cos aw}{w}\sin xw\,dw$ **15.** $\dfrac{2}{\pi}\displaystyle\int_0^\infty \dfrac{\sin \pi w}{1-w^2}\sin xw\,dw$

17. $\dfrac{2}{\pi}\displaystyle\int_0^\infty \dfrac{w - e(w\cos w - \sin w)}{1+w^2}\sin xw\,dw$

19. $n = 1, 2, 11, 12, 31, 32, 49, 50$ に対して, $\mathrm{Si}(n\pi) - \pi/2 = 0.28, -0.15, 0.029,$ $-0.026, 0.0103, -0.0099, 0.0065, -0.0064$ (四捨五入されている).

問題 2.9

1. $\sqrt{2/\pi}\,(2\sin w - \sin 2w)/w$ **3.** $\sqrt{2/\pi}\,(\cos aw + aw\sin aw - 1)/w^2$

5. $e^{-w}\sqrt{\pi/2}$ **7.** $\sqrt{2/\pi}\,[2w\cos w + (w^2-2)\sin w]/w^3$

11. $\sqrt{2/\pi}\,w/(a^2+w^2)$ **13.** $\sqrt{2/\pi}\,[(2-w^2)\cos w + 2w\sin w - 2]/w^3$

15. $\sqrt{2/\pi}\,w/(1+w^2)$ **17.** $\sqrt{2/\pi}\,e^{-w}\cos w$ **19.** 存在しない

問題 2.10

1. $i(e^{-ibw} - e^{-iaw})/(w\sqrt{2\pi})$ **3.** $(e^{a-iaw} - e^{-a+iaw})/[(1-iw)\sqrt{2\pi}]$

5. $[e^{-iaw}(1+iaw) - 1]/(w^2\sqrt{2\pi})$ **7.** $1/[(1+iw)^2\sqrt{2\pi}]$

9. $i\sqrt{2/\pi}(\cos w - 1)/w$ **11.** $e^{-w^2/2}$

13. $e^{-ic(a-w)} - e^{ic(a-w)} = -2i\sin c(a-w)$ を使え.

15. $f(x) = g(x) = e^{-x}$ ($x > 0$). $(f*g)(x) = xe^{-x}$ などを示せ.

2章の復習

17. $\dfrac{\pi^2}{3} - 4\left(\cos x - \dfrac{1}{4}\cos 2x + \dfrac{1}{9}\cos 3x - + \cdots\right)$

19. $1 - \dfrac{8}{\pi^2}\left(\cos\dfrac{\pi x}{2} + \dfrac{1}{9}\cos\dfrac{3\pi x}{2} + \dfrac{1}{25}\cos\dfrac{5\pi x}{2} + \cdots\right)$

21. $\dfrac{1}{2} - \dfrac{2}{\pi}\left(\sin\pi x + \dfrac{1}{3}\sin 3\pi x + \dfrac{1}{5}\sin 5\pi x + \cdots\right)$

23. $\dfrac{2}{\pi} + \dfrac{4}{\pi}\left(\dfrac{1}{1\cdot 3}\cos 2x - \dfrac{1}{3\cdot 5}\cos 4x + \dfrac{1}{5\cdot 7}\cos 6x - + \cdots\right)$

25. $\dfrac{\pi}{2} - \dfrac{4}{\pi}\left(\cos x + \dfrac{1}{9}\cos 3x + \dfrac{1}{25}\cos 5x + \cdots\right)$

27. $\dfrac{8}{\pi}\left(\cos x + \dfrac{1}{9}\cos 3x + \dfrac{1}{25}\cos 5x + \cdots\right)$

29. $\dfrac{4}{3} + \dfrac{4}{\pi^2}\left(\cos\pi x + \dfrac{1}{4}\cos 2\pi x + \dfrac{1}{9}\cos 3\pi x + \cdots\right)$
$-\dfrac{4}{\pi}\left(\sin\pi x + \dfrac{1}{2}\sin 2\pi x + \dfrac{1}{3}\sin 3\pi x + \cdots\right)$

31. 問題 19

33. 5.16771, 同じ, 0.074755, 同じ, 0.011879, 同じ

35. $y = C_1\cos\omega t + C_2\sin\omega t + \dfrac{\pi^2}{12\omega^2} - \dfrac{1}{\omega^2 - 1}\cos t + \dfrac{1}{4(\omega^2 - 4)}\cos 2t - + \cdots$

37. $\sqrt{2/\pi}(\cos aw - \cos w + aw\sin aw - w\sin w)/w^2$

39. $1/[(2 + iw)\sqrt{2\pi}\,]$

問題 3.1

15. $u = c(x)e^y$ **17.** $u = h(x)y + k(x)$ **19.** $u = c(x)e^y + h(y)$

21. $u = c(x)\exp(xy^2)$ **23.** $3\ln(x^2 + y^2)/\ln 4$ **25.** $axy + bx + cy + k$

問題 3.3

3. $k(\cos t\sin x - \tfrac{1}{2}\cos 2t\sin 2x)$

5. $1.2\left(\cos t\sin x - \dfrac{1}{2^3}\cos 2t\sin 2x + \dfrac{1}{3^3}\cos 3t\sin 3x - + \cdots\right)$

7. $\dfrac{4}{\pi^2}\left(\cos t\sin x - \dfrac{1}{9}\cos 3t\sin 3x + \dfrac{1}{25}\cos 5t\sin 5x - + \cdots\right)$

9. $\dfrac{1.6}{\pi^2}\left[(2-\sqrt{2})\cos t\sin x - \dfrac{1}{9}(2+\sqrt{2})\cos 3t\sin 3x\right.$
$\left.+ \dfrac{1}{25}(2+\sqrt{2})\cos 5t\sin 5x - + \cdots\right]$

13. $u = ce^{k(x+y)}$ **15.** $u = c\exp[\tfrac{1}{2}(x^2 + y^2) + k(x - y)]$

17. $u = c\exp(kx + y/k)$ **19.** $u = cx^k e^{-y^2/k}$

付録 2　奇数番号の問題の解答　　207

問題 3.4
3. $(1/2\pi)(n\pi/2)70 = 17.5n$ [cycles/s]
13. 放物型：$v = x,\ z = 2x - y,\ u_{vv} = 0,\ u = xf_1(2x-y) + f_2(2x-y)$
15. 双曲型：$v = 3x + y,\ z = x + y,\ u_{vz} = 0,\ u = f_1(3x+y) + f_2(x+y)$
17. 双曲型：$v = x + 2y,\ z = x - 2y,\ u_{vz} = 0,\ u = f_1(x+2y) + f_2(x-2y)$

問題 3.5
3. $u = \sin 0.1\pi x \cdot e^{-1.752\pi^2 t/100}$

5. $u = \dfrac{800}{\pi^3}\left(\sin 0.1\pi x \cdot e^{-0.01752\pi^2 t} + \dfrac{1}{3^3}\sin 0.3\pi x \cdot e^{-0.01752(3\pi)^2 t} + \cdots\right)$

7. $u_{\mathrm{I}} = U_1 + (U_2 - U_1)x/L$，$\partial u/\partial t = 0$ とした (1) の解で，境界条件を満たす．

11. $u = k$

13. $u = \dfrac{1}{2} + \dfrac{4}{\pi^2}\left(\cos x \cdot e^{-t} + \dfrac{1}{9}\cos 3x \cdot e^{-9t} + \dfrac{1}{25}\cos 5x \cdot e^{-25t} + \cdots\right)$

17. $u = \dfrac{80}{\pi}\sum\limits_{n=1}^{\infty}\dfrac{1}{2n-1}\sin\dfrac{(2n-1)\pi x}{24}\dfrac{\sinh[(2n-1)\pi y/24]}{\sinh(2n-1)\pi}$

19. $u(x,y) = \dfrac{A_0}{24}x + \sum\limits_{n=1}^{\infty} A_n \dfrac{\sinh(n\pi x/24)}{\sinh n\pi}\cos\dfrac{n\pi y}{24}$,

$A_0 = \dfrac{1}{24}\int_0^{24} f(y)\,dy,\ \ A_n = \dfrac{1}{12}\int_0^{24} f(y)\cos\dfrac{n\pi y}{24}\,dy$

問題 3.6
3. $A(p) = \dfrac{2\sin p}{\pi p},\ \ B(p) = 0,\ \ u = \dfrac{2}{\pi}\int_0^{\infty}\dfrac{\sin p}{p}\cos px \cdot e^{-c^2 p^2 t}\,dp$

5. $u(x,t) = \int_0^1 \cos px \cdot e^{-c^2 p^2 t}\,dp$

9. 式 (21) で，$w = s/\sqrt{2}$ とおく．

問題 3.8
1. c が増えるので，振動数も増える．
3. $f_1(x) = 2(4x - x^2),\ \ f_2(y) = 2y - y^2$
5. $c\pi\sqrt{85}\,(F_{29}, F_{67}, F_{76}, F_{92}),\ \ c\pi\sqrt{221},\ \ c\pi\sqrt{260}$ など．
7. $B_{mn} = (-1)^{n+1}8/(mn\pi)$ (m 奇数)，0 (m 偶数)
9. $B_{mn} = 64/(m^3 n^3 \pi^2)$ (m, n 両方とも奇数)，0 (それ以外)
11. $u = 0.1\cos 5\pi t \sin 3\pi x \sin 4\pi y$

13. $u = \dfrac{64k}{\pi^6}\sum\limits_{\substack{m=1,\\ m,n \text{ は奇数}}}^{\infty}\sum\limits_{n=1}^{\infty}\dfrac{1}{m^3 n^3}\cos(\pi t\sqrt{m^2+n^2})\sin m\pi x \sin n\pi y$

17. $A = ab,\ b = A/a,\ (m^2 a^{-2} + n^2 a^2 A^{-2})' = 0$ により $a/b = m/n$．

19. $\cos\left(\pi\sqrt{\dfrac{4}{a^2} + \dfrac{9}{b^2}}\,t\right)\sin\dfrac{2\pi x}{a}\sin\dfrac{3\pi y}{b}$

問題 3.9

7. $u = \dfrac{3}{4}r\sin\theta - \dfrac{1}{4}r^3\sin 3\theta$

9. $u = \dfrac{2}{\pi}r\sin\theta + \dfrac{1}{2}r^2\sin 2\theta - \dfrac{2}{9\pi}r^3\sin 3\theta - \dfrac{1}{4}r^3\sin 4\theta + \cdots$

11. $u = \dfrac{\pi}{2} \pm \dfrac{4}{\pi}\left(r + \dfrac{1}{9}r^3 + \dfrac{1}{25}r^5 + \cdots\right)$

13. $u = \dfrac{4u_0}{\pi}\left(r\sin\theta + \dfrac{1}{3}r^3\sin 3\theta + \dfrac{1}{5}r^5\sin 5\theta + \cdots\right)$

15. $\nabla^2 u = u_{x^*x^*} + u_{y^*y^*}$

問題 3.10

3. $T = 6.828\rho R^2 f_1{}^2$, f_1 は基本振動数.

5. c は増加する, $\lambda_m = ck_m$ は増加する, 振動数も増加する.

7. 式 (12) を t で微分して $t=0$ とおく. それを式 (4) のように $g(r)$ と等置する.

9. 対応しない

問題 3.11

7. $u = 320/r + 60$

9. $v = F(r)G(t)$, $F'' + k^2 F = 0$, $\dot{G} + c^2 k^2 G = 0$, $F_n = \sin(n\pi r/R)$,
$G_n = B_n \exp(-c^2 n^2 \pi^2 t/R^2)$, $B_n = \dfrac{2}{R}\displaystyle\int_0^R rf(r)\sin\dfrac{n\pi r}{R}\,dr$

11. $u = 1$

13. $\cos 2\phi = 2\cos^2\phi - 1$, $2w^2 - 1 = \frac{4}{3}P_2(w) - \frac{1}{3}$, $u = \frac{4}{3}r^2 P_2(\cos\phi) - \frac{1}{3}$

15. 直交性から式 (20) で $B_1 = B_2 = \cdots = 0$. 式 (19) から $u = B_0/r$.

19. 例 1 で 110 を 20 におきかえればよい.

25. (b) $a(x^3 - 3xy^2) + k(-3x^2y + y^3)$ (a, k は任意)

問題 3.12

5. $U(x,s) = \dfrac{c(s)}{x^s} + \dfrac{x}{s^2(s+1)}$, $U(0,s) = 0$, $c(s) = 0$, $u(x,t) = x(t - 1 + e^{-t})$

9. $x^2/(4c^2\tau) = z^2$ とおいて z を新しい積分変数とせよ. $\mathrm{erf}(\infty) = 1$ を使え.

3 章の復習

21. $A(y)\cos 3x + B(y)\sin 3x$

23. $c_1(x)e^{-4y} + c_2(x)e^y - 3$

25. $cy^k e^{kx}$

27. $f_1(y+2x) + f_2(y-2x)$

29. $f_1(x) + f_2(y+x)$

31. $\cos 10t \sin 5x$

33. $\sin 0.01\pi x \cdot e^{-0.001143 t}$

35. $\frac{3}{4}\sin 0.01\pi x \cdot e^{-0.001143 t} - \frac{1}{4}\sin 0.03\pi x \cdot e^{-0.01029 t}$

37. $250\cos 2x \cdot e^{-4t}$

39. $\sin\dfrac{\pi x}{12}\left(\sinh\dfrac{\pi y}{12}\right)\Big/\sinh\pi$

41. $\sin\dfrac{\pi x}{4}\left(\sinh\dfrac{\pi y}{4}\right)\Big/\sinh 3\pi$

49. $u = (u_1 - u_0)(\ln r)/\ln(r_1/r_0) + (u_0 \ln r_1 - u_1 \ln r_0)/\ln(r_1/r_0)$

付録 3

補 足 事 項

A3.1 基本的な関数の公式

指数関数 e^x (図 A1)
$$e = 2.71828\ 18284\ 59045\ 23536\ 02874\ 71353.$$
$$e^x e^y = e^{x+y}, \quad e^x/e^y = e^{x-y}, \quad (e^x)^y = e^{xy}. \tag{1}$$

自然対数 (図 A2)
$$\ln(xy) = \ln x + \ln y, \quad \ln(x/y) = \ln x - \ln y, \quad \ln(x^a) = a\ln x. \tag{2}$$
$\ln x$ は e^x の逆関数であり，$e^{\ln x} = x$, $e^{-\ln x} = e^{\ln(1/x)} = 1/x$.

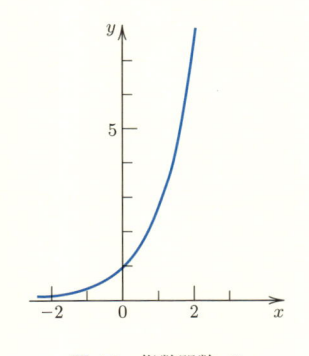

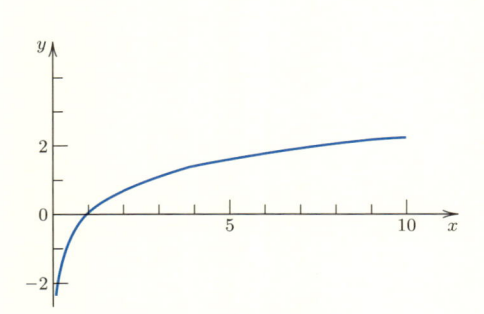

図 A1　指数関数 e^x

図 A2　自然対数 $\ln x$

常用対数　$\log_{10} x$ あるいは簡単に $\log x$ と書く．
$$\log x = M \ln x, \quad M = \log e = 0.43429\ 44819\ 03251\ 82765\ 11289\ 18917. \tag{3}$$
$$\ln x = \frac{1}{M} \log x, \quad \frac{1}{M} = 2.30258\ 50929\ 94045\ 68401\ 79914\ 54684. \tag{4}$$
$\log x$ は 10^x の逆関数であり，$10^{\log x} = x$, $10^{-\log x} = 1/x$.

正弦関数と余弦関数 (図 A3, A4)　　微積分学では角度をラジアンで表すので，$\sin x$ と $\cos x$ は周期 2π をもつ．

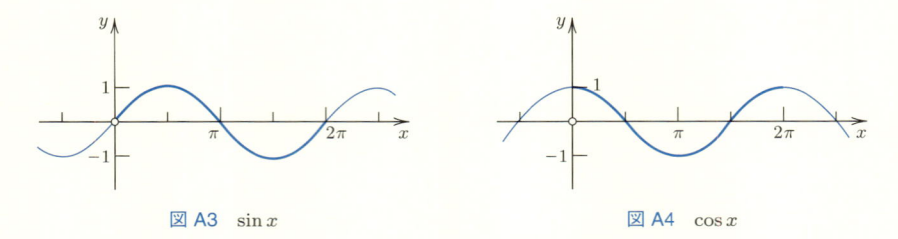

図 A3　$\sin x$　　　　　　　　　　　　図 A4　$\cos x$

$\sin x$ は奇関数で $\sin(-x) = -\sin x$ である．$\cos x$ は偶関数で $\cos(-x) = \cos x$ である．

$$1° = 0.01745\ 32925\ 19943 \text{ ラジアン}.$$

$$\begin{aligned}1 \text{ ラジアン} &= 57°17'44.80625'' \\ &= 57.29577\ 95131°.\end{aligned}$$

$$\sin^2 x + \cos^2 x = 1. \tag{5}$$

$$\begin{cases} \sin(x+y) = \sin x \cos y + \cos x \sin y, \\ \sin(x-y) = \sin x \cos y - \cos x \sin y, \\ \cos(x+y) = \cos x \cos y - \sin x \sin y, \\ \cos(x-y) = \cos x \cos y + \sin x \sin y. \end{cases} \tag{6}$$

$$\sin 2x = 2 \sin x \cos x, \qquad \cos 2x = \cos^2 x - \sin^2 x. \tag{7}$$

$$\begin{cases} \sin x = \cos\left(x - \dfrac{\pi}{2}\right) = \cos\left(\dfrac{\pi}{2} - x\right), \\ \cos x = \sin\left(x + \dfrac{\pi}{2}\right) = \sin\left(\dfrac{\pi}{2} - x\right). \end{cases} \tag{8}$$

$$\sin(\pi - x) = \sin x, \qquad \cos(\pi - x) = -\cos x. \tag{9}$$

$$\cos^2 x = \frac{1}{2}(1 + \cos 2x), \qquad \sin^2 x = \frac{1}{2}(1 - \cos 2x). \tag{10}$$

$$\begin{cases} \sin x \sin y = \dfrac{1}{2}[-\cos(x+y) + \cos(x-y)], \\ \cos x \cos y = \dfrac{1}{2}[\cos(x+y) + \cos(x-y)], \\ \sin x \cos y = \dfrac{1}{2}[\sin(x+y) + \sin(x-y)]. \end{cases} \tag{11}$$

$$\begin{cases} \sin u + \sin v = 2 \sin \dfrac{u+v}{2} \cos \dfrac{u-v}{2}, \\ \cos u + \cos v = 2 \cos \dfrac{u+v}{2} \cos \dfrac{u-v}{2}, \\ \cos v - \cos u = 2 \sin \dfrac{u+v}{2} \sin \dfrac{u-v}{2}. \end{cases} \tag{12}$$

A3.1 基本的な関数の公式

$$A\cos x + B\sin x = \sqrt{A^2+B^2}\cos(x\pm\delta), \quad \tan\delta = \frac{\sin\delta}{\cos\delta} = \mp\frac{B}{A}. \tag{13}$$

$$A\cos x + B\sin x = \sqrt{A^2+B^2}\sin(x\pm\delta), \quad \tan\delta = \frac{\sin\delta}{\cos\delta} = \pm\frac{A}{B}. \tag{14}$$

正接，余接，正割，余割 (図 A5, A6)

$$\tan x = \frac{\sin x}{\cos x}, \quad \cot x = \frac{\cos x}{\sin x}, \quad \sec x = \frac{1}{\cos x}, \quad \operatorname{cosec} x = \frac{1}{\sin x}. \tag{15}$$

$$\tan(x+y) = \frac{\tan x + \tan y}{1 - \tan x \tan y}, \quad \tan(x-y) = \frac{\tan x - \tan y}{1 + \tan x \tan y}. \tag{16}$$

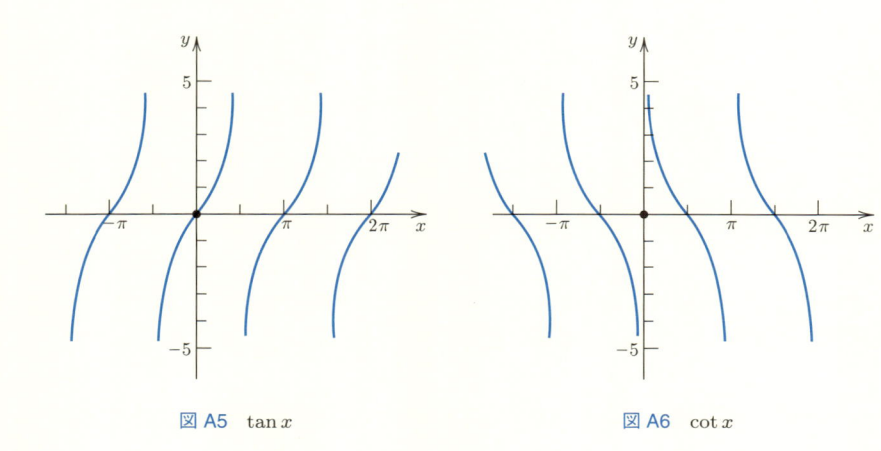

図 A5　$\tan x$

図 A6　$\cot x$

双曲線関数 (図 A7, A8)

$$\sinh x = \frac{1}{2}(e^x - e^{-x}), \quad \cosh x = \frac{1}{2}(e^x + e^{-x}). \tag{17}$$

$$\tanh x = \frac{\sinh x}{\cosh x}, \quad \coth x = \frac{\cosh x}{\sinh x}. \tag{18}$$

$$\cosh x + \sinh x = e^x, \quad \cosh x - \sinh x = e^{-x}. \tag{19}$$

$$\cosh^2 x - \sinh^2 x = 1. \tag{20}$$

$$\sinh^2 x = \frac{1}{2}(\cosh 2x - 1), \quad \cosh^2 x = \frac{1}{2}(\cosh 2x + 1). \tag{21}$$

$$\begin{cases} \sinh(x\pm y) = \sinh x \cosh y \pm \cosh x \sinh y, \\ \cosh(x\pm y) = \cosh x \cosh y \pm \sinh x \sinh y. \end{cases} \tag{22}$$

$$\tanh(x\pm y) = \frac{\tanh x \pm \tanh y}{1 \pm \tanh x \tanh y}. \tag{23}$$

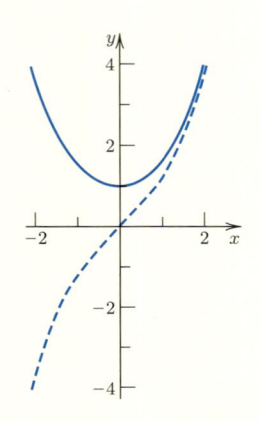

図 A7 $\sinh x$ (破線) と $\cosh x$ (実線)

図 A8 $\tanh x$ (破線) と $\coth x$ (実線)

ガンマ関数 (図 A9, 付録 4 の表 A2)　ガンマ関数 $\Gamma(\alpha)$ は, つぎの積分で定義される.

$$\Gamma(\alpha) = \int_0^\infty e^{-t} t^{\alpha-1} dt \qquad (\alpha > 0). \tag{24}$$

これは, $\alpha > 0$ (α が複素数の場合は実部が正) のときのみ意味をもつ. 部分積分により, ガンマ関数についてつぎの重要な関係が得られる.

$$\Gamma(\alpha+1) = \alpha \Gamma(\alpha). \tag{25}$$

式 (24) より, 直接に $\Gamma(1) = 1$ が得られる. したがって α が正の整数のとき, たとえば

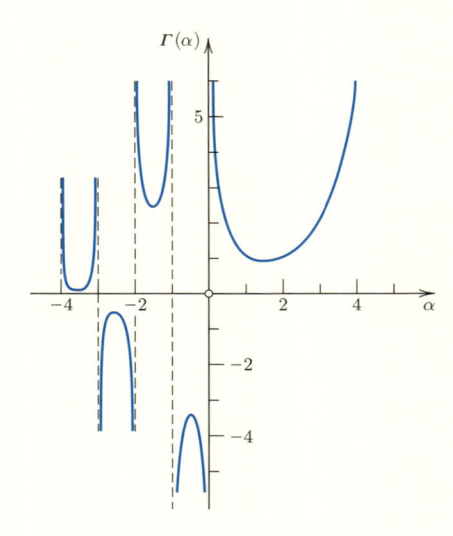

図 A9 ガンマ関数

A3.1 基本的な関数の公式

$\alpha = k$ とすると，式 (25) を繰り返して用いることにより，

$$\Gamma(k+1) = k! \qquad (k = 0, 1, \cdots) \tag{26}$$

が得られる．これより，ガンマ関数が初等的な階乗関数の一般化になっていることがわかる．(非整数値の α に対しても $\Gamma(\alpha)$ のかわりに $(\alpha - 1)!$ と書くことがあり，またガンマ関数を**階乗関数**とよぶことがある．)

式 (25) を繰り返して用いると，

$$\Gamma(\alpha) = \frac{\Gamma(\alpha+1)}{\alpha} = \frac{\Gamma(\alpha+2)}{\alpha(\alpha+1)} = \cdots = \frac{\Gamma(\alpha+k+1)}{\alpha(\alpha+1)(\alpha+2)\cdots(\alpha+k)}$$

が得られる．$\alpha + k + 1 > 0$ となるような最小の k を選ぶことにより，関係式

$$\Gamma(\alpha) = \frac{\Gamma(\alpha+k+1)}{\alpha(\alpha+1)\cdots(\alpha+k)} \qquad (\alpha \neq 0, -1, -2, \cdots) \tag{27}$$

を用いて負の $\alpha \,(\neq -1, -2, \cdots)$ に対するガンマ関数を定義することができる．これと式 (24) により，0 および負の整数を除くすべての α に対して $\Gamma(\alpha)$ が定義される (図 A9)．

つぎの公式により，無限乗積としてガンマ関数を表すことができる．

$$\Gamma(\alpha) = \lim_{n\to\infty} \frac{n!\, n^\alpha}{\alpha(\alpha+1)(\alpha+2)\cdots(\alpha+n)} \qquad (\alpha \neq 0, -1, -2, \cdots). \tag{28}$$

式 (27) と式 (28) から，複素数 α に対してガンマ関数 $\Gamma(\alpha)$ は**有理型関数**[1])であり，$\alpha = 0, -1, -2, \cdots$ において単純極をもっていることがわかる．

正の大きな α に対するガンマ関数の近似式は，**スターリングの公式**

$$\Gamma(\alpha+1) \approx \sqrt{2\pi\alpha}\left(\frac{\alpha}{e}\right)^\alpha \tag{29}$$

で与えられる．ここで e は自然対数の底である．最後に，ガンマ関数の特別な値を示す．

$$\Gamma\left(\frac{1}{2}\right) = \sqrt{\pi}. \tag{30}$$

不完全ガンマ関数

$$P(\alpha, x) = \int_0^x e^{-t} t^{\alpha-1} dt, \qquad Q(\alpha, x) = \int_x^\infty e^{-t} t^{\alpha-1} dt \qquad (\alpha > 0). \tag{31}$$

$$\Gamma(\alpha) = P(\alpha, x) + Q(\alpha, x). \tag{32}$$

ベータ関数

$$B(x, y) = \int_0^1 t^{x-1}(1-t)^{y-1} dt \qquad (x > 0,\ y > 0). \tag{33}$$

ガンマ関数を用いた表示：

$$B(x, y) = \frac{\Gamma(x)\Gamma(y)}{\Gamma(x+y)}. \tag{34}$$

誤差関数 (図 A10，付録 4 の表 A4)

$$\operatorname{erf} x = \frac{2}{\sqrt{\pi}} \int_0^x e^{-t^2} dt. \tag{35}$$

---

1) (訳注) 有限平面上で極以外の特異点をもたない解析関数を有理型関数という (第 4 巻 4.3 節例 5 参照)．

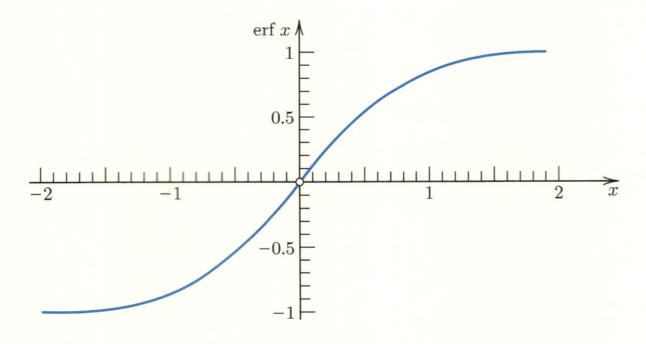

図 A10 誤差関数

$$\operatorname{erf} x = \frac{2}{\sqrt{\pi}} \left(x - \frac{x^3}{1!\,3} + \frac{x^5}{2!\,5} - \frac{x^7}{3!\,7} + - \cdots \right). \tag{36}$$

$\operatorname{erf}(\infty) = 1$ である．**補誤差関数**は，

$$\operatorname{erfc} x = 1 - \operatorname{erf} x = \frac{2}{\sqrt{\pi}} \int_x^\infty e^{-t^2}\,dt \tag{37}$$

で定義される．

フレネル[2]**積分** (図 A11)

$$C(x) = \int_0^x \cos(t^2)\,dt, \quad S(x) = \int_0^x \sin(t^2)\,dt. \tag{38}$$

$C(\infty) = \sqrt{\pi/8},\ S(\infty) = \sqrt{\pi/8}$ である．**フレネル積分の補関数**は，

$$\begin{aligned} c(x) &= \sqrt{\frac{\pi}{8}} - C(x) = \int_x^\infty \cos(t^2)\,dt, \\ s(x) &= \sqrt{\frac{\pi}{8}} - S(x) = \int_x^\infty \sin(t^2)\,dt \end{aligned} \tag{39}$$

で定義される．

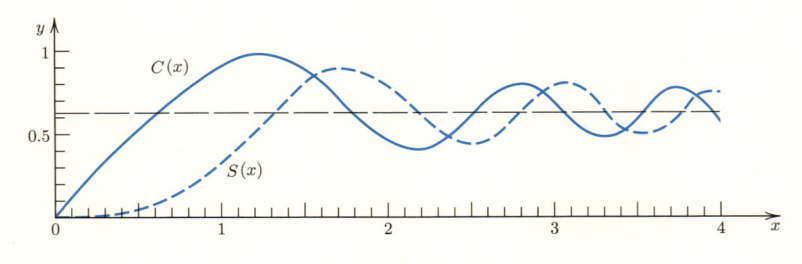

図 A11 フレネル積分

---

2) Augustin Fresnel (1788–1827)，フランスの物理学者，数学者．フレネル積分の数表は，付録 1 の [1] を参照せよ．

正弦積分 (図 A12, 付録 4 の表 A4)

$$\mathrm{Si}(x) = \int_0^x \frac{\sin t}{t}\, dt. \tag{40}$$

$\mathrm{Si}(\infty) = \pi/2$ である．**正弦積分の補関数**は，

$$\mathrm{si}(x) = \frac{\pi}{2} - \mathrm{Si}(x) = \int_x^\infty \frac{\sin t}{t}\, dt \tag{41}$$

で定義される[3]．

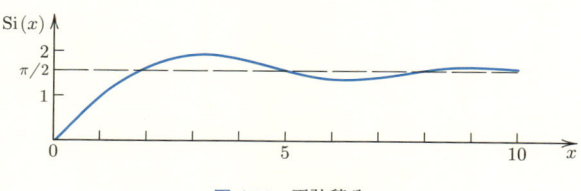

図 A12　正弦積分

余弦積分 (付録 4 の表 A4) 　　$\displaystyle \mathrm{ci}(x) = \int_x^\infty \frac{\cos t}{t}\, dt \quad (x > 0).$ 　　(42)

指数積分 　　$\displaystyle \mathrm{Ei}(x) = \int_x^\infty \frac{e^{-t}}{t}\, dt \quad (x > 0).$ 　　(43)

対数積分 　　$\displaystyle \mathrm{li}(x) = \int_0^x \frac{dt}{\ln t}.$ 　　(44)

A3.2　偏 導 関 数

$z = f(x, y)$ を 2 つの独立実変数 x, y の実関数とする．y を一定，たとえば $y = y_1$ として x を変数と考えれば，$f(x, y_1)$ は x だけに依存する．x に関する $f(x, y_1)$ の導関数，すなわち**偏導関数**が $x = x_1$ において存在するとき，その導関数の値を点 (x_1, y_1) における $f(x, y)$ の x についての**偏微分係数**といい，

$$\left.\frac{\partial f}{\partial x}\right|_{(x_1, y_1)} \qquad \text{あるいは} \qquad \left.\frac{\partial z}{\partial x}\right|_{(x_1, y_1)}$$

と書く．また，

$$f_x(x_1, y_1) \qquad \text{および} \qquad z_x(x_1, y_1)$$

---

[3]　(訳注) この種の積分関数の定義は，書物によって微妙に異なることがあるから注意が必要である．たとえば「岩波数学辞典第 4 版」(岩波書店，2007) では，正弦積分関数は $\mathrm{Si}(x) = \int_0^x \frac{\sin t}{t}\, dt$, $\mathrm{si}(x) = -\int_x^\infty \frac{\sin t}{t}\, dt$, 余弦積分関数は $\mathrm{Ci}(x) = -\int_x^\infty \frac{\cos t}{t}\, dt$, 指数積分関数は $\mathrm{Ei}(x) = \int_{-\infty}^x \frac{e^t}{t}\, dt$, 対数積分関数は $\mathrm{Li}(x) = \int_0^x \frac{dt}{\ln t}$ として定義されている．

などと書いてもよい．ほかの目的で添字を使わない場合には混乱のおそれがないからである．

導関数の定義によれば，

$$\left.\frac{\partial f}{\partial x}\right|_{(x_1,y_1)} = \lim_{\Delta x \to 0} \frac{f(x_1+\Delta x, y_1) - f(x_1, y_1)}{\Delta x} \tag{1}$$

である．

$z = f(x,y)$ の y に関する偏導関数も同様に定義される．今度は x を定数 x_1 として y について微分する．すなわち，

$$\left.\frac{\partial f}{\partial y}\right|_{(x_1,y_1)} = \left.\frac{\partial z}{\partial y}\right|_{(x_1,y_1)} = \lim_{\Delta y \to 0} \frac{f(x_1, y_1+\Delta y) - f(x_1, y_1)}{\Delta y} \tag{2}$$

である．別の表記は $f_y(x_1,y_1)$, $z_y(x_1,y_1)$ などである．

これらの 2 つの偏導関数が一般に点 (x_1,y_1) に依存することは明らかである．したがって，変動する点 (x,y) に対する偏導関数 $\partial z/\partial x$, $\partial z/\partial y$ は x と y の関数である．関数 $\partial z/\partial x$ は y を定数とみなして，$z = f(x,y)$ を x について微分して得られ，$\partial z/\partial y$ は x を定数とみなして，z を y について微分して得られる．

例 1　$z = f(x,y) = x^2 y + x\sin y$ とすると，

$$\frac{\partial f}{\partial x} = 2xy + \sin y, \qquad \frac{\partial f}{\partial y} = x^2 + x\cos y.$$

◀

関数 $z = f(x,y)$ の偏導関数 $\partial z/\partial x$ および $\partial z/\partial y$ には非常に単純な幾何学的な意味がある．関数 $z = f(x,y)$ は空間の曲面によって表される．方程式 $y = y_1$ は垂直面である．この垂直面は曲面と交わって曲線を与える．点 (x_1,y_1) における偏導関数 $\partial z/\partial x$ は，この曲線の接線の勾配 (図 A13 に示された角 α の正接 $\tan\alpha$) を与える．同様に，$x = x_1$ は垂直面である．この垂直面と曲面の交線の勾配 ($\tan\beta$) が，点 (x_1,y_1) における偏導関数 $\partial z/\partial y$ である．

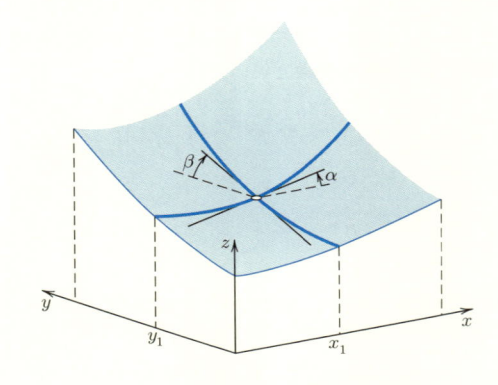

図 A13　1 階偏導関数の幾何学的解釈

A3.2 偏導関数

偏導関数 $\partial z/\partial x$, $\partial z/\partial y$ は 1 階偏導関数ともよばれる．これらの導関数をもう 1 回微分すれば 2 階偏導関数[4]が得られる．

$$\frac{\partial^2 f}{\partial x^2} = \frac{\partial}{\partial x}\left(\frac{\partial f}{\partial x}\right) = f_{xx}, \tag{3a}$$

$$\frac{\partial^2 f}{\partial x \partial y} = \frac{\partial}{\partial x}\left(\frac{\partial f}{\partial y}\right) = f_{yx}, \tag{3b}$$

$$\frac{\partial^2 f}{\partial y \partial x} = \frac{\partial}{\partial y}\left(\frac{\partial f}{\partial x}\right) = f_{xy}, \tag{3c}$$

$$\frac{\partial^2 f}{\partial y^2} = \frac{\partial}{\partial y}\left(\frac{\partial f}{\partial y}\right) = f_{yy}. \tag{3d}$$

これらのすべての偏導関数が連続ならば，2 つの混合偏導関数が等しくなるため，微分の順序に注意する必要はないことが示される (付録 1 の [5] 参照)．すなわち，

$$\frac{\partial^2 z}{\partial x \partial y} = \frac{\partial^2 z}{\partial y \partial x} \tag{4}$$

がなりたつ．

例 2 　例 1 の関数に対しては 2 階偏導関数はつぎのようになる．

$$f_{xx} = 2y, \quad f_{xy} = 2x + \cos y = f_{yx}, \quad f_{yy} = -x \sin y. \quad \blacktriangleleft$$

2 階偏導関数をふたたび x や y について微分すれば 3 階偏導関数が得られ，必要に応じてさらに高階の偏導関数も考えられる．

3 つの独立変数をもつ関数 $f(x,y,z)$ が与えられたときには，3 つの 1 階偏導関数 $f_x(x,y,z)$, $f_y(x,y,z)$, $f_z(x,y,z)$ が考えられる．ここで，f_x は y と z をともに定数として f を x について微分して得られる．定義式 (1) と同様に，

$$\left.\frac{\partial f}{\partial x}\right|_{(x_1,y_1,z_1)} = \lim_{\Delta x \to 0} \frac{f(x_1 + \Delta x, y_1, z_1) - f(x_1, y_1, z_1)}{\Delta x}$$

などとなる．f_x, f_y, f_z をさらに同じ方法で微分すれば，f の 2 階以上の高階偏導関数が求められる．

例 3 　$f(x,y,z) = x^2 + y^2 + z^2 + xye^z$ のとき，

$$\begin{aligned}
&f_x = 2x + ye^z, &&f_y = 2y + xe^z, &&f_z = 2z + xye^z, \\
&f_{xx} = 2, &&f_{xy} = f_{yx} = e^z, &&f_{xz} = f_{zx} = ye^z, \\
&f_{yy} = 2, &&f_{yz} = f_{zy} = xe^z, &&f_{zz} = 2 + xye^z.
\end{aligned}$$
$\blacktriangleleft$

---

[4] 添字表記では添字は微分の順に書かれるが，"∂" 表記では順序が逆になることを注意せよ．

A3.3　数列と級数

単調実数数列

もし数列が**単調増加**

$$x_1 \leqq x_2 \leqq x_3 \leqq \cdots$$

か，または**単調減少**

$$x_1 \geqq x_2 \geqq x_3 \geqq \cdots$$

であれば，実数数列 $x_1, x_2, \cdots, x_n, \cdots$ は**単調数列**とよばれる．すべての n に対して，$|x_n| < K$ を満たす正の定数 K が存在すれば，$x_1, x_2, \cdots$ は**有界数列**とよばれる．

定理 1　実数の数列が有界で単調であるならば，それは収束する．

[証明]　$x_1, x_2, \cdots$ を有界で単調増加の数列とする．このとき，それらの項は，ある数 B より小さく，すべての n に対して $x_1 \leqq x_n$ となるから，それらは I_0 で記される区間 $x_1 \leqq x_n \leqq B$ の中にある．ここで I_0 を分割しよう．すなわち，I_0 を等しい長さの2つの部分に分割する．もし (端点も含んで) 右半分が数列の項を含む場合，それを I_1 で表す．もしそれが数列の項を含まない場合，(端点を加えた) I_0 の左半分を I_1 とよぶことにする．これが第 1 段階である．

第 2 段階では，I_1 を分割して，同じ方法で 1 つの半分を選び I_2 とよんで，以下同じ操作を繰り返す (図 A14)．

こうして，だんだんと短くなる区間 $I_0, I_1, I_2, \cdots$ はつぎの性質をもつ．$n > m$ に対して，I_m はすべての I_n を含んでいる．I_m の右側には数列の項は存在せず，数列は単調増加であるから，ある数 N より大きい n をもつすべての x_n は I_n の中に存在する．もちろん，一般的には N は m に依存する．m が無限大に近づくと，I_m の長さは 0 に近づく．ゆえに，すべてのこれらの区間に入るただ 1 つの数 L が存在し[5]，数列が極限

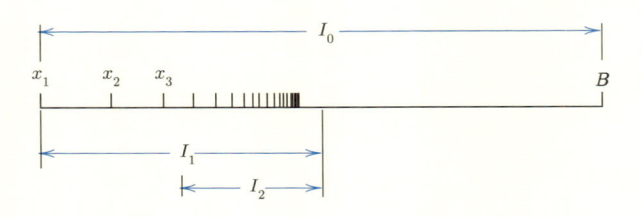

図 A14　定理 1 の証明

---

[5]　この記述は当然のように思えるが，実際はそうではない．それはつぎの形で実数系の公理とみなされている．$J_1, J_2, \cdots$ は，J_m が $n > m$ のすべての J_n を含むような閉区間で，m が無限大に近づくと J_m の長さは 0 に近づくとしよう．このとき，まさにこれらすべての区間に含まれる 1 つの実数が存在する．これが，いわゆる**カントール・デデキントの公理**である．集合論の創始者であるドイツの数学者 Georg Cantor (1845–1918) と数論の基礎的実績で知られる Richard Dedekind (1831–1916) の名に因んでいる．より詳細に関しては，付録 1 の [2] を参照せよ．(もし両端点が I に属する点と認められる場合，区間 I は**閉じている**といわれる．端点が I の点と認められない場合は，それは**開いている**といわれる．)

L に収束することを容易に証明することができる.

実際, $\varepsilon > 0$ が与えられると, ε より I_m の長さが短くなる m を選ぶことができる. このとき, L と $n > N(m)$ のすべての x_n は I_m の中にある. したがって, これらすべての n に対して $|x_n - L| < \varepsilon$ である. これで増加数列に対する証明は完了する. 減少数列に対して区間を構成する際に, "左" と "右" とを適当に交換すれば, 証明は同じように行える. ◀

実 数 級 数

定理 2 (**実数級数に対するライプニッツの判定法**) $x_1, x_2, \cdots$ が実数で, 0 へ単調減少するとする. すなわち,

$$x_1 \geqq x_2 \geqq x_3 \geqq \cdots, \tag{1a}$$

$$\lim_{m \to \infty} x_m = 0 \tag{1b}$$

とする. このとき, 交互の符号をもつ項よりなる級数

$$x_1 - x_2 + x_3 - x_4 + - \cdots$$

は収束して, n 番目の項の後の剰余 R_n に対して,

$$|R_n| \leqq x_{n+1} \tag{2}$$

とできる.

[証明]　s_n を, 級数の n 番目の部分和としよう. このとき式 (1a) から,

$$s_1 = x_1, \qquad s_2 = x_1 - x_2 \leqq s_1,$$
$$s_3 = s_2 + x_3 \geqq s_2, \qquad s_3 = s_1 - (x_2 - x_3) \leqq s_1$$

となり, $s_2 \leqq s_3 \leqq s_1$ である. この方法を続けると,

$$s_1 \geqq s_3 \geqq s_5 \geqq \cdots \geqq s_6 \geqq s_4 \geqq s_2 \tag{3}$$

と結論でき (図 A15), これは, 奇数の部分和は有界で単調な数列をなし, 偶数の部分和も同様であることを示す. したがって, 定理 1 より両数列は収束する. つまり

$$\lim_{n \to \infty} s_{2n+1} = s, \qquad \lim_{n \to \infty} s_{2n} = s^*$$

となる. $s_{2n+1} - s_{2n} = x_{2n+1}$ であるから, 式 (1b) は,

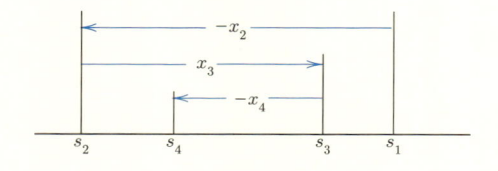

図 A15　ライプニッツの判定法の証明

$$s - s^* = \lim_{n\to\infty} s_{2n+1} - \lim_{n\to\infty} s_{2n} = \lim_{n\to\infty}(s_{2n+1} - s_{2n}) = \lim_{n\to\infty} x_{2n+1} = 0$$

を意味することが容易にわかる．したがって，$s_n \to s$ がなりたち，級数は和 s に収束する．

つぎに，余剰に対する評価 (2) を証明しよう．$s_n \to s$ であるので，式 (3) から，

$$s_{2n+1} \geqq s \geqq s_{2n}, \quad \text{また} \quad s_{2n-1} \geqq s \geqq s_{2n}$$

が導かれる．s_{2n} と s_{2n+1} をそれぞれ差し引くと，

$$s_{2n+1} - s_{2n} \geqq s - s_{2n} \geqq 0, \qquad 0 \geqq s - s_{2n-1} \geqq s_{2n} - s_{2n-1}$$

が得られる．これらの不等式で，1 番目の式の左辺は x_{2n+1} に等しく，2 番目の式の右辺は $-x_{2n}$ に等しく，2 つの不等号記号の間は剰余 R_{2n} と R_{2n-1} である．こうして不等式は

$$x_{2n+1} \geqq R_{2n} \geqq 0, \qquad 0 \geqq R_{2n-1} \geqq -x_{2n}$$

と書けて，これらが式 (2) を意味することがわかる．これで証明は完了した． ◀

付録 4

数　　表

表 A1　ベッセル関数

x	$J_0(x)$	$J_1(x)$	x	$J_0(x)$	$J_1(x)$	x	$J_0(x)$	$J_1(x)$
0.0	1.0000	0.0000	3.0	−0.2601	0.3391	6.0	0.1506	−0.2767
0.1	0.9975	0.0499	3.1	−0.2921	0.3009	6.1	0.1773	−0.2559
0.2	0.9900	0.0995	3.2	−0.3202	0.2613	6.2	0.2017	−0.2329
0.3	0.9776	0.1483	3.3	−0.3443	0.2207	6.3	0.2238	−0.2081
0.4	0.9604	0.1960	3.4	−0.3643	0.1792	6.4	0.2433	−0.1816
0.5	0.9385	0.2423	3.5	−0.3801	0.1374	6.5	0.2601	−0.1538
0.6	0.9120	0.2867	3.6	−0.3918	0.0955	6.6	0.2740	−0.1250
0.7	0.8812	0.3290	3.7	−0.3992	0.0538	6.7	0.2851	−0.0953
0.8	0.8463	0.3688	3.8	−0.4026	0.0128	6.8	0.2931	−0.0652
0.9	0.8075	0.4059	3.9	−0.4018	−0.0272	6.9	0.2981	−0.0349
1.0	0.7652	0.4401	4.0	−0.3971	−0.0660	7.0	0.3001	−0.0047
1.1	0.7196	0.4709	4.1	−0.3887	−0.1033	7.1	0.2991	0.0252
1.2	0.6711	0.4983	4.2	−0.3766	−0.1386	7.2	0.2951	0.0543
1.3	0.6201	0.5220	4.3	−0.3610	−0.1719	7.3	0.2882	0.0826
1.4	0.5669	0.5419	4.4	−0.3423	−0.2028	7.4	0.2786	0.1096
1.5	0.5118	0.5579	4.5	−0.3205	−0.2311	7.5	0.2663	0.1352
1.6	0.4554	0.5699	4.6	−0.2961	−0.2566	7.6	0.2516	0.1592
1.7	0.3980	0.5778	4.7	−0.2693	−0.2791	7.7	0.2346	0.1813
1.8	0.3400	0.5815	4.8	−0.2404	−0.2985	7.8	0.2154	0.2014
1.9	0.2818	0.5812	4.9	−0.2097	−0.3147	7.9	0.1944	0.2192
2.0	0.2239	0.5767	5.0	−0.1776	−0.3276	8.0	0.1717	0.2346
2.1	0.1666	0.5683	5.1	−0.1443	−0.3371	8.1	0.1475	0.2476
2.2	0.1104	0.5560	5.2	−0.1103	−0.3432	8.2	0.1222	0.2580
2.3	0.0555	0.5399	5.3	−0.0758	−0.3460	8.3	0.0960	0.2657
2.4	0.0025	0.5202	5.4	−0.0412	−0.3453	8.4	0.0692	0.2708
2.5	−0.0484	0.4971	5.5	−0.0068	−0.3414	8.5	0.0419	0.2731
2.6	−0.0968	0.4708	5.6	0.0270	−0.3343	8.6	0.0146	0.2728
2.7	−0.1424	0.4416	5.7	0.0599	−0.3241	8.7	−0.0125	0.2697
2.8	−0.1850	0.4097	5.8	0.0917	−0.3110	8.8	−0.0392	0.2641
2.9	−0.2243	0.3754	5.9	0.1220	−0.2951	8.9	−0.0653	0.2559

$x = 2.405,\ 5.520,\ 8.654,\ 11.792,\ 14.931, \cdots$ に対して $J_0(x) = 0$ である．
$x = 0,\ 3.832,\ 7.016,\ 10.173,\ 13.324, \cdots$ に対して $J_1(x) = 0$ である．

表 A1 ベッセル関数 (つづき)

x	$Y_0(x)$	$Y_1(x)$	x	$Y_0(x)$	$Y_1(x)$	x	$Y_0(x)$	$Y_1(x)$
0.0	$(-\infty)$	$(-\infty)$	2.5	0.498	0.146	5.0	-0.309	0.148
0.5	-0.445	-1.471	3.0	0.377	0.325	5.5	-0.339	-0.024
1.0	0.088	-0.781	3.5	0.189	0.410	6.0	-0.288	-0.175
1.5	0.382	-0.412	4.0	-0.017	0.398	6.5	-0.173	-0.274
2.0	0.510	-0.107	4.5	-0.195	0.301	7.0	-0.026	-0.303

表 A2 ガンマ関数 (付録 A3.1 の式 (24) 参照)

α	$\Gamma(\alpha)$	α	$\Gamma(\alpha)$	α	$\Gamma(\alpha)$	α	$\Gamma(\alpha)$	α	$\Gamma(\alpha)$
1.00	1.000 000	1.20	0.918 169	1.40	0.887 264	1.60	0.893 515	1.80	0.931 384
1.02	0.988 844	1.22	0.913 106	1.42	0.886 356	1.62	0.895 924	1.82	0.936 845
1.04	0.978 438	1.24	0.908 521	1.44	0.885 805	1.64	0.898 642	1.84	0.942 612
1.06	0.968 744	1.26	0.904 397	1.46	0.885 604	1.66	0.901 668	1.86	0.948 687
1.08	0.959 725	1.28	0.900 718	1.48	0.885 747	1.68	0.905 001	1.88	0.955 071
1.10	0.951 351	1.30	0.897 471	1.50	0.886 227	1.70	0.908 639	1.90	0.961 766
1.12	0.943 590	1.32	0.894 640	1.52	0.887 039	1.72	0.912 581	1.92	0.968 774
1.14	0.936 416	1.34	0.892 216	1.54	0.888 178	1.74	0.916 826	1.94	0.976 099
1.16	0.929 803	1.36	0.890 185	1.56	0.889 639	1.76	0.921 375	1.96	0.983 743
1.18	0.923 728	1.38	0.888 537	1.58	0.891 420	1.78	0.926 227	1.98	0.991 708
1.20	0.918 169	1.40	0.887 264	1.60	0.893 515	1.80	0.931 384	2.00	1.000 000

表 A3 階乗関数

n	$n!$	$\log(n!)$	n	$n!$	$\log(n!)$	n	$n!$	$\log(n!)$
1	1	0.000 000	6	720	2.857 332	11	39 916 800	7.601 156
2	2	0.301 030	7	5 040	3.702 431	12	479 001 600	8.680 337
3	6	0.778 151	8	40 320	4.605 521	13	6 227 020 800	9.794 280
4	24	1.380 211	9	362 880	5.559 763	14	87 178 291 200	10.940 408
5	120	2.079 181	10	3 628 800	6.559 763	15	1 307 674 368 000	12.116 500

表 A4 誤差関数, 正弦積分, 余弦積分 (付録 A3.1 の式 (35), (40), (42) 参照)

x	erf x	Si(x)	ci(x)	x	erf x	Si(x)	ci(x)
0.0	0.0000	0.0000	∞	2.0	0.9953	1.6054	-0.4230
0.2	0.2227	0.1996	1.0422	2.2	0.9981	1.6876	-0.3751
0.4	0.4284	0.3965	0.3788	2.4	0.9993	1.7525	-0.3173
0.6	0.6039	0.5881	0.0223	2.6	0.9998	1.8004	-0.2533
0.8	0.7421	0.7721	-0.1983	2.8	0.9999	1.8321	-0.1865
1.0	0.8427	0.9461	-0.3374	3.0	1.0000	1.8487	-0.1196
1.2	0.9103	1.1080	-0.4205	3.2	1.0000	1.8514	-0.0553
1.4	0.9523	1.2562	-0.4620	3.4	1.0000	1.8419	0.0045
1.6	0.9763	1.3892	-0.4717	3.6	1.0000	1.8219	0.0580
1.8	0.9891	1.5058	-0.4568	3.8	1.0000	1.7934	0.1038
2.0	0.9953	1.6054	-0.4230	4.0	1.0000	1.7582	0.1410

索　引

あ　行

一般関数　generalized function　25
移動定理　shifting theorem　6, 21
　　第1 ―― first 〜　6
　　第2 ―― second 〜　21
インパルス　impulse　24
エアリーの方程式　Airy's equation　140
演算子法　operational calculus　3
円筒座標　cylindrical coordinates　182
オイラー・コーシーの方程式
　　Euler-Cauchy's equation　184
オイラーの公式　Euler's formula　65, 72, 169

か　行

階乗関数　factorial function　213
階数　order　124
階段関数　step function, staircase function　19
海底ケーブル方程式
　　submarine cable equation　189
カントール・デデキントの公理
　　Cantor-Dedekind's axiom　218
ガンマ関数　gamma function　8, 212
奇関数　odd function　76
ギブスの現象　Gibbs' phenomenon　75, 98
基本周期　fundamental period　60

基本モード　fundamental mode　131
球座標　spherical coordinates　183
境界条件　boundary condition　125, 129
境界値問題　boundary value problem　149
　　混合 ―― mixed 〜　182
　　第1 ―― first 〜　182
　　第2 ―― second 〜　182
　　第3 ―― third 〜　182
極座標　polar coordinates　171
偶関数　even function　75
区分的に連続　piecewise continuous　8
係数　coefficient　61
広義積分　improper integral　4
高周波回路方程式　high-frequency line equation　190
高速フーリエ変換
　　fast Fourier transform (FFT)　114
誤差関数　error function　160, 213
固有関数　eigenfunction　131, 145, 150, 166, 177
固有値　eigenvalue　131, 145, 166, 177
混合境界値問題　mixed boundary value problem　182
混合問題　mixing problem　46, 149

さ　行

最小2乗誤差　minimum square error　91

3角関数系　trigonometric system　61, 68
3角級数　trigonometric series　61, 72
3角多項式　trigonometric polynomial　89
指数関数　exponential function　209
指数積分　exponential integral　215
自然対数　natural logarithm　209
周期　period　60
周期関数　periodic function　60
周期的拡張　periodic extension　80, 81
重力　gravitation　181
出力　output　13
上音　overtone　132
初期条件　initial condition　125, 129
初期値問題　initial value problem　13
振幅スペクトル　amplitude spectrum　94
スターリングの公式　Stirling's formula　213
スペクトル　spectrum　110, 131
スペクトル表示　spectral representation　110
スペクトル密度　spectral density　110
正割　secant　211
正規分布　normal distribution　160
正弦関数　sine function　210
正弦積分　sine integral　97, 215
正接　tangent　211
積分変換　integral transform　102
積分方程式　integral equation　37
線形　linear　124
線形演算　linear operation　5
全2乗誤差　total square error　90
双曲型　hyperbolic　140
双曲線関数　hyperbolic function　211
送電線方程式　transmission line equation　189

た　行

第1種不連続点　discontinuity point of the first kind　8
対数　logarithm　209
対数積分　logarithmic integral　215
楕円型　elliptic　140
たたみ込み　convolution　34, 113
ダランベールの解　d'Alembert's solution　139
単位インパルス　unit impulse　25
単位インパルス関数　unit impulse function　25
単位階段関数　unit step function　19
単調数列　monotone sequence　218
調律　tuning　132
調和関数　harmonic function　181
直交　orthogonal　68
ディリクレの不連続因子　Dirichlet's discontinuous factor　97
ディリクレの問題　Dirichlet problem　149, 182
データ移動問題　shifted data problem　17
デュアメルの公式　Duhamel's formula　194
ディラックのデルタ関数　Dirac's delta function　25
電信方程式　telegraph equation　189
点スペクトル　point spectrum　111
伝達関数　transfer function　14
導関数　derivative, derived function　11
同次　homogeneous　124
特異積分　improper integral　4
特性関数　characteristic function　131
特性値　characteristic value　131
跳び　jump, gap　8
トリコミの方程式　Tricomi's equation　140

な　行

2重フーリエ級数　double Fourier series　168
入力　input　13
熱方程式　heat equation　124, 143, 153
ノイマンの問題　Neumann problem　149, 182

索引

は 行

パーセバルの恒等式
　　Parseval's identity　92
波動方程式　wave equation
　　124, 127, 128, 129, 163, 174
半区間展開　half-range expansion
　　79
非周期関数　nonperiodic function
　　93
左極限値　left-hand limit　69
左微分係数　left-hand derivative　69
非同次　nonhomogeneous　124
微分方程式　differential equation　13
標準モード　normal mode　131, 177
不完全ガンマ関数
　　incomplete gamma function　213
複素フーリエ級数
　　complex Fourier series　84
複素フーリエ係数
　　complex Fourier coefficient　84
複素フーリエ積分
　　complex Fourier integral　109
節　node　132
節曲線　nodal line　166
部分分数　partial fraction　39
フーリエ逆変換
　　inverse Fourier transform　109
フーリエ級数　Fourier series　65
　　―― による表現　representation by
　　　～　69
フーリエ係数　Fourier coefficient
　　65, 72
フーリエ正弦級数　Fourier sine series
　　77
フーリエ正弦積分　Fourier sine integral
　　99
フーリエ正弦変換
　　Fourier sine transform　103, 117
フーリエ積分　Fourier integral
　　96, 154
フーリエ・ベッセル級数
　　Fourier-Bessel series　178
フーリエ変換　Fourier transform
　　109, 118, 157
フーリエ余弦級数
　　Fourier cosine series　76
フーリエ余弦積分
　　Fourier cosine integral　99
フーリエ余弦変換　Fourier cosine
　　transform　102, 116
フーリエ・ルジャンドル級数
　　Fourier-Legendre series　186
フレネル積分　Fresnel integral　214
ベータ関数　beta function　213
ベッセル関数　Bessel function　176
ベッセルの不等式　Bessel's inequality
　　91
ベッセルの方程式　Bessel's equation
　　176
ヘビサイド関数　Heaviside function
　　19
ヘビサイド展開　Heaviside expansion
　　39
ヘビサイドの公式　Heaviside formula
　　44
ヘビサイド法　Heaviside's calculus　4
ヘルムホルツの方程式
　　Helmholtz's equation　164
変数分離　separation of variables
　　129
偏導関数　partial derivative　215
偏微分係数　partial differential
　　coefficient　215
偏微分方程式　partial differential
　　equation　124
　　―― の解　solution of ～　124
ポアソンの方程式
　　Poisson's equation　124
放物型　parabolic　140
補誤差関数　complementary error
　　function　214
補助方程式　subsidiary equation　13
ポテンシャル　potential　182, 186
ポテンシャル理論　potential theory
　　181

ま 行

右極限値　right-hand limit　69
右微分係数　right-hand derivative
　　69

や 行

有界数列　bounded sequence　218
余割　cosecant　211
余弦関数　cosine function　210
余弦積分　cosine integral　215
余接　cotangent　211

ら 行

ライプニッツの判定法
　　　Leibniz's test　219
ラゲールの多項式
　　　Laguerre's polynomial　32
ラゲールの微分方程式　Laguerre's
　　　differential equation　32
ラプラシアン　Laplacian　171
ラプラス逆変換
　　　inverse Laplace transform　4
ラプラス積分　Laplace integral　100
ラプラスの方程式　Laplace's equation
　　　124, 149, 181

ラプラス変換　Laplace transform
　　　4, 190
　　──の積分　integration of ～　30
　　──の線形性　linearity of ～　5
　　──の存在定理
　　　existence theorem for ～　9
　　──の微分　differentiation of ～
　　　29
離散スペクトル　discrete spectrum
　　　111
離散フーリエ変換　discrete Fourier
　　　transform　114
ルジャンドルの多項式
　　　Legendre's polynomial　185
ルジャンドルの方程式
　　　Legendre's equation　185
連立微分方程式
　　　simultaneous differential equation,
　　　system of differential equations
　　　46

監訳者・訳者略歴

近 藤 次 郎
こん どう じ ろう

1940年　京都大学理学部数学科卒業
1945年　東京大学工学部航空学科卒業
1958年　工学博士
現　在　東京大学名誉教授

堀　素　夫
ほり　もと お

1953年　東京大学理学部物理学科卒業
1962年　理学博士
現　在　東京工業大学名誉教授

阿 部 寛 治
あ べ かん じ

1963年　東京大学工学部航空学科卒業
1968年　工学博士
現　在　東京大学名誉教授

Ⓒ　培　風　館　2003

1987年 12月 5日　第 5 版 発 行
2003年 11月 20日　第 8 版 発 行
2025年 10月 10日　第 8 版 25 刷発行

技術者のための高等数学＝3

フーリエ解析と偏微分方程式
原書第8版

原著者　E. クライツィグ
訳　者　阿 部 寛 治
発行者　山 本　格

発行所　株式会社　培 風 館

東京都千代田区九段南 4-3-12・郵便番号 102-8260
電話 (03) 3262-5256 (代表)・振替 00140-7-44725

D.T.P. アベリー・前田印刷・牧 製本

PRINTED IN JAPAN

ISBN 978-4-563-01117-8　C3341